信息时代的指挥与控制丛书

联合作战指挥控制系统

Command and Control Systems for Joint Operations

蓝羽石　毛永庆　黄　强　等编著

国防工业出版社

·北京·

图书在版编目（CIP）数据

联合作战指挥控制系统/蓝羽石等编著.—北京：国防工业出版社，2025.1重印
（信息时代的指挥与控制丛书）
ISBN 978-7-118-11935-0

Ⅰ.①联… Ⅱ.①蓝… Ⅲ.①联合作战—作战指挥系统—研究 Ⅳ.①E837

中国版本图书馆 CIP 数据核字（2019）第 192706 号

※

国防工业出版社出版发行
（北京市海淀区紫竹院南路 23 号 邮政编码 100048）
北京虎彩文化传播有限公司印刷
新华书店经售

*

开本 710×1000 1/16 印张 16 字数 260 千字
2025 年 1 月第 1 版第 7 次印刷 印数 7501—8500 册 定价 89.00 元

（本书如有印装错误，我社负责调换）

国防书店：(010) 88540777　　书店传真：(010) 88540776
发行业务：(010) 88540717　　发行传真：(010) 88540762

致 读 者

本书由中央军委装备发展部**国防科技图书出版基金**资助出版。

为了促进国防科技和武器装备发展，加强社会主义物质文明和精神文明建设，培养优秀科技人才，确保国防科技优秀图书的出版，原国防科工委于1988年初决定每年拨出专款，设立国防科技图书出版基金，成立评审委员会，扶持、审定出版国防科技优秀图书。这是一项具有深远意义的创举。

国防科技图书出版基金资助的对象是：

1. 在国防科学技术领域中，学术水平高，内容有创见，在学科上居领先地位的基础科学理论图书；在工程技术理论方面有突破的应用科学专著。

2. 学术思想新颖，内容具体、实用，对国防科技和武器装备发展具有较大推动作用的专著；密切结合国防现代化和武器装备现代化需要的高新技术内容的专著。

3. 有重要发展前景和有重大开拓使用价值，密切结合国防现代化和武器装备现代化需要的新工艺、新材料内容的专著。

4. 填补目前我国科技领域空白并具有军事应用前景的薄弱学科和边缘学科的科技图书。

国防科技图书出版基金评审委员会在中央军委装备发展部的领导下开展工作，负责掌握出版基金的使用方向，评审受理的图书选题，决定资助的图书选题和资助金额，以及决定中断或取消资助等。经评审给予资助的图书，由中央军委装备发展部国防工业出版社出版发行。

国防科技和武器装备发展已经取得了举世瞩目的成就。国防科技图书承担着记载和弘扬这些成就，积累和传播科技知识的使命。开展好评审工作，使有限的基金发挥出巨大的效能，需要不断摸索、认真总结和及时改进，更需要国防科技和武器装备建设战线广大科技工作者、专家、教授，以及社会各界朋友的热情支持。

让我们携起手来，为祖国昌盛、科技腾飞、出版繁荣而共同奋斗！

国防科技图书出版基金

评审委员会

国防科技图书出版基金
第七届评审委员会组成人员

主 任 委 员	柳荣普
副主任委员	吴有生　傅兴男　赵伯桥
秘 书 长	赵伯桥
副 秘 书 长	许西安　谢晓阳
委　　　员 （按姓氏笔画排序）	才鸿年　马伟明　王小谟　王群书 甘茂治　甘晓华　卢秉恒　巩水利 刘泽金　孙秀冬　芮筱亭　李言荣 李德仁　李德毅　杨　伟　肖志力 吴宏鑫　张文栋　张信威　陆　军 陈良惠　房建成　赵万生　赵凤起 郭云飞　唐志共　陶西平　韩祖南 傅惠民　魏炳波

"信息时代的指挥与控制丛书"
编审委员会

名誉主编 费爱国

丛书主编 戴　浩

执行主编 秦继荣

顾　　问 （以姓氏笔画为序）

于　全　　王　越　　王小谟　　王沙飞　　方滨兴　　尹　浩
包为民　　苏君红　　苏哲子　　李伯虎　　李德毅　　杨小牛
何　友　　汪成为　　沈昌祥　　陆　军　　陆建华　　陆建勋
陈　杰　　陈志杰　　范维澄　　郑静晨　　赵晓哲　　费爱国
黄先祥　　曾广商　　臧克茂　　谭铁牛　　樊邦奎　　戴　浩
戴琼海

丛书编委 （以姓氏笔画为序）

王飞跃　　王国良　　王树良　　王积鹏　　付　琨　　吕金虎
朱　承　　朱荣刚　　刘　忠　　刘玉晓　　刘玉超　　刘东红
刘晓明　　李定主　　杨　林　　汪连栋　　宋　荣　　张红文
张宏军　　张英朝　　张维明　　陈洪辉　　邵宗有　　周献中
周德云　　胡晓峰　　战晓苏　　秦永刚　　袁宏勇　　贾利民
夏元清　　顾　浩　　高会军　　郭齐胜　　黄　强　　游光荣
蓝羽石　　熊　伟　　潘　泉　　潘成胜　　潘建群

总　序

众所周知，没有物质，世界上什么都将不存在；没有能量，世界上什么都不会发生；没有信息，世界上什么都将没有意义。可以说，世界是由物质、能量和信息三个基本要素组成的。当今社会，没有哪一门科技比信息科学技术发展更快，更能对人类全方位活动产生深刻影响。因此，全球把21世纪称为信息时代。

信息技术的发展、社会的进步和信息资源的协同利用，对信息时代的指挥与控制提出了新的要求。全面、系统、深入研究信息时代的指挥与控制，具有重要的现实意义和历史意义。习近平总书记在2018年7月13日下午主持召开中央财经委员会第二次会议并发表重要讲话时强调："关键核心技术是国之重器，对推动我国经济高质量发展、保障国家安全都具有十分重要的意义，必须切实提高我国关键核心技术创新能力，把科技发展主动权牢牢掌握在自己手里，为我国发展提供有力科技保障。"信息时代的指挥与控制，涉及国防建设、经济建设、科学研究等社会的方方面面，如国防领域的军队调遣、训练和作战，经济建设领域的交通运输调度，太空探索领域的飞船上天、探月飞行，社会生活领域的应急处置等，均离不开指挥与控制。指挥与控制已经成为信息时代关键核心技术之一。为贯彻落实习近平总书记重要讲话精神，总结、传承、创新、发展指挥与控制知识和技术，培养国防建设、经济建设、科学研究等方面急需的年轻科研人才，服务国家关键核心技术创新能力建设战略，中国指挥与控制学会联合国防工业出版社共同组织、策划了"信息时代的指挥与控制丛书"（以下简称"丛书"），"丛书"的部分分册获得国防科技图书出版基金资助。

"丛书"全面涉及指挥与控制的基础理论和应用领域，分"基础篇、系统篇、专题篇和应用篇"。"基础篇"主要介绍指挥与控制的基础理论、发展及应用，包括指挥与控制原理、指挥控制系统工程概论等；"系统篇"主要介绍空军、陆军等军种及联合作战指挥信息系统；"专题篇"主要介绍目前指挥控制的关键技术，包括预警与探测、态势预测与认知、指挥筹划与决策、系统效能评估与验证等；"应用篇"主要介绍指挥与控制在智能交通、反恐等方面的实际应用。

"丛书"是近年来国内第一套全面、系统介绍指挥与控制相关理论、技术及应用的学术研究专著。"丛书"各分册力求包含我国信息时代指挥与控制领域最新成果,体现国际先进水平,作者均为奋战在科研一线的专家、学者。我们希望通过此套丛书的出版、发行,推动我国指挥与控制理论、方法和技术的创新、发展及应用,为推动我国经济建设、国防现代化建设、军队现代化和智慧化建设,促进国家军民融合战略发展做出贡献。需要说明的是,"丛书"组织、策划时只做大类、系统性规划,部分分册并未完全确定,便于及时补充、增添指挥与控制领域新理论、新方法和新技术的学术专著。

"丛书"的出版,是指挥与控制领域一次重要的学术创新。由于时间所限,"丛书"难免有不足之处,欢迎专家、读者批评、指正。

中国工程院院士
中国指挥与控制学会理事长

前 言

随着世界新军事变革浪潮的兴起，联合作战的地位不断上升，联合作战比例不断增加，各军兵种联合程度不断深化。特别是20世纪90年代以来，海湾战争、科索沃战争、阿富汗战争、伊拉克战争、利比亚战争乃至叙利亚战争中，以不同于以往单兵种、小协同的军事实践验证了一系列新作战理论、新组织架构、新作战方式、新技术手段，推动战争形态从机械化向信息化不断发展。依托网络化信息系统，使用信息化武器装备及相应作战方法，在陆、海、空、天、网、电等空间及认知领域进行整体联动的作战，将是与信息化战争相适应的基本作战形式。

作为作战要素的"黏合剂"、作战效能的"倍增器"和作战指挥的"神经中枢"，指挥信息系统已经成为信息化战争背景下，各国军队的重点建设的核心能力之一。其中，联合作战指挥控制系统是指挥信息系统的重要组成部分。从"观察—调整—决策—行动"（OODA）环过程看，联合作战指挥控制系统是加快调整、决策和行动环路运转节奏，缩短循环周期的重要手段，对战争的胜负起到至关重要的作用。

本书以联合作战发展趋势和编制体制改革为背景，结合我军新时期联合作战转型需求，从联合作战指挥控制的概念内涵出发，分析了外军联合作战指挥控制系统的发展现状，并对联合作战指挥控制系统的能力、功能组成、交互关系和作战应用进行了阐述；针对系统需求开发、体系结构设计，系统数据工程和系统模型构建等难点，提出了相应的思路和方法；创新性地提出评估联合作战指挥控制系统能力的指标体系；剖析了未来信息化条件下联合作战指挥控制系统的发展趋势及六大方面的关键技术。本书能够为我军联合作战指挥控制系统理论研究和研制建设提供重要借鉴，并助推联合作战指挥控制系统的持续完善和发展。

本书共分7章。由蓝羽石同志确定总体思路及布局安排，并指导编写第1、2、5章。毛永庆同志拟定本书具体编写要求，并指导编写第3、4章。黄强同志负责全书统稿并指导编写第6、7章。其他同志也参与了本书的编写工作：第1、2章由刘小毅、孔俊俊、周海瑞编写；第3章由韩立斌、廖生权、王纪震、王静编写；第4章由蒋飞、何加浪、王芳、饶佳人编写；

第 5 章由金欣、李婷婷、周芳编写；第 6 章由张武、李益龙、徐劢、邓克波编写；第 7 章由吉祥、赵宇、毛泽湘、韩素颖编写；全书由赵文成核对校稿。

  本书作者长期从事指挥控制系统体系论证、总体设计、工程建设等方面的工作，基于作者对联合作战指挥控制系统的研究、理解和思考，编著成书以飨读者。希望本书对从事指挥控制系统总体设计、工程研制和装备建设等工作的研究人员与工程技术人员有所帮助，也可为从事联合作战体系研究、指挥控制系统架构设计、军事系统效能评估、联合作战仿真建模等军事领域研究的工作者提供参考借鉴。

  联合作战指挥控制系统是系统工程、自动控制、运筹学等传统学科与复杂系统、人工智能、大数据等新兴学科交叉渗透的产物，还有很多地方需要进一步深入研究，加之作者学识有限，书中难免存在疏漏与不足之处，敬请各位读者批评指正。

作 者
2019 年 3 月

目 录

| 第1章 | 绪论 | 1 |

1.1 指挥控制的概念内涵 1
    1.1.1 指挥控制 1
    1.1.2 指挥控制的基本过程 2
    1.1.3 指挥控制系统 8
1.2 联合作战指挥控制 9
    1.2.1 联合作战 9
    1.2.2 联合作战指挥体制 10
    1.2.3 联合作战指挥控制系统 12

第2章 指挥控制系统的发展历程 14

2.1 第一代指挥控制系统 14
    2.1.1 发展背景 14
    2.1.2 系统的特征 15
    2.1.3 典型系统及应用 16
2.2 第二代指挥控制系统 18
    2.2.1 发展背景 18
    2.2.2 系统的特征 18
    2.2.3 典型系统及应用 19
2.3 第三代指挥控制系统 23
    2.3.1 发展背景 23
    2.3.2 系统的特征 24
    2.3.3 典型系统及应用 25
2.4 第四代指挥控制系统 31
    2.4.1 发展背景 31
    2.4.2 系统的特征 31
    2.4.3 典型系统及应用 33
2.5 发展启示 34
    2.5.1 军事需求直接牵引系统发展 34

2.5.2　理论创新深刻影响系统发展 ·· 34
　　2.5.3　信息基础设施奠定牢固基石 ·· 35
　　2.5.4　新兴技术支撑能力快速提升 ·· 35
　　2.5.5　滚动式发展模式保证持续增值 ·· 36
2.6　本章小结 ·· 36

第3章　联合作战指挥控制系统总体描述 ·· 37
3.1　系统核心能力 ··· 37
　　3.1.1　联合态势感知能力 ·· 37
　　3.1.2　联合指挥决策能力 ·· 39
　　3.1.3　联合行动控制能力 ·· 42
　　3.1.4　联合支援保障能力 ·· 44
3.2　系统层次关系 ··· 46
　　3.2.1　战略级联合作战指挥控制系统 ·· 47
　　3.2.2　战役级联合作战指挥控制系统 ·· 48
　　3.2.3　战术级联合作战指挥控制系统 ·· 49
3.3　系统交互关系 ··· 49
　　3.3.1　系统外部关系 ··· 49
　　3.3.2　系统内部关系 ··· 50
3.4　系统装备形态 ··· 51
3.5　系统组成分类 ··· 53
　　3.5.1　系统功能组成 ··· 53
　　3.5.2　系统物理组成 ··· 54
　　3.5.3　系统技术组成 ··· 55
　　3.5.4　系统层次组成 ··· 55
3.6　系统生命周期 ··· 56
　　3.6.1　需求开发阶段 ··· 56
　　3.6.2　规划计划阶段 ··· 57
　　3.6.3　采办实施与试验定型阶段 ·· 57
　　3.6.4　运行维护阶段 ··· 57
3.7　本章小结 ·· 58

第4章　联合作战指挥控制系统构建方法 ·· 59
4.1　系统需求开发 ··· 59
　　4.1.1　系统需求开发概念内涵 ·· 59
　　4.1.2　系统需求开发方法 ·· 60

4.1.3　需求开发典型系统介绍 ·················· 66
4.2　体系结构设计 ······························ 73
　　　4.2.1　体系结构的概念内涵 ···················· 74
　　　4.2.2　体系结构的作用 ······················ 75
　　　4.2.3　体系结构设计方法 ···················· 76
　　　4.2.4　体系结构设计工具介绍 ·················· 86
　　　4.2.5　体系结构设计典型案例 ·················· 94
4.3　系统数据工程 ······························ 106
　　　4.3.1　概念内涵 ························· 106
　　　4.3.2　数据分类体系 ······················· 107
　　　4.3.3　大数据工程及军事应用 ·················· 109
4.4　系统模型构建 ······························ 112
　　　4.4.1　模型构建的概念内涵 ···················· 112
　　　4.4.2　系统模型构建 ······················· 114
　　　4.4.3　系统建模方法 ······················· 126
　　　4.4.4　指挥控制系统模型的运用 ················· 133
4.5　本章小结 ································ 134

第5章　联合作战指挥控制系统关键技术 ················ 136

5.1　指挥控制系统构造生成技术 ······················ 136
　　　5.1.1　概述 ··························· 136
　　　5.1.2　一体化联合作战指挥控制系统架构技术 ··········· 137
　　　5.1.3　任务驱动的指挥所系统敏捷构建技术 ············ 138
　　　5.1.4　韧性指挥控制系统构建技术 ················ 138
　　　5.1.5　基于知识的指挥控制系统学习进化技术 ··········· 139
　　　5.1.6　移动指挥所专用设备技术 ················· 141
　　　5.1.7　指挥作业云环境技术 ···················· 141
　　　5.1.8　小结 ··························· 142
5.2　联合战场态势生成技术 ························ 143
　　　5.2.1　概述 ··························· 143
　　　5.2.2　态势信息聚焦处理技术 ·················· 145
　　　5.2.3　基于大数据的态势分析与预测技术 ············· 145
　　　5.2.4　目标行为意图及威胁估计技术 ··············· 146
　　　5.2.5　战场态势实时推演预测技术 ················ 146
　　　5.2.6　小结 ··························· 146

5.3 联合作战任务规划技术 ·········· 147
5.3.1 概述 ·········· 147
5.3.2 联合作战活动及指挥过程模型构建技术 ·········· 152
5.3.3 战略战役级任务规划技术 ·········· 152
5.3.4 知识驱动的智能化辅助决策技术 ·········· 153
5.3.5 方案对抗推演评估技术 ·········· 153
5.3.6 实时指挥动态规划技术 ·········· 153
5.3.7 小结 ·········· 154

5.4 联合作战控制管理技术 ·········· 154
5.4.1 概述 ·········· 154
5.4.2 事件驱动的流程化处置技术 ·········· 156
5.4.3 联合作战效能评估与过程分析技术 ·········· 157
5.4.4 战场资源意图及活动时空分析技术 ·········· 157
5.4.5 作战资源动态调整及交战序列组设计 ·········· 158
5.4.6 小结 ·········· 158

5.5 指挥所人机交互技术 ·········· 158
5.5.1 概述 ·········· 158
5.5.2 可穿戴军用智能终端技术 ·········· 161
5.5.3 沉浸式智能人机交互及协作技术 ·········· 161
5.5.4 小结 ·········· 162

5.6 面向联合作战的网络作战指控技术 ·········· 162
5.6.1 概述 ·········· 162
5.6.2 网络作战态势生成技术 ·········· 165
5.6.3 网络作战方案辅助生成技术 ·········· 165
5.6.4 网络作战基础资源管理技术 ·········· 166
5.6.5 小结 ·········· 167

5.7 本章小结 ·········· 167

第6章 联合作战指挥控制系统能力评估 ·········· 168

6.1 系统能力评估指标体系 ·········· 168
6.1.1 战场态势生成与共享能力评估指标 ·········· 168
6.1.2 联合作战筹划能力评估指标 ·········· 170
6.1.3 战场临机规划能力评估指标 ·········· 172
6.1.4 一体化指挥控制能力评估指标 ·········· 173
6.1.5 多要素火力协同控制能力评估指标 ·········· 175

         6.1.6 信息分发共享能力评估指标 ·················· 176
         6.1.7 指挥保障能力评估指标 ···················· 178
         6.1.8 安全保密抗毁顽存能力评估指标 ·············· 179
   6.2 系统能力评估方法 ································ 180
         6.2.1 云重心评估法 ·························· 181
         6.2.2 灰色聚类评价方法 ························ 183
         6.2.3 模糊评价方法 ·························· 184
         6.2.4 基于最优熵权-TOPSIS综合评价方法 ············ 185
         6.2.5 仿真实验法 ···························· 191
   6.3 本章小结 ······································ 193
第7章 联合作战指挥控制系统的发展趋势 ···················· 194
   7.1 系统发展的动因 ·································· 194
         7.1.1 军事需求发展 ·························· 194
         7.1.2 作战理论发展 ·························· 198
         7.1.3 技术发展动因 ·························· 203
   7.2 发展目标 ······································ 209
         7.2.1 更快的指挥控制速度 ······················ 210
         7.2.2 更高的指挥控制精确度 ···················· 211
         7.2.3 更灵活的指挥控制机制 ···················· 211
         7.2.4 更强的指挥控制整体性 ···················· 212
         7.2.5 更好的指挥控制协同性 ···················· 213
         7.2.6 更鲁棒的指挥控制韧性 ···················· 214
         7.2.7 更加便捷的指挥控制交互 ·················· 216
         7.2.8 更加智能的指挥控制处理 ·················· 217
         7.2.9 更加广阔的指挥控制范围 ·················· 218
   7.3 本章小结 ······································ 220
参考文献 ·· 221
缩略语 ·· 224

Contents

1 Introduction ········· 1
  1.1 The concept of C^2 ········· 1
    1.1.1 C^2 introduction ········· 1
    1.1.2 The basic process of C^2 ········· 2
    1.1.3 C^2 systems ········· 8
  1.2 C^2 for joint operations ········· 9
    1.2.1 joint operations ········· 9
    1.2.2 Command organization for joint operations ········· 10
    1.2.3 C^2 systems for joint operations ········· 12

2 Development process of C^2 systems ········· 14
  2.1 First generation of C^2 system ········· 14
    2.1.1 Development background ········· 14
    2.1.2 Systematic feature ········· 15
    2.1.3 Typical systems and applications ········· 16
  2.2 Second generation of C^2 system ········· 18
    2.2.1 Development background ········· 18
    2.2.2 Systematic feature ········· 18
    2.2.3 Typical systems and applications ········· 19
  2.3 Third generation of C^2 system ········· 23
    2.3.1 Development background ········· 23
    2.3.2 Systematic feature ········· 24
    2.3.3 Typical systems and applications ········· 25
  2.4 Fourth generation of C^2 system ········· 31
    2.4.1 Development background ········· 31
    2.4.2 Systematic feature ········· 31
    2.4.3 Typical systems and applications ········· 33
  2.5 Developing enlightenments ········· 34
    2.5.1 Tractions with military requirements ········· 34

    2.5.2　Influence of theoretical innovation ………………………… 34
    2.5.3　Building with information infrastructure ………………… 35
    2.5.4　Supporting by emerging technologies …………………… 35
    2.5.5　Improvement by rolling developments ………………… 36
  2.6　Summary ……………………………………………………………… 36
3　General description of C^2 systems for joint operations …………… 37
  3.1　Core competencies ……………………………………………………… 37
    3.1.1　Capacity of joint situationl awareness …………………… 37
    3.1.2　Capacity of joint operations control ……………………… 39
    3.1.3　Capacity of joint decision-making ………………………… 42
    3.1.4　Capacity of joint support …………………………………… 44
  3.2　Hierarchical structure …………………………………………………… 46
    3.2.1　Strategic level of C^2 system for joint operations ……… 47
    3.2.2　Campaign-level of C^2 system for joint operations …… 48
    3.2.3　Tactical level of C^2 system for joint operations ……… 49
  3.3　Interactive relationship ………………………………………………… 49
    3.3.1　External system relationship ……………………………… 49
    3.3.2　Internal system relationship ……………………………… 50
  3.4　Equipment form ………………………………………………………… 51
  3.5　Composition of category ……………………………………………… 53
    3.5.1　Functional components ……………………………………… 53
    3.5.2　Physical components ………………………………………… 54
    3.5.3　Technology components …………………………………… 55
    3.5.4　Hierarchy compoents ………………………………………… 55
  3.6　System lifecycle ………………………………………………………… 56
    3.6.1　Requirement development ………………………………… 56
    3.6.2　Planning and designing …………………………………… 57
    3.6.3　Procurement implementation and experimental finalization … 57
    3.6.4　Operation maintenance ……………………………………… 57
  3.7　Summary ……………………………………………………………… 58
4　Construction methods of C^2 system for joint operations …………… 59
  4.1　System requirements development …………………………………… 59
    4.1.1　Concept of system requirements development …………… 59
    4.1.2　Methods of system requirements development ………… 60

- 4.1.3 Introduction of typical requirements development systems ⋯ 66
- 4.2 Architecture design ⋯ 73
  - 4.2.1 Concept of architecture design ⋯ 74
  - 4.2.2 Role of architecture ⋯ 75
  - 4.2.3 Architecture design methodology ⋯ 76
  - 4.2.4 Introduction of architecture design tools ⋯ 86
  - 4.2.5 Typical cases of architecture design ⋯ 94
- 4.3 System data engineering ⋯ 106
  - 4.3.1 Concept introduction ⋯ 106
  - 4.3.2 Data classification system ⋯ 107
  - 4.3.3 Big data engineering and military applications ⋯ 109
- 4.4 System model construction ⋯ 112
  - 4.4.1 Concept of model construction ⋯ 112
  - 4.4.2 System model construction ⋯ 114
  - 4.4.3 System modeling methods ⋯ 126
  - 4.4.4 Applications of C^2 system model ⋯ 133
- 4.5 Summary ⋯ 134

5 Key technologies of C^2 system for joint operations ⋯ 136

- 5.1 Construction technologies of C^2 system ⋯ 136
  - 5.1.1 Brief introduction ⋯ 136
  - 5.1.2 Architecture of integrated joint C^2 system ⋯ 137
  - 5.1.3 Agile construction of task oriented C^2 system ⋯ 138
  - 5.1.4 Resillient C^2 system construction ⋯ 138
  - 5.1.5 Knowledge-based C^2 system evolution ⋯ 139
  - 5.1.6 Special devices for mobile command post ⋯ 141
  - 5.1.7 C^2 operational environment based on cloud computing ⋯ 141
  - 5.1.8 Short summary ⋯ 142
- 5.2 Situation awareness technologies for joint battlefield ⋯ 143
  - 5.2.1 Brief introduction ⋯ 143
  - 5.2.2 Task focused situation awareness ⋯ 145
  - 5.2.3 Situation analysis and prediction based on big data ⋯ 145
  - 5.2.4 Intention and threat prediction ⋯ 146
  - 5.2.5 Real-time situation prediction ⋯ 146
  - 5.2.6 Short summary ⋯ 146

5.3　Mission planning technologies for joint operations ······················ 147
　　5.3.1　Brief introduction ······················ 147
　　5.3.2　Model building for joint C^2 process ······················ 152
　　5.3.3　Strategic and operational mission planning ······················ 152
　　5.3.4　Knowledge driven intelligent decision support technologies··· 153
　　5.3.5　Plan Deduction and Evaluation based on simulatin opposition ······················ 153
　　5.3.6　Dynamical planning with real-time command ······················ 153
　　5.3.7　Short summary ······················ 154
5.4　Control technologies for joint operations ······················ 154
　　5.4.1　Brief introduction ······················ 154
　　5.4.2　Operations monitoring and event-driven processing ······················ 156
　　5.4.3　Effect evaluation and process analysis for joint operations ··· 157
　　5.4.4　Time-space analysis of operational resources intention and activity ······················ 157
　　5.4.5　Dynamical adjustment of operational resources and design of game-sequence group ······················ 158
　　5.4.6　Short summary ······················ 158
5.5　Human-machine interaction technologies ······················ 158
　　5.5.1　Brief introduction ······················ 158
　　5.5.2　Millitary intelligent terminal devices ······················ 161
　　5.5.3　Immersive human-machine interaction and collaboration ··· 161
　　5.5.4　Short summary ······················ 162
5.6　Cyber C^2 technologies for joint operations ······················ 162
　　5.6.1　Brief introduction ······················ 162
　　5.6.2　Situation awareness for cyber operations ······················ 165
　　5.6.3　Schema-assisted generation technologies for cyber operations ······················ 165
　　5.6.4　Resources management for cyber operations ······················ 166
　　5.6.5　Short summary ······················ 167
5.7　Summary ······················ 167

6　Capability evaluation of C^2 system for joint operations ······················ 168
6.1　Indicator system of capability evaluation ······················ 168
　　6.1.1　Evaluation indicators of situation gengeration and sharing ··· 168

  6.1.2 Evaluation indicators of joint planning 170
  6.1.3 Evaluation indicators of dynaminic planning 172
  6.1.4 Evaluation indicators of integrated C^2 173
  6.1.5 Evaluation indicators of coordinated fire control 175
  6.1.6 Evaluation indicators of information sharing and
     dissemination 176
  6.1.7 Evaluation indicators of support capacity 178
  6.1.8 Evaluation indicators of anti-damage and secrecy ability ... 179
 6.2 Methods of capability evaluation 180
  6.2.1 Cloud gravity center method 181
  6.2.2 Grey clustering evaluation method 183
  6.2.3 Fuzzy evaluation method 184
  6.2.4 Comprehensice evaluation method based on the optimal
     entropy-TOPSIS 185
  6.2.5 Simulation method 191
 6.3 Summary 193

7 Development tendency of C^2 system for joint operations 194

 7.1 Development motivation 194
  7.1.1 Improvement of military requirements 194
  7.1.2 Improvement of combat theories 198
  7.1.3 Motivation with technological development 203
 7.2 Development goals 209
  7.2.1 Higher speed of C^2 210
  7.2.2 Higher accuracy of C^2 211
  7.2.3 More flexible mechanisms of C^2 211
  7.2.4 Higher integrality of C^2 212
  7.2.5 Better collaboration of C^2 213
  7.2.6 More robustness of C^2 214
  7.2.7 More convenient interaction of C^2 216
  7.2.8 Smarter process of C^2 217
  7.2.9 Wider range of C^2 218
 7.3 Summary 220

References 221

Abbreviations 224

第1章
绪 论

1.1 指挥控制的概念内涵

1.1.1 指挥控制

指挥是古老的军事术语,是伴随战争的出现而诞生的。控制是近代的技术术语,控制论是在工业社会的中后期产生的,是指按照预定的程序或依据实时采集的信息,使工业过程朝着期望的结果有序进行。

在不同的领域中,指挥和控制这两个词可以独立运用或组合运用,分别表达不同的意思。在军事领域中,指挥控制在不同的时代所赋予的含义也各不相同。一个包含多个要素的组织需要利用集体的力量去完成一项使命时,需要指挥和控制,因为战争活动的特征就是战机稍纵即逝,而且任何的失误都可能造成严重的损失。指挥控制贯穿任务执行前的准备阶段和任务实施阶段,是协调管理人员和资源的领导活动。

在 2011 年出版的《中国人民解放军军语》(以下简称《军语》)中,将指挥控制明确定义为"指挥员及其指挥机关对部队作战或其他行动进行掌握和制约的活动"。在传统的概念中,并不明确地区分指挥与控制,多数的定义总是将控制包含在指挥之内,因此在传统的指挥控制中,始终带有"管理"的影子,这与传统的军事组织有直接关联。线性有序的传统军事活动是由一个自顶而下、层次分明的军事组织所负责的。在这个层级结构的军事组织中,通常认为指挥的工作由指挥官负责,而按指挥官的意图控制部队的工作由参谋机构负责,同时参谋人员也被认为是指挥官行使指挥职责的助手。

随着科技的进步和社会的发展,信息时代的指控理论逐渐将指挥和控制区分出来[1],以最大化地保持指控空间的弹性,探索各种可能的指控方法,应对日益复杂的作战环境下的各类军事任务。

指挥的职责主要是任务开始前的部队准备和态势评估、确定作战意图和改变作战意图;控制的职责是在任务执行时通过战场监控评估态势和任务执行状态,采用一种或多种控制方法(采用哪些可用的控制方法也是指挥的职责),保证作战环境内的各种元素变量的变化范围在允许的区间界限之内。以部队的机动任务为例:指挥的职责是确定机动目的地、机动的手段、可动用的资源、机动任务的要求等;控制的职责是在部队机动中根据战场实时态势,调整机动手段、机动线路和部队阵位,使部队的机动行动满足任务要求。指挥和控制结合起来,共同构成了指控空间,任何能够满足指挥和控制职责要求的方法,都是一种指控方法[1]。针对不同的任务部队和不同的作战任务,所适用的指控方法也有所不同。在近代战争史上,不同国家的军事组织中应用的指挥控制方法特点各有不同[2-4],大致可以分为如下三类。

(1) 干预式指挥控制:适用于战场环境变化相对较慢,资源需要协调调度,任务部队信息共享能力不足,各作战单位高度专业化,无法单独完成一项任务的情况。此种指挥控制方法需要一个上级机构收集所有的信息,做出最佳决策,并向各任务部队发布详细的指示和计划。采用此种指挥控制方法的典型包括第二次世界大战时的苏军和冷战时的美国空军(72h 为周期的空中任务命令(ATO))。

(2) 问题限定式指挥控制:这是一种围绕着为任务部队指定作战目标的指控方法。这种指挥控制方法允许下级部队发挥主观能动性,但是同时也规定了相对严格的限制条件,如设置几个阶段并规定每个阶段应该完成什么何时完成,同时还规定可使用的资源、指定活动区域等。随着时间的推移和作战经验的积累,这种指挥控制方法使用的限制条件也会逐渐减少和宽松,更大程度上发挥作战人员的自主作战能力。采用此种指挥控制方法的典型包括英军、以色列军队、美国海军和陆军。

(3) 指导性指挥控制:这种指挥控制方法赋予了下级部队更多的自由度,从本质上来说也属于问题限定式指挥控制方法。指导性控制强调的是任务式命令,上级指挥员必须允许下级指挥员发挥所能,施展所长,这基于他们对所属人员、武器与行动范围非常熟悉。唯一的约束在于这一切都必须符合上级指挥员的整体意图。采用此种指挥控制方法的典型包括第二次世界大战中的德军和越战后的美军。

对于信息时代的部队而言,上述的几种指挥控制方法依然能够很好地发挥作用。除了这几种经典的、在长期的战争实践中被证明行之有效的指挥控制方法之外,指挥控制空间中包含了多种指挥控制方法,采用何种指挥控制方法取决于任务部队能力、任务类型、战场环境等因素,这些方法可以用来指导指挥控制系统的发展。

1.1.2 指挥控制的基本过程

1.1.2.1 指挥控制基本过程模型

指挥控制基本过程模型是一个高度概括的基本模型,它更多强调的是指挥和控制本身的功能和过程,因此具备一定的普适性[1],如图 1-1 所示。

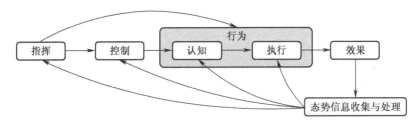

图 1-1 指挥控制基本过程模型

该模型分别定义了指挥和控制的职能,并指出凡是能够完成指挥和控制职能的方法都是一种潜在可行的指挥控制方法。它可以描述信息高度透明的网络中心环境下的指挥控制方法,也可以描述通信能力受限、作战资源不足条件下的指挥控制方法。

该过程模型中的主要要素如下:

(1) 指挥:源于对待解决问题的评估和对作战环境的分析,并形成相对宏观的解决方案,该解决方案包括了指挥意图、部队人员角色和职责、作战规则以及可胜任此次任务的部队等战前准备工作。同时指挥还负责整个作战过程中指挥意图的改变。

(2) 控制:跟踪监视战场态势,根据作战环境变化和敌我双方的各种突发事件,对部队职责、角色、关系、可用资源等进行必要的调整,保证战场局势与指挥意图一致。

(3) 行为:包括认知和执行两个要素。认知是整个指挥控制过程的核心,它是通过战术知识和前期经验鉴别、分析获取的实时信息,并试图理解和预测战场情况和趋势,进而指导作战计划的制定和调整;执行是在作战计划和作战命令的指导下,根据战场环境选择合适的时机,执行合理的战术行动。

(4) 效果:采取了相应的战术行动之后产生的结果,包括对敌方、我方、中立方以及对作战环境产生的影响。

(5) 态势信息收集与处理:该阶段是整个指挥控制过程的反馈,也是下一个迭代的指挥控制过程的输入条件。

1.1.2.2　OODA 指挥控制模型

对指挥控制过程的描述模型中,应用最广泛的是源于空战中飞行员战术级决策的 OODA 环[5]。该模型将作战过程视为线性循环迭代的四个过程,分别为观察(Observe)、调整(Orient)、决策(Decide)和行动(Act),如图 1-2 所示。

该指挥控制模型,始于物理域的观察,由信息系统将观察到物理现象转变为数据和信息,经传输后由人(心智模型)在认知域进行理解和决策,最终通过作战计划和作战命令转变为物理域的行动。OODA 模型特别强调了速度特性,

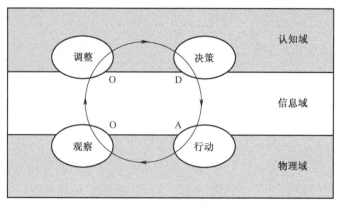

图 1-2　OODA 指挥控制模型

为了获得胜利,必须以比对手更快的速度或节奏来完成 OODA 环,或者破坏掉对手的 OODA 环。

在传统的、相对静态的战争形态下,OODA 环具有一定的鲁棒性,可以从空中飞行员战术级决策推广到一般作战活动的指挥控制过程中。当面临复杂动态随机多变的作战环境时,战术单元需要快速地针对战场情况的变化做出反应,而在层次化的军事组织中,不同级别的指挥机构和不同专业的业务系统都存在自身的 OODA 环,这样从整体上来看会造成高级指挥部可利用的信息及其下发的计划命令在时间上的延迟,从而削弱信息优势。换而言之,OODA 环简化了信息化作战条件下指挥控制的某些重要过程,同时也没有考虑联合作战行动中复杂的军事组织层次以及由此带来的时间开销[6]。

为了改进 OODA 模型的缺陷动态观察、判断、决策和行动(DOODA)模型[7,8]被提出来,如图 1-3 所示。DOODA 环包含了指挥控制的功能和产品,其中指挥控制系统的功能被描述为信息收集、认知和计划。指挥控制系统的输入是任务,通常来自于指挥官对问题的分析或上级指挥所的指令。而命令则是指挥控制系统的产品,用来指导某种形式的军事行动(该军事行动也包含另一个下级 DOODA 环,直至战术末端),该行动产生的效果通过指挥控制系统的信息

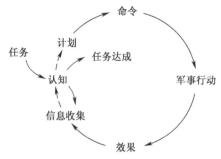

图 1-3　DOODA 指挥控制模型

收集功能获得,开始一个新的 DOODA 环。需要注意的是,指挥控制系统的三个功能之间存在逻辑关系而非因果关系或时序关系,比如认知功能并不完全依赖于信息收集,信息收集的结果也不会必然导致认知。

相比于 OODA 环,DOODA 环引入了效果这一要素,使部队的关注点从自身的 OODA 速度转向军事行动达成的效果;与此同时,DOODA 环包含更丰富的内容,它描述了指挥控制的必要组成功能和产品,而非简单的指挥控制过程。

1.1.2.3 敏捷指挥模型

指挥控制组织是处于战场环境中的作战资源实体在作战使命的驱动下形成的整体有序行为和与之协调的指挥控制结构关系。其有序行为是指挥控制组织完成其使命的行动过程或任务流程,协调的指挥控制结构关系是与有序行为匹配的实体间的指挥控制结构关系。

1991 年,Icocca 研究所在向美国国会提交的《21 世纪制造业发展战略》报告中首次提出了"敏捷竞争战略"的概念。该报告强调了"敏捷性是企业的一种战略竞争能力"。之后,国内外研究人员关于敏捷性的研究不仅涉及其概念和内涵,更多的研究文献在探讨敏捷性构建的模式及具体途径。目前,敏捷性研究中最热点的是敏捷制造。敏捷制造着眼于企业间的动态集成与合作,使企业能够从容应付快速变化和不可预测的市场需求,是提高企业(群体)竞争能力的全新制造组织模式。

尽管敏捷性的研究始于"敏捷制造"研究,然而其敏捷的特性同样适用于军事领域。美国网络中心战著名学者 David S. Alberts 对"敏捷性"进行了系统深入的研究,2011 年 11 月,在其《敏捷性优势》一书中对敏捷性进行了建模并对敏捷性评估模型进行了研究,成功地将敏捷性引入到指挥控制领域。敏捷性指的是成功地应对各种情况变化的能力,只有在变化中才能体现敏捷性,即处理动态情况的能力。敏捷指挥控制系统的优势就在于成功应对变化的能力,也就是当环境发生变化时,系统能够快捷地调整结构,保持可接受的功能效能和效率水平。

敏捷指挥模型如图 1-4 所示。利用"自我"模型中的变量,可以指明任意给定时刻"自我"的状态。"自我"的状态在一定程度上取决于那些代表"自我"的特点、能力、处境和意图的变量。这些变量量值的变化反映了情况("自我")的变化,从而改变了"自我"的状态。"自我"的状态决定了要采取什么措施。此处的过程模型代表着从"自我"的状态到"措施"的转化。"自我"模型还包括一组变量和关系,它们决定着当前的效能和效率水平。这个价值模型还指明了这些变量可接受的变化范围。相对于设定的可接受的性能界限而言,当前的效能和效率水平影响着"自我"的状态。价值模型中所包含的各个变量的量值,部分取决于内部变量、"自我"的状态,部分取决于外部变量。

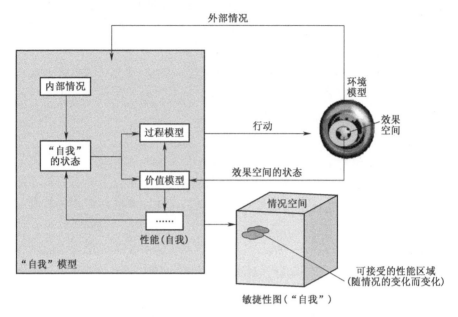

图 1-4　敏捷指挥模型

敏捷性主要包括以下 6 个方面。

（1）鲁棒性：在一系列不同作战任务、不同战场态势和条件下保持效能的能力。

（2）恢复性：从挫折、损伤或不稳定扰动的环境中恢复或调整适应的能力。

（3）响应性：应对环境的变化及时做出适当反应的能力。

（4）多变性：运用多种手段完成任务并在这些手段之间无缝变换的能力。

（5）适应性：改变系统工作流程和组织体系的能力。

（6）创新性：解决新问题的能力以及采用新方法解决老问题的能力。

David S. Alberts 博士给出了度量敏捷性的两个指标：一是实体能够成功运行的区域在努力空间（Endeavor Space）中所占的百分比，即努力空间中一个特定的途径或一个使用多个途径的实体能够操作成功的百分比；二是相对于基准（Benchmarked）的敏捷性，它涉及计划的性能与预期的性能之间的比较，需要确定一个"以往状态"或"基准状态"。

如果实体能在整个努力空间成功保持其性能（在可接受的范围内），则其敏捷性分值（相对于基准的敏捷性指标值）就为 1，用百分比表示则为 100%。如果实体在努力空间任何地方的运行结果（除了在以往情况或基准情况下）都是不可接受的，则敏捷性指标值就为 0。如果实体能够创造变化或利用发生的变化提高其性能，则其敏捷性指标值就可能大于 1，若用百分比表示的话，就可能

超过100%。"相对于基准的敏捷性"的计算公式为

$$相对于基准的敏捷性 = (S_{ES} - S_{Before})/E_{ES} - S_{Before}$$

式中：S_{ES}表示努力空间中实体能够取得成功的单元数；E_{ES}表示基于"以往"的使命性能，人们期望实体能够在努力空间中取得成功的单元数；S_{Before}表示在努力空间中，实体"以往"能够取得成功的单元数。

Alberts认为敏捷性已成为信息时代网络中心作战环境下部队最重要的特征。从目前的指挥控制(C^2)组织研究来看，敏捷C^2组织这种先进的技术理念还没有得到充分的体现。

1.1.2.4 军队指挥控制的阶段步骤

具体到对军队执行作战任务的指挥控制活动，可以分为四个阶段：掌握作战态势—筹划推演方案—控制兵力行动—评估作战效果。在任务执行的过程中，首先要掌握战场态势变化，以此为依据开展作战方案的筹划和推演，指挥控制参战兵力行动，最后根据作战效果判断是否继续实施指挥控制。在一次作战任务中，通过效果评估结果的反馈和战场形势的动态变化，驱动这四个步骤循环滚动实施，直到达成作战目标。

第一阶段：掌握作战态势。

统一认知的战场态势是指挥控制的基础。指挥机构依托指挥控制服务中心，收集陆、海、空、天、网、电等情报态势，收集作战区域内各级各类指挥所、作战部队、武器系统状态，如兵力部署、任务计划、任务执行状态、行动状态、交战状态、战场频谱与环境等，进行统一的态势关联、估计、提取等综合处理，并对作战趋势做出估计，最后生成区域一致、要素齐全、满足不同任务特点的作战态势图。根据任务、职能和权限，各级指挥机构、作战部队和其他授权用户，从指挥控制服务中心获取不同粒度、不同内容的作战态势并直观地展示出来，为指挥员提供支撑。

第二阶段：筹划推演方案。

作战方案筹划指的是，指挥机构根据作战任务和敌我态势、敌军事企图，结合战区地理、气象、电磁等战场环境，综合分析陆、海、空、天、网、电作战等要素，以及后勤、装备、动员等保障能力，分析敌我双方作战力量对比，生成联合行动计划和部队作战计划的过程。战前筹划阶段，指挥机构基于任务和效果，在战役、战术、火力层面统一规划和使用多种作战力量，组织多级多要素联合制定作战方案与计划，并开展联合推演和优化调整。作战实施阶段，根据行动进展情况和保障资源状态，会对作战方案进行实时调整和推演评估。

第三阶段：控制兵力行动。

为实施作战行动，指挥机构按照既定的作战企图、行动计划及战场形势发

展变化,生成兵力行动控制指令,指挥员通过逐级或越级指挥的方式,对参与作战的多种兵力以及侦察、保障力量,进行行动调控和督导,也可直接或间接控制各火力单元对敌进行打击。同时,兵力位置、运动状态、行动进展等信息实时反馈给指挥机构,辅助指挥员优化调整预备兵力部署、支援佯动兵力部署及其运动要素,实现各任务兵力按照统一协同计划展开行动。

第四阶段:评估作战效果。

对目标实时火力打击后,指挥机构还要通过多种手段获取情报资料,判断目标毁伤情况、敌我体系作战能力对比变化、作战目的的实现程度等,辅助指挥员提出关于敌我实力对比、作战形势、作战进程发展的分析判断意见和建议。评估结论作为反馈,成为下一轮作战筹划和推演的输入,并推动新的作战行动的组织和实施。

1.1.3 指挥控制系统

随着信息技术的不断发展,战场侦察、情报信息越来越丰富,数据通信和信息处理能力也越来越强大,指挥控制陆续与通信、计算机、情报、监视和侦察等多种手段集成,于是 C^3I[①]、C^4ISR[②] 等概念相继出现。然而从指挥所完成各项作战任务的角度来看,核心依然是指挥控制,其他诸如情报侦察、监视、通信、作战保障等都是围绕指挥与控制这一核心展开的。从专业分工的角度,指挥控制系统不可能包含所有业务系统的全部功能,但是各个业务系统提供的信息产品和能力都要服务于指挥控制系统(指挥官)。从 DOODA 模型中可知,指挥控制系统的三个核心功能是战场情况信息收集、战场态势理解与认知、决策支持与计划制定。

在《军语》中将指挥控制系统定义为:"保障指挥员和指挥机关对作战人员和武器系统实施指挥和控制的信息系统,是指挥信息系统的核心。按层次,分为战略级指挥控制系统、战役级指挥控制系统和战术级指挥控制系统;按军兵种,分为陆军指挥控制系统、海军指挥控制系统、空军指挥控制系统和第二炮兵指挥控制系统;按状态,分为固定指挥控制系统、机动指挥控制系统和嵌入式指挥控制系统。"

在美军联合出版物 JP3-0 中,将指挥控制系统描述为:"联合部队指挥官通过指挥控制系统遂行指挥权,该系统由完成计划、准备、监控和评估作战行动所必需的设施、装备、通信、参谋功能和流程、人员组成。指挥控制系统必须具备同上级、同级以及下级指挥官进行通信的能力,以控制当前作战行动或计划未来的行动。"

---

① C^3I 表示指挥、控制、通信和情报。

② C^4ISR 表示指挥、控制、通信、计算机、情报、监视、侦察。

在美军联合出版物 JP6-0 中,将指挥控制系统定义为:"指挥官为了完成使命,在计划、指导、控制作战任务和任务部队的过程中所必需的设施、装备、通信、流程、人员。"

本书从系统和系统使用的角度,将指挥控制系统定义为:"指挥控制系统是以战场信息掌握、战场态势认知、辅助决策与命令发布功能为核心,综合包含通信网络接入、安全保密、作战支援保障等功能于一体的,用于辅助作战指挥人员监视战场和控制部队的军事信息系统。"

按照部队的指挥关系层次,指挥控制系统自上而下形成一个整体,不同层次的指挥控制系统接收和处理来自上级、友邻、下级/作战平台的信息,按照作战意图,完成本级指挥控制系统的作战指挥任务。

1.2 联合作战指挥控制

1.2.1 联合作战

《军语》对"联合作战"做出了如下定义:"两个以上军兵种或两支以上军队的作战力量,在联合指挥机构统一指挥下共同实施的作战。"联合作战力量通常包括陆军、海军、空军、网络、特种作战等任务兵力以及各级各类信息支援保障要素。

联合作战形成和发展的历史源远流长,总的来看,其发展过程到目前为止可分为四个阶段。

第一阶段为"多军种共同参与的联合作战"阶段,各军种自成体系,联合作战主要围绕统一目的,由各军种相对独立地各自遂行作战任务。该阶段从人类最早的陆海联合作战直到第一次世界大战结束,这一时期的联合作战,不同军种之间的相互支援和配合十分简单,更多的只是在共同的作战目的下,独立地完成各自的作战任务。

第二阶段为"多军种相互协作的联合作战"阶段,各军种虽然仍自成体系,但在联合部队指挥官的统一指挥下,军种之间的相互协作明显增强。该阶段从第二次世界大战至 20 世纪 70 年代后期的新军事革命浪潮兴起之前,这一时期的联合作战,出现了统一的联合作战指挥机构,因此军种之间的协作显著增强,但由于军种的量依然强大,军种之间的冲突仍不可避免。

第三阶段为"多军种能力相互融合的联合作战"阶段,即在作战中各军兵种已经能够形成整体,作战系统基本实现互联互通,在一些局部能够实施较高程度的联合作战;这一阶段的联合作战始于新军事革命兴起后至今,这一时期由于以信息技术为代表的高新技术在军事领域的应用,网络、电磁、临近空间等新战场不断开辟,作战环境日趋复杂,单一军兵种往往难以独立地完成作战任务,多军兵种联合作战逐渐成为了基本作战样式。

第四阶段为"内聚式的联合作战"阶段,即结合各军种特有的能力迅速形成联合部队,其作战指挥系统能够横跨领域、指挥层级及组织关系灵活地进行组织、演化和重组。目前,世界上主要的军事强国基本上都处于第三阶段向第四阶段发展的过程中。

随着世界新军事革命深入发展,武器装备远程精确化、智能化、隐身化、无人化趋势越加明显,太空和网络空间成为各方战略竞争新的制高点,战争形态加速向信息化战争演变。世界主要国家积极调整国家安全战略和防务政策,加紧推进军事转型,重塑军事力量体系。为了构筑与信息化战争相适应的作战能力,各国正加快转变战斗力生成模式,不断加强基于信息系统的体系作战能力建设,核心是运用信息系统把各种作战力量、作战单元、作战要素融合集成为整体作战能力,逐步构建作战要素无缝链接、作战平台自主协同的一体化联合作战体系。

1.2.2 联合作战指挥体制

1.2.2.1 传统的作战指挥体制

在传统的平台制胜的观念影响下,各军种围绕自身的优势平台,分别形成了具有军兵种鲜明特色的作战指挥体制,但总的建设思路仍然遵循工业时代"分而治之"思想,即按照一定的原则,将部队按照功能分解为各有所长、各司其职的子功能部队,如空中情报、作战计划、飞行引导、电子对抗、战场评估、搜索救援等,通过一系列的功能分解,在部队建立多层次的树形组织机构,将复杂的战争和大型军事行动通过分解,转化成为一系列简单的易处理的任务。这其中典型的指挥体制就是将部队按照负责的空间域分为陆军、海军、空军等军种;按负责的业务域分为情报、作战、后勤等业务部门;按地理区域为不同的部队指定互不交叉的责任区。

这种指挥体制下的一个显著问题是缺乏联合的性质,各军种或组织都在追求最优地完成自己领域内的职责,以及战场上尽量少地互相干扰。对于联合作战,传统的指挥体制下主要表现为联合计划。各军种和职能业务部门负责人在战前制定联合行动计划,并依照联合行动计划确定各自的职责范围。这种联合作战的方式颗粒度较粗,军兵种的能力并未得到充分的发挥,同时也难以应对动态多变的战场环境中的不确定性。

另外,随着军队的专业性分工越来越清晰,越来越精细,为了协调任务所需的各职能部队,将总的作战意图转化为专业部队可承担的任务,需要一个中间的管理层,这与传统非军事组织(如大型企业、政府机构、国际组织等)的管理模式类似。一般认为,中层管理者能够有效管理的下属为10人左右。因此,在一个规模巨大的组织中,传统的观念认为必须增加管理层次。鲜明的层次结构无疑是古今中外一切正式组织,包括军事组织的传统特征之一,最高决策者的指令通过一个又一个的管理层传达到具体的执行者,下层的信息则通过一层一层的筛选,最后反馈到最高决策者,如 IBM 管理层最多时有 18 层之多。这种线性的树形层次结构在联合作战中给部队间的协调造成了极大的困难,如当一支任务分队面对作战环境变化急需友军支援时,虽然地理上相邻,但却属于另一条指挥线上的友军可能会因为协调关系复杂,迟迟无法对其进行支援。尤其当涉及多国部队或者军地协同的情况下,这种协调关系会变得更加复杂,严重影响部队应对战场环境变化的灵活性。

1.2.2.2 联合作战指挥体制

联合作战并不意味着消除部队原有的专业化分工,各军兵种天然地具备不同的特色,而军兵种特色能力建设仍然是联合作战能力的主要来源。联合作战指挥体制要求在作战指挥上将原有相对分散、各自为政的作战实体通过信息交换和指挥控制上的协调形成一个整体。

现代联合作战是建立在态势实时共享基础上的多军兵种协作作战,而这也正反映了世界主要军事强国在向联合作战发展过程中普遍面临的两个关键问题:信息关系和指挥关系。信息是现代军队的核心资源,它决定了对战场环境感知的共享、对战场环境认知的共享、对作战时机的把握和作战行动的同步程度;指挥关系则决定了联合作战中各部队成员之间的协作能力和反应能力,一条快速、简洁的指挥链有助于快速灵活地协调各部队的行动,快速响应作战环境的变化。然而,由于在建设信息化时代部队能力的过程中所关注的视角不同,各军兵种各自形成了一套独具特色的信息关系和指挥关系。因此,在联合作战中,理顺各军兵种间的信息关系和指挥关系成为最关键的因素。

联合作战主要采取集中和分散两种指挥方式。集中指挥是主要方式,通常由联合作战指挥员明确作战目的和企图,统一计划使用作战力量,规定下级完成作战任务的方法与步骤,统一组织协同和各种保障,集中协调控制各军兵种部队的作战行动;分散指挥是辅助方式,通常由联合作战指挥员给下级明确作战意图和任务,下达原则性的指示及完成任务的时限,并提供其完成任务所必需的兵力兵器和保障条件,具体作战行动的指挥则授权下级指挥员自主实施。

联合作战指挥体制的发展方向主要是在作战中按需整合各军兵种及各非军事组织的能力,灵活快速地形成联合力量。其中,最主要的表现是成立联合作战司令部或联合参谋部,将参与联合作战的部队成员统一纳入联合作战指挥体制下,实现作战指挥权向联合作战指挥链转移,可以最大程度上减小军兵种、业务部门和非军事组织之间的在权力、任务、战场划分、资源供给等方面的纷争,缩短联合作战的协调指挥路径。

在联合作战指挥体制之下,联合部队及其下属部队都可以是联合的,但最低层级的联合部队必然是由军种部队构成的。这些军种部队作为联合部队的基本要素使用时：一方面接受联合部队指挥官的作战指挥；另一方面也是本军种内的特定编成部队，这些部队的基本作战能力和联合作战指挥效能共同决定了联合部队的战斗力。因此，各军兵种在联合作战体制中仍然担负着军种能力建设的职能，包括军种内部的行政、训练、后勤以及本军种的行动支援等事项。

1.2.3 联合作战指挥控制系统

联合作战指挥控制是指在联合作战准备与实施中，联合作战指挥员及其指挥机构，按照总的作战企图和统一计划，以联合作战指挥控制系统为依托，对参战部队联合作战行动的组织领导活动[9]。

联合作战指挥控制系统，是以提高联合作战和执行多样化任务能力为目标，提供战场态势综合分析、多军兵种联合筹划、联合作战指挥、协同行动控制等功能，辅助联合作战指挥人员对参与联合作战的部队成员，包括各军兵种及其他作战力量，实施指挥、控制、协调和信息共享的系统，是联合作战指挥体系的核心支撑，其目标是在复杂的作战环境下，保持对战场态势的统一理解，使联合作战部队成员更好地协同行动，其作战概念如图 1-5 所示。

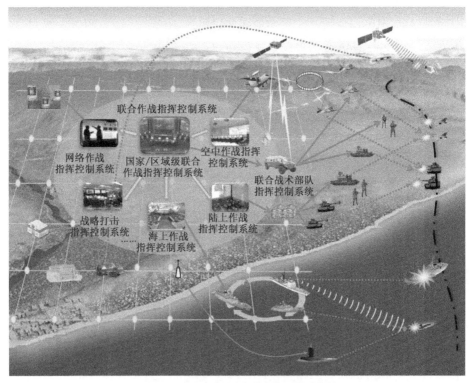

图 1-5 联合指挥控制系统高级作战概念

在传统指挥控制系统的三个核心功能(战场情况信息收集、战场态势理解与认知、决策支持与计划制定)之上,联合作战指挥控制系统更强调部队和组织机构之间的联合与协作,包括:协同战场信息获取,构建近实时的通用作战图;战场态势协同理解与共享认知;基于统一作战意图的动态协作,实现地理上分散的部队的同步。从某种意义上来说,现代联合作战指挥控制系统主要是为了在联合作战中获取信息优势,建立独立于指挥链的信息流,满足各部队成员的信息需求。

第 2 章
指挥控制系统的发展历程

在军事需求牵引和信息技术的推动下,指挥控制系统在半个多世纪的发展过程中,大致经历了初始建设、各军种独立建设、多军种集成建设和网络化建设四个阶段。从几个阶段的发展历程来看,伴随着联合作战由多军种共同参与的联合作战、多军种相互协作的联合作战、军种能力相互融合的联合作战向内聚式的联合作战的发展,指挥控制系统的发展也经历了由简单到复杂、从低级到高级、由单一功能到综合功能、由简单互联到高度网络化、由各军兵种独立建设到一体化建设的过程。过程中伴随着军事需求的不断变化和科学技术的迅猛发展,具有明显的时代特征。本章主要介绍了不同代际指挥控制系统的发展背景、主要特征、典型系统及其应用情况。

2.1 第一代指挥控制系统

2.1.1 发展背景

第一代指挥控制系统是经过初创阶段发展建设而成的,时间大体是在 20 世纪 50 年代到 70 年代。第二次世界大战后,美苏两大政治军事集团的关系日益紧张,苏联成为核大国并研制了战略轰炸机,美国为了防止苏联飞机的突然袭击和核打击,要求具有良好的预警能力和快速的响应能力。美国以第二次世界大战中英伦三岛防空系统为蓝本,开始研制以计算机为中心的防空自动化系统,并于 1958 年率先建成了半自动地面防空(Semi-Automatic Ground Environment,SAGE)系统,简称"赛其"系统,"赛其"系统是世界上首个半自动化指挥控制系统,它将北美 23 个扇区的地面警戒雷达、通信设备、计算机和武器连接起来,实现了目标航迹绘制和数据显示的自动化。它是原北美防空司令部作战使用的半自动化防空预警和指挥系统。该系统共部署了 36 种 214 部雷达、远距离通信和数据传输设备等。

"赛其"系统首次将计算机与通信设备结合使用,可接收各侦察站雷达传来的信息,识别来袭飞行物,并指示给拦截部队,再由操作手指挥地面防御武器对飞行器进行拦截。"赛其"系统的信息处理中心有数台大型电子计算机。警戒雷达将空中飞行目标的方位、距离和高度等信息通过雷达录取设备自动录取下来,并转换成二进制的数字信号;然后通过数据通信设备将它传送到北美防空司令部的信息处理中心;大型计算机自动地接收这些信息,并经过加工处理计算出飞机的飞行航向、飞行速度和飞行的瞬时位置,还可以判别出是否是入侵的敌机,并将这些信息迅速传到空军和拦截导弹部队,使它们有足够的时间做战斗准备。

在当时核武器制胜论的影响下,指挥控制系统的发展并未受到重视,其建设的目标也是为了对核武器进行预警、侦察、攻击判断以及对战略部队进行指挥。在这种背景下,美军在1962年开始组建全球军事系统工程和计划,定名为全球军事指挥控制系统(WWMCCS)。它是一个覆盖全球,具有指挥、控制、预警探测和通信能力的战略级指挥控制系统。20世纪60年代的古巴导弹危机对当时美军C^2系统建设进行了一次大检验,从中暴露出军事指挥系统通信能力弱、可靠性差,造成信息传输低速、低效等缺陷。为了克服这些缺陷,美军便在C^2的基础上增加了通信(Communication),使C^2系统成为C^3I系统。

2.1.2 系统的特征

第一代指挥控制系统实现了单一功能的单主机直连,主要是面向单一任务(如战术级防空作战指挥)、具备单一功能的孤立系统,如图2-1所示。

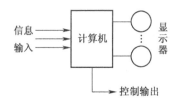

图2-1 第一代指挥控制系统结构图

从基础技术能力来看,第一代指挥控制系统基于专用计算机:主要采用电子管、锗晶体管和硅晶体管分立元件构成;采用纸带、卡片输入设备,行式打印机等交互技术,具备专门设计的随机扫描显示器;通信层面主要涉及话音传输设备,及部分数字传输设备;没有现代意义上的软件结构,采用机器语言实现面向单一任务的功能。

从系统能力来看,第一代指挥控制系统以承担单一的作战指挥控制任务为使命,以防空预警和战略部队指挥为主,功能相对单一,如防空预警雷达情报综合处理,防空武器拦截引导等,主要解决了雷达情报获取、传输、显示和部队指挥等环节的半自动化处理问题,大幅减少了人工作业的时间。

第一代指挥控制系统的特征可以归纳为"点对点"和"点对多点",即以单一指挥平台为中心,建立传感器平台到指挥所之间的信息传输链路,经指挥所计算存储设备处理后,为指挥员呈现近实时的战场情况信息,并生成相应的作战指令,传达给任务部队和武器平台。因此,此时的系统呈现出流式、瀑布式的特征,技术体制为结构化的集中计算和控制。

由于这一阶段核武器制胜论的盛行,指挥控制系统主要围绕战略预警和核打击,强调保护二次打击能力和快速反应能力,对指挥控制系统的战术应用并不重视。在客观上,受当时的通信技术和网络水平的限制,指挥所外部的多数设备还不具备数据通信能力,信息的作用并未得到充分的发挥。

2.1.3 典型系统及应用

2.1.3.1 美军"赛其"半自动化防空指挥系统

"赛其"半自动化防空指挥系统是美国为了自身的安全,在美国本土北部和加拿大境内建立的一个半自动地面防空系统,简称SAGE系统。在1963年完成部署的时候,美国的空中防御由23个按地理位置划分的扇区组成,每个空防扇区的核心是扇区引导中心(Direction Center),扇区引导中心由两个AN/FSQ-7计算机负责处理来自搜索雷达的数字化编码数据以及来自多个机构的非数字化数据(如飞行计划、武器状态、天气等),并能够通过数字链路或电报/电话链路发送数据给用户。该计算机每秒能处理超过100000bit的数据,通过一个定制的阴极射线显像管(CRT)显示器展示给空军操作员,如图2-2所示。

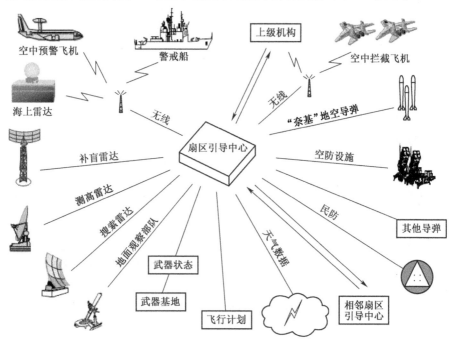

图2-2 "赛其"半自动地面防空系统工作示意图[10]

首个投入运行的 SAGE 系统是纽约空防扇区,于 1958 年 7 月正式启用,该扇区的引导中心位于 McGuire 空军基地,如图 2-3 所示。

图 2-3 位于 McGuire 空军基地的纽约空防扇区引导中心(拍摄于 1958 年)[11]

2.1.3.2 美军全球军事指挥控制系统

美国在战略核武器(洲际弹道导弹)研制成功后,开始认识到原有的指挥控制系统已经不能满足战略核武器指挥控制的新要求,需要对已经建立起来的指挥控制系统进行改进并联网。1971 年,美国国防部决定成立全球军事指挥控制系统委员会,统一规划和管理系统工程和计划,根据各方面要求对系统进行改进和扩建,目的是要建设一个完整、准确、实时的指挥控制系统,并正式定名为全球军事指挥控制系统(WWMCCS)。

WWMCCS 是一个覆盖全球的具有战略预警探测与通信能力的情报收集、处理和显示系统,用来支持高级军事机构在常规和核战争条件下的指挥控制功能。它的三项基本任务是:日常的指挥控制活动、危机处理、战时(包括核战争条件下)指挥控制部队。其核心任务是供国家指挥当局(通过参谋长联席会议)对全球的美国战略核武器系统进行指挥控制,利用它逐级向第一线作战部队下达命令。

全球军事指挥控制系统有遍及全球的 30 多个指挥中心,分布在世界各地,其中国家级军事指挥中心、国家预备军事指挥中心、国家紧急空中指挥中心和国家舰载预备指挥中心,是全球军事指挥控制系统的"神经中枢"。1983 年,美国提出了全球军事指挥控制系统现代化计划,更换了 35 个系统的 88 个中央处理机,并进行系统的标准软件开发。其他改进全球军事指挥控制系统的主要措施包括:北美防空防天司令部夏延山指挥中心及其所属预警探测系统的现代化改造计划,修建航天司令部中心,国家紧急空中指挥所全部改用 E-4B 空中指挥所。

2.2 第二代指挥控制系统

2.2.1 发展背景

20世纪七八十年代,美军逐步认识到未来战争并非一定是核大战,更多的可能是发生一些局部常规战争。因此,美军除了继续完善战略级指挥控制系统外,更加重视战术指挥控制系统的建设,逐步转向解决各军兵种独立作战的指挥自动化问题。

20世纪80年代,美国陆军开始建设陆军战术指挥控制系统(ATCCS),包括机动控制系统(MCS)、高级野战炮兵战术数据系统(AFATDS)、地域防空指挥控制与情报系统($FAADC^2I$)、全源分析系统(ASAS)和战斗勤务支援控制系统(CSSCS)等,美国海军将以前大量相互分离而且复杂的海军第一代全球指挥控制系统集成为一体化的"联合海上指控信息系统"(JMCIS),美国海军独立建设了"海军战术指挥信息系统"(NTCCS)、战术旗舰指挥中心(TFCC)、海军战术数据系统(NTDS)、"宙斯盾"作战系统等战术级 C^3I 系统。美国空军则开始研制战术空军控制系统(TACS)、机载预警和控制系统(AWACS)、计算机辅助兵力管理系统。到20世纪90年代初,美军各军兵种都已建成功能要素相对完备的 C^3I 系统,并在海湾战争中发挥了巨大作用。

2.2.2 系统的特征

第二代指挥控制系统是面向军兵种独立作战任务的多功能系统,具备多雷达情报处理、多机种指挥控制能力。在第一代的基础上,随着电子计算机和以太网技术的快速发展,系统功能大幅增加,并且采用了局域网结构,实现了点对点的联网,后期发展出一部分远程网。这个阶段的指挥控制系统主要采用集成电路构建。

从系统架构来说,第二代指挥控制系统采用的是指挥所内部以太网为基础的分布式架构,技术体制为客户端/服务器(Client/Server,C/S)架构的软件体系结构。随着技术的发展,军兵种内各级指挥信息系统实现纵向逐层互联,呈现出从"单点"到"单线"的发展特征。从系统逻辑结构来说,情报逐级上报与处理、作战命令逐级下发与传递,传感器、情报处理系统和指挥所系统之间的信息交互依赖于其通信连接关系(基本按编制层次实现指挥控制系统的树形互联),如图2-4所示。

从技术能力方面看,第二代指挥控制系统逐步采用 VMS、DOS、Unix 等商用操作系统,使用 Ada、Pascal、Fortran 等语言,并开始使用数据库管理系统,但软件结构层次性不强,没有"软件平台"或"共性软件"的概念,不同系统之间软件

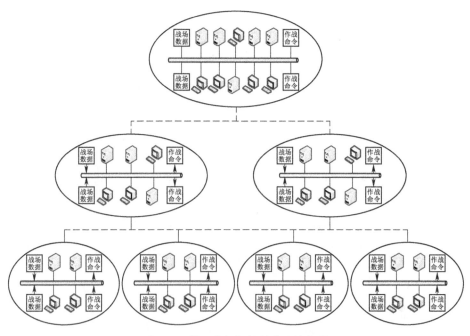

图 2-4　第二代指挥控制系统结构图

互操作和重用能力较差;在信息处理与数据融合技术方面,突破了多雷达情报处理与数据融合技术;在决策制定技术方面,此时主要体现为各种咨询工具,为用户提供一些简单的辅助计算功能;在人机交互技术方面,个人计算机(PC)得到广泛使用,配备了键盘、鼠标等输入设备,能够输出符号、图形等简单信息,采用随机扫描显示器或光栅显示器。

第二代指挥控制系统的组成要素种类及相互间交互关系大大增加,系统各部分之间的网络连接关系和信息交互关系固定,并且信息交互关系依据网络连接关系建立,即系统物理结构和逻辑结构高度一致。与第一代指挥控制系统结构比较,局域网技术和冗余备份手段的运用,使得系统结构的时效性和可靠性均有大幅度提高。同时,系统结构的复杂度大大增加,固定的信息交互关系限制了系统结构适应外部环境的变化能力,系统结构的灵活性较差。

该阶段的指挥控制系统主要由各军种独立建设,实现了军种内部 C^3I 功能的有机结合,基本解决了军兵种独立作战指挥的问题。但是,这些系统缺乏统一的顶层设计,客观上形成了一批"烟囱"系统。

2.2.3　典型系统及应用

20 世纪 90 年代初的海湾战争是第二代指挥控制系统的一次大规模综合展示。正是凭借这一系统,美军短时间内迅速在中东地区集结起超过 50 万部队,并在持续42天的沙漠风暴行动中,通过以多层次空中打击和空地协同为主的作战样式,在己方伤亡很小的情况下,击败了伊拉克军队。这场战争使人们认识到了指挥控制系统在高技术战争中的巨大作用,也在很大程度上改变了世界上许多国家对高技术战争的认识。

2.2.3.1 美军军事空运系统

在伊拉克入侵科威特时,美军在海湾地区并没有任何可用的战斗力量或军事基地,然而在"沙漠盾牌"行动中,仅五个多月的时间,美军便从几千千米之外的美国本土、欧洲和其他军事基地向海外地区迅速集结了超过50万兵力、2000多辆坦克和600多万吨物资。其运量之大、运距之远和集结速度之快是世界战争史上前所未有的,军事空运系统在这一过程中发挥了关键作用。

海湾战争时美军的军事空运系统可分为两个级别:一个是由空中机动司令部指挥所使用的全球决策支持系统(GDSS);另一个是由空运部队使用的战术空运分系统。

全球决策支持系统(GDSS)是可在全球范围内执行空运和空中加油的指挥控制系统,由美国空军于1982年决定发展改进,1988年完成了第一期工程,20世纪90年代初基本完成,以空中机动司令部指挥所为核心,连通了各个主要空运基地与各空运部队。GDSS的指挥所是美军指挥全球范围内空运活动的中心,又称危机行动小组(CAT)室,配有专用的空运工作站,能在10s内把世界各地的美军空运基地情况、空中运输机活动情况等数据信息通过卫星电路或国防数据网(DDN)电路传送到指挥所内,可按需要将有关信息在显示屏幕上显示,并能用以修改数据库存录的信息。GDSS能够监视和管理所有美军空中机动行动,包括现役部队、空军预备队、空中国民警卫队以及商业航空公司合同商的空中运输任务及所有的作战加油任务。GDSS还能够为空中机动司令部(AMC)提供机动计划、运输排班、航程跟踪、空运任务和资源管理等能力,辅助运输指挥人员近实时的决策。在"沙漠盾牌"行动中,危机行动小组除对危机事件进行了大量计划布置和指挥调度工作外,在海湾战区大规模、高密度的空运飞行指挥与控制工作中,长时间地处于紧张工作状态,对海湾战争的胜利做出了很大贡献。

战术空运分系统是战术空运部队在战区内执行任务时对战术空运飞行实施指挥与控制的专用指挥控制设施,由建制空运控制分队(ALCE)根据空运任务的需求使用。在"沙漠盾牌"行动开始时,空中机动司令部把一个空运控制分队紧急调往沙特,开设了空运控制中心(ALCC),负责空运指挥控制工作。空运控制分队是美军的专业空运C^3部队,编制人数为24人,装备有机动式空运控制分队通信系统,其中包括短波与超短波电台、通信处理机、气象接收机、电传机、硬盘机、软盘机、保密机、自备电源设备和各种专用接口设备等,自动化程度较高。该系统方舱内有 4 个坐席,当用于大规模空运指挥调度时,可另增设 6 个座席,工作时能由计算机接收、分类、处理有关空运指挥调度的各种数据,如飞机尾号、空运任务号、飞机的到达时间和离开时间、飞机的起飞地点和着陆地点、空运物资的种类和数量、运输机的用油情况等。

在战争正式爆发前的"沙漠盾牌"行动空运活动中,空中机动司令部组织了 10500 余架次的空运飞行,在高峰期间飞抵海湾战区的空运飞机每天达 100 架次以上,比第二次世界大战期间为援助盟军于 1944 年 6 月 6 日发动进攻而在 7 个月时间内从英吉利海峡到诺曼底运送的总量还要多,也大大超过了著名的柏林空运期间的飞行架次数与空运物资总量。正是由于空运系统,才得以顺利地完成了有世界战争史以来最大规模的空运任务。例如,在 1944 年 8 月份的几个星期内,空运任务极为繁重,面临机场停机空间小、加油能力不足、运输机地面停留时间短一系列挑战。设在利雅得的空运控制中心通过其专用的 C^3 设施与卫星通信终端设备,在 GDSS 指挥所的协调计划下,同各空运基地、加油机以及运输机保持着直接联系。其中,有 16% 的空运飞机是在空中加油支援下飞行的。这种空运指挥控制调度程序,充分体现了军事空运系统的优势。

2.2.3.2 美军计算机辅助兵力管理系统

海湾战争是一场以空中打击为主的非对称局部战争,美军在"沙漠风暴"行动期间的指挥体制和系统如图 2-5 所示,其中战术空军控制中心(TACC),即战区空军基本指挥所。

战术空军控制中心依靠计算机辅助兵力管理系统(CAFMS),对战区内分布在亚、欧、非、北美 10 多个国家 30 多个基地以及波斯湾、红海的航空母舰上的联军所有空中部队进行协调指挥,承担了平均每天超过 2800 架次的空中指挥引导任务。"空中任务命令"(ATO)是 TACC 集中统一指挥作战飞机的具体计划,由两部分组成:第一部分主要包括目标和任务相关的数据以及电子战和压制敌防空体系的支援;第二部分则涉及诸如通信频率、加油机支援、空中预警机控制覆盖、战斗搜索救援资料、进出敌空域的航路等具体指示。ATO 的制定和产生过程需要用时 50~70h(两三天时间)。

(1) 每天 7:00,TACC 作战计划处主任召开参谋会议传达中央司令部司令关于作战计划的指令,然后由"伊拉克战略计划组"和"科威特战略计划组"提出总攻击计划,由作战计划主任于当天 20:00 批准。

(2) 将经批准的"总攻击计划"交情报部门选定、核实某些特定的攻击目标,与此同时,作战计划处将"总攻击计划"改写成"目标计划工作单",规定任务编号以及同任务相关的内容。

联合作战指挥控制系统

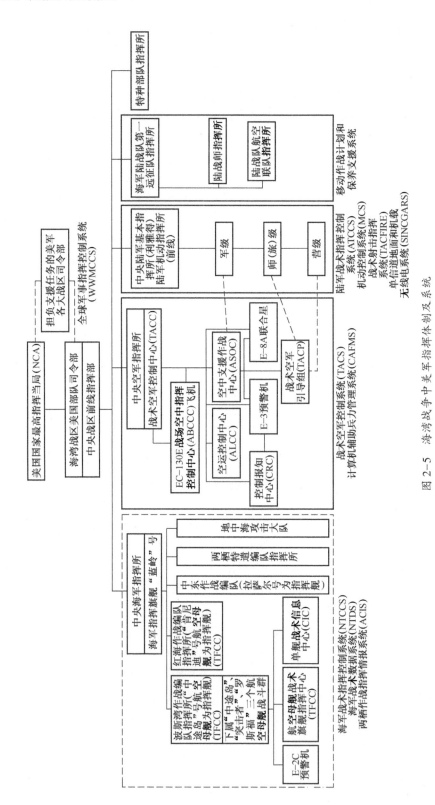

图 2-5 海湾战争中美军指挥体制及系统

022

（3）次日4∶30，"目标计划工作单"被送到 ATO 组，按规定的格式编写 ATO 具体内容，如目标位置、空域安全区、飞行航线、加油机航线、敌我识别应答机信号等具体内容数据，然后将 ATO 文件资料数据输入 TACC 的 CAFMS，由计算机进行辅助决策处理，经检验核实后于次日17∶00至19∶00之间完成 ATO 定稿，并传送至战区内各空军部队及有关指挥控制机构，部队接到 ATO 后连夜准备好执行命令的各项准备工作。

依靠总攻击计划和空中任务命令的适时制定和及时分发，实现了战区内所有空中单位的统一指挥和协调控制。然而，这一过程中依然暴露出军兵种独立建设指挥控制系统造成的烟囱问题，如 TACC 向海军海上部队传递 ATO 时，因为技术设备、信息格式与约定程序不兼容无法直接传送，只能由 TACC 每天晚上将 ATO 硬拷贝与软盘文本用飞机分别送到红海和波斯湾的指挥舰，再由指挥舰派直升机发给海上有关航空母舰和军舰。这一教训直接导致了美军在海湾战争后转向了跨军兵种集成建设阶段，即第三代指挥控制系统。

2.3 第三代指挥控制系统

2.3.1 发展背景

海湾战争中暴露的军兵种指挥控制系统独立建设造成的信息壁垒问题，已经严重影响美军的作战效率。从支持联合作战的角度出发，1992年2月，美军参谋长联席会议发布了"武士"指挥、控制、通信、计算机和情报（C^4I）计划（图2-6），旨在使世界任何地方的美军部队在任何时间从任何综合系统都能获取所需作战空间图像。为了与国家信息基础设施接轨，1993年，美军从"武士"

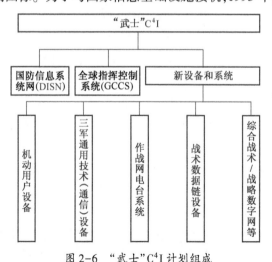

图2-6 "武士"C^4I 计划组成

C^4I 计划中引申出"国防信息基础设施"(DII)的概念和计划,美国 DII 综合囊括了军兵种各级、各类信息应用,为各作战部队司令部、诸军种和国防部各业务局提供信息产品和服务,DII 的核心是计算基础设施和信息传输基础设施。"武士"C^4I 计划打破了军种间的信息壁垒,能够随时随地向所有参战人员提供融合的实时的通用战场空间信息和态势图。

"全球指挥控制系统"(GCCS)是"武士"C^4I 计划中美军指挥控制系统的核心。该系统于 1996 年开始投入使用,GCCS 研制计划的实施分为三个阶段:第一阶段(1992—1995 年)主要进行军事需求的论证和方案设计,制定统一的系统标准和条令;第二阶段(1995—2004 年)的主要任务是将 C^4I 系统互联互通;第三阶段(2004—2010 年)在实现所有指挥、控制、通信、计算机系统和情报网之间最大程度互联互通的同时,建立一个全球的信息管理与控制体系。GCCS 的建设内容涵盖各军种的诸多支撑和核心策略计划,到 2003 年,GCCS 在全球部署完毕 625 个基地。

为了响应国防部"武士"C^4I 中的全球指挥控制系统计划,美国陆军确立了陆军作战指挥控制系统的体系结构,建设陆军全球指挥控制系统(GCCS-A),将陆军的所有作战功能领域和所有级别的部队都纳入到该指挥控制系统,并根据统一的技术体系结构使指挥控制系统实现数字化;美国海军根据 GCCS 公共操作环境(COE)和 DII COE 的要求,开始建设海军全球指挥控制系统(GCCS-M),以支持联合、多国和联盟部队的作战活动。空军提出了"全球参与—21 世纪空军构想"长期战略,建成包括战术空军控制系统、空军机载战场控制指挥中心以及空中机动司令部指挥与控制信息处理系统为主的空军全球指挥控制系统(GCCS-AF)。

2.3.2 系统的特征

第三代指挥控制系统是面向重点方向联合作战任务的跨军兵种集成系统,覆盖了各部门的业务功能,具备多地、多区域指挥控制能力。随着大规模集成电路的普及,这个阶段的指挥控制系统主要采用大规模集成电路构建。

从系统架构来说,第三代指挥控制系统采用以平台为中心的层次化组网结构,通过广域网将地域分布的多军兵种系统互联起来,呈现"面"的特征,如图 2-7 所示。

在技术能力方面,随着软件工程的发展,软件开发具备一定的系统性、可移植性,第三代指挥控制系统广泛使用面向对象的编程语言和可视化编程语言,如 Visual C++、C#、Java 等,从而有效提高了软件资源的重用能力;在共享态势技术方面,通过制定统一的标准化的信息交换格式、联合共享库、数据库订阅/分发、固定的信息推送和信息点播等方式实现了各军兵种系统间的共享;在决

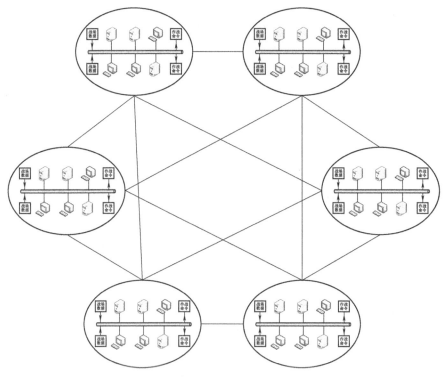

图 2-7 第三代指挥控制系统结构图

策制定技术方面,研制出一批军用专家系统,如后勤保障专家系统、导航专家系统等,但知识的获取和表示仍然是专家系统发展的一个瓶颈问题,使得专家系统往往只能是针对某个局部领域的应用;在协同指挥技术方面,实现了指挥层级上的纵向协同;在人机交互技术方面,继续沿用 PC 自带的交互设备,在第二代指挥控制系统的基础上,增加了音视频等多媒体显示功能,PC 显示器性能不断提升。

这一阶段指挥控制系统在联合作战的大背景下,重点发展了海、陆、空"三军"共用的国防信息基础设施,并基于统一的技术规范和接口标准,发展面向联合作战的跨军兵种多功能综合系统,具备对水面舰艇、潜艇、飞机、岸导等主战兵力的数据链指挥引导和目标指示能力。

第三代指挥控制系统具备了联合的性质,但仍未完全摆脱军兵种独立发展的烟囱带来的影响,没有统一规范各军兵种指挥控制系统的体系结构,实现联合作战的手段以综合集成为主,即所谓"人为的联合性",而非"天然的联合性"。

2.3.3 典型系统及应用

2003 年爆发的伊拉克战争与 1991 年的海湾战争相比,最大的区别是在战争一开始美国陆军地面部队就开始了地面行动(相比较而言,海湾战争中的地面作战时间有 100h 左右)。其中,美国陆军第 5 军在战争爆发后从科威特迅速向前推进 600km,仅仅 21 天后即宣告占领巴格达,其中该军主力第 3 机步师控制和使用的作战空间在最大时达到 16100km(纵深 230km,宽 70km)[12],充分体现了现代部队高速机动和分散作战的特点。在地面作战部队快速打通从科威特边境到巴格达的通道过程中,美军装备的第三代指挥控制系统发挥了重要的作用。

2.3.3.1 自动纵深作战协调系统

1. 系统简介

自动纵深作战协调系统(ADOCS)是一种联合任务管理软件,能够融合各军兵种(陆航、野战炮兵、空军等)的作战指挥系统。一方面能够融合多来源的信息,形成通用作战态势图,并利用这一信息理顺任务协调与实施的步骤;另一方面该系统也同时是空军"战区作战管理核心系统"(TBMCS)情报运行程序的主要组成部分,能够通过"联合时效目标管理器""战区空中作战中心目标管理器""空军任务命令计划与实施""空域协调请求管理器"等功能实现与空军近距空中支援的无缝连接。

2. 应用战例(图 2-8)

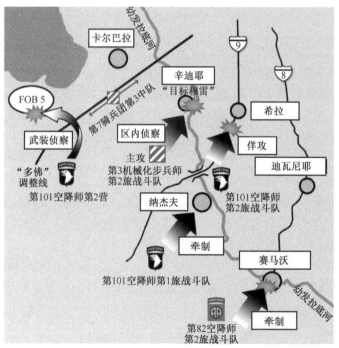

图 2-8　第 5 军在进入卡尔巴拉谷地前的火力侦察计划[13]

从南部边境进入伊拉克的第 5 军在迅速向北推进过程中，战线拉得越来越长，很容易遭到伊拉克准军事部队的攻击，由于原本计划防守交通线的第 1 装甲师并未部署，因此这些对交通线的攻击以及不时到来的沙尘暴对第 5 军的后勤补给造成了一定影响。当第 5 军到达卡尔巴拉谷底附近时，情报机构依然没有获得第 5 军最关心的伊共和国卫队麦地那师的踪迹。

卡尔巴拉谷地是一个宽度只有 1.5km 的狭窄走廊，没有多大的机动余地，但是在穿过卡尔巴拉谷地之后，便有了大片的机动空间。这个天然要塞为防御方提供了明显的屏障和阻击条件，而美军在这一狭窄谷地中却无从施展机动优势。伊军完全可以在这里围困第 5 军的突击部队，并用火炮、坦克和反坦克导弹对美军造成杀伤。

由于麦地那师采用的分散隐蔽的战术以及持续的沙尘暴天气，美军的各种侦查手段都没有发现麦地那师主力，因此空军实施的空袭也收效甚微。于是，第 5 军制定了一个火力侦察计划，希望能将敌人从隐蔽处吸引出来。3 月 30 日清晨，第 2 机械化步兵师的第 7 骑兵团第 3 中队向前推进并在卡尔巴拉谷地以南的调整线上建立了防守阵地。3 月 31 日 6：00，第 3 机械化步兵师第 2 旅对"目标穆雷"（位于辛迪耶附近）实施了火力侦察，以迫使敌军调整位置并加强第 5 军佯攻的效果。第 101 空降师第 2 航空团对米尔湖以西的敌雷达阵地和其他目标实施了武装侦察。第 101 空降师第 1 旅攻占了伊拉克军事训练基地和纳杰夫附近的一个机场，以扰乱其准军事部队的作战部署。第 101 空降师第 2 旅对希拉实施了佯攻，第 82 空降师第 2 旅攻占了赛马沃幼发拉底河大桥，并沿 8 号公路对迪瓦尼耶实施了佯攻，造成美军将通过 8 号公路提供的快速通道，从幼发拉底河以东向巴格达挺进的假象（美军之所以不想通过这两条路况较好的公路，是因为这两条公路穿过城市，将带来不可避免的城市争夺战，同时也为保卫交通线带来困难）。

这些攻击取得了成效，伊军指挥官以为第 5 军要越过幼发拉底河沿 8 号公路发动进攻，便发出了增援请求。光天化日之下，伊军开始在 8 号公路上调整防御阵地。这是麦地那师第 10 旅和第 15 旅的首次露面，共和国卫队罕莫拉比师和尼布甲尼撒师的其他旅级部队也在该区域布置了防守阵地。这些动作暴露了伊军的意图和部署。

第 5 军情报中心"分析与控制分队"（ACE）迅速确定目标，并通过"自动纵深作战协调系统"将这些目标信息传送给火力效果协调中心。火力协调中心指挥官快速整合来自 ACE 的数据，将目标位置与非打击目标清单进行对照（ADOCS 的功能之一），观察卫星地形图，决定瞄准点或用弹，将目标信息传给空军的空中支援作战中心进行近距空中支援。空军第 4 空中支援作战大队的战斗轰炸机对这些目标发动了连续攻击,第5军情报主管参谋长通过无人机持续跟踪伊军,在提供目标信息的同时也对打击效果进行评估。到4月1日,麦地那师已基本被歼灭。伊军的反应使自身陷入美军联合火力打击的同时,也暴露了在卡尔巴拉谷地附近没有主力部队的事实。4月1日,美军第3机步师在第3旅的带领下攻入卡尔巴拉谷地,并迅速占领了1号公路和8号公路的交叉口,这样一来,伊军的交通线被切断,原本驻守在8号公路准备阻截美军的伊拉克部队被困在了南面,无法增援巴格达。

该战例充分体现了ADOCS的作用,基本实现了准实时的联合空地火力支援。在过去陆军的作战程序中,军主管情报的助理参谋长和炮兵情报官将侦察到的目标信息传送给"火力效果协调小组"进行分析,如果协调小组认为最佳打击方式是空中打击,那么火力效果协调小组中的陆军军官就通过联合部队地面部队司令部(CFLCC)将目标提交联合空中作战中心(CAOC)的目标委员会,通常在1~3天之内会派出飞机去攻击这些目标(可能是由于ATO的生成周期是2~3天)。显然这种作战程序无法在第一时间内对空袭目标提供直接打击。而通过"自动纵深作战协调系统""分析与控制分队"一旦发现目标,就能够直接将信息发送到"火力效果协调中心""自动纵深作战协调系统"操作员将根据目标的类型、位置以及目标获取系统的目标定位误差对目标进行分析,并与"高优先级目标清单"进行对比,然后由"火力效果协调中心"战斗指挥官决定使用陆军战术导弹系统(ATACMS)还是近距离空中支援。"自动纵深作战协调系统"还能够快速将数据传送给联合地面部队司令部的"战场协调分队"(BCD),分遣队将清理目标上空的空域。同时"自动纵深作战协调系统"还提供目标审查功能,能够避免与特种部队任务区(通常是远程监视小队)发生冲突。

2.3.3.2 蓝军跟踪系统 FBCB^2-BFT

1. 系统简介

蓝军跟踪系统(BFT)是美国陆军"21世纪旅及旅以下部队作战指挥系统"(FBCB^2)的主要版本之一,它能通过战术互联网和卫星通信链路为使用者提供近实时的战场感知能力,如图2-9所示。其运行机理是:从全球定位系统上收集的定位信息以及用户提供的数据,通过L波段卫星信道传递到指挥部的数据融合中心;融合后的信息再通过卫星返回到网络上的各个指挥终端上,各个指挥官可以在同一幅底图上观察这些信息,如图2-10所示。这种利用卫星通信手段的FBCB^2,称为FBCB^{2}蓝军跟踪系统,简称蓝军跟踪系统。在阿富汗和伊拉克战场上,该系统经常成为能够在夜间或者沙暴等极端恶劣气候条件下精确确定地理位置并进行导航的唯一手段。经过中东地区严酷的战场环境和作战

第2章 指挥控制系统的发展历程

图 2-9 蓝军跟踪系统

行动的检验,BFT 受到美军前线官兵的广泛赞誉。

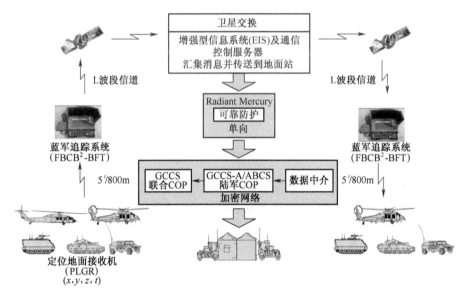

图 2-10 "自由伊拉克行动"期间的 $FBCB^2$-BFT 网络

2. 应用战例

美军第 3 机械化步兵师越过卡尔巴拉谷地后,向幼发拉底河进发以攻占目标"桃子"。目标是位于巴格达西北方向约 20km 的一座桥梁,是进攻巴格达国际机场和 1 号公路/8 号公路交叉口的最佳通道。执行攻桥任务的是第 1 旅战斗队的第 69 装甲团第 3 特遣队,指挥官是马尔康中校。

特遣队首先调集了野战炮和空射精确联合直接攻击弹药对可能存在的负

责破坏桥梁的敌人工兵据点进行了打击;然后在近距离空中支援下,在16:30完成了对该桥梁的完全控制,他们的任务是控制桥梁约4个小时,直到第2旅战斗队全部过桥向目标"圣人"(1号公路和8号公路的交叉口)挺进。

按照原先的计划,第3旅负责牵制卡尔巴拉,第1旅负责穿过卡尔巴拉谷地并控制目标"桃子",第2旅战斗队则跟随第1旅穿过卡尔巴拉谷地,比第1旅战斗队先头部队晚4个小时通过。但关于攻击目标"桃子"的决定改变了第2旅的行动路线,第2旅并没有跟在第1旅的后面,而是重新规划了一条看似更快速的路线。然而,第2旅按新路线出发不久,发现这条路线无法通行,只得原路返回,并按照原来的计划穿过卡尔巴拉谷地。

此时,马尔康中校并不知道第2旅在机动过程中遇到了麻烦。他从安装在他坦克上的"21世纪旅及旅以下作战指挥系统——蓝军跟踪系统"(21st $FBCB^2$—BFT)观察到第2旅战斗队改变了路线;随后又观察到他们原路返回。马尔康中校断定他们遇到了麻烦,并通过BFT提供的信息预测第2旅要第二天早上才会过桥,他们必须控制桥梁更长的时间。根据这一信息,马尔康中校决定改变部队守桥部署,从桥头堡转为桥梁防御,在桥梁东面5km处建立了防御阵地,扼守伊军反击的主要通道。果然从当晚20:00到第二天5:30,第69装甲团第3特遣队受到两个共和国卫队旅(麦地那师第10装甲旅和第22旅)和伊拉克第3特种作战旅的攻击。在火炮和近距空中支援下,第3特遣队阻止了伊军发动的最大规模反击。第二天8:45,第2旅战斗队开始过桥,并向既定目标进发。

"21世纪旅及旅以下作战指挥系统——蓝军跟踪系统"使用了L波段卫星收发机,具备超视距联通能力,为伊拉克战场上高度分散的战术部队提供了空前清晰的战场态势,所有装备了BFT的联网平台都能接收其他平台的位置信息,形成近实时的蓝军态势图。因此,第3特遣队得以根据自身承担的任务(控制桥梁,直至第2旅完全通过)和友军的实际部署情况(第2旅未按计划路线行进),实时调整防守策略(从桥头堡转为桥梁防御),实现了战术部队的主动协同,最终保证战术意图的达成。

而在$FBCB^2$—BFT装备部队之前,营特遣队指挥官和连队指挥官只能靠人力观察、与其他指挥官当面交流以及距离有限的调频无线电网报告来获取态势感知。这种在地图上标注的友军作战态势图很容易出错,也无法共享,更重要的是无法支持独立、分散的作战。由于$FBCB^2$—BFT系统提高了部队的态势感知能力,特遣队指挥官能够更及时地做出决策,以应对作战任务的变化。同时也使指挥官能够将更多的精力投入到作战中,不必花费大量的时间发送位置信息和态势报告。然而,由于BFT是伊拉克战争前美国陆军通过诺斯普·格鲁曼公司临时开发部署的,利用了商用卫星,没有硬件加密通信结构,主要靠软件数字加密单向接入 GCCS-A,不能与"陆军作战指挥系统"对接。

2.4 第四代指挥控制系统

2.4.1 发展背景

随着波黑战争、科索沃战争、伊拉克战争等局部战争的爆发以及以"网络中心战""全谱作战"为代表的新型作战理论和概念的提出[14],世界各国军队逐渐认识到,单一系统独立研制和互联集成的系统建设思路很难满足一体化联合作战的需求。在体系作战能力对抗中,要求新一代指控系统能够融合各种作战力量、作战要素和资源,形成具有倍增效应的一体化联合作战体系对抗能力。与此同时,从 20 世纪 90 年代中后期开始兴起的互联网以及后来的栅格技术、面向服务的体系架构等为人们提供了建设指挥信息系统的新视角、新理念和新技术。

在新军事需求的牵引和信息技术发展的有力推动下,美国国防部于 1999 年提出建设全球信息栅格(GIG)的战略构想,并且依托 GIG 这一全新的信息基础设施,遵循"网络赋能"思想,强调以"基于能力"的方式向网络中心化联合部队转型。由"网络中心"转变为"网络赋能",旨在确保把工作重心放在网络支持的军事行动上,而不是停留在网络自身的建设上。"网络"不仅是信息传输的管道,而且是信息存储、信息处理的平台。"网络赋能"实质上是网络中的信息赋能或知识赋能,强调通过对网络潜能的综合运用,将网络优势转化为信息优势、决策优势、行动优势。

第四代指挥控制系统是以栅格网为核心的、面向多样化任务,支持一体化联合作战的网络中心化系统。其在第三代指控系统的基础上,业务功能进一步拓展,并在多地、多区域指挥控制能力的基础上,加强军兵种系统间的横向协作和信息的跨领域流转,真正实现随时随地的动态服务能力。在 GIG 的基础上,美军正在打造联合信息环境(JIE),通过引入新技术,特别是云计算和移动计算等技术,统一各军兵种的信息基础设施,实现资源和服务的共建共享。

2.4.2 系统的特征

第四代指挥控制系统是面向多样化任务,支持体系作战的网络中心化系统。在军事信息基础设施的支撑下,系统具备"即插即用、柔性重组、按需服务"等主要能力特征。其中,即插即用是指系统各组成要素能够随时随地动态接入军事信息基础设施,快速获取和使用所需的网络、数据、服务等资源;柔性重组是指系统具备动态重构的能力,即系统能根据作战任务、战场环境、作战单元毁伤情况,快速、灵活地对组成要素进行扩充、剪裁和重组,以适应各种变化。按需服务是指系统依据任务情况,灵活地组织、生成用户所需要的通信、计算、信息、软件等资源,并快速、合理、高效地为用户提供资源服务能力。

从系统架构来说,第四代指挥控制系统实现了从"点""线""面"到以网络为中心的扁平化组网结构转变,如图 2-11 所示。这种系统结构强调"体系(整体)",即通过军事信息基础设施使得指挥信息系统组成要素与指挥对象,如传感器、指挥控制系统和武器平台等成为一个有机整体,并能通过动态重组其组成要素的关系和功能来适应任务和环境的变化需求,从而具备应对多种安全威胁、完成多样化作战任务的能力。

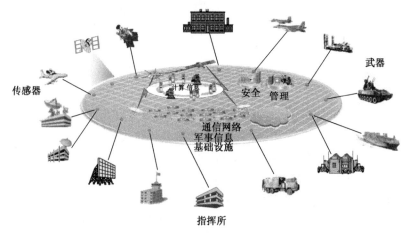

图 2-11　第四代指挥控制系统体系结构

在软件开发方面,第四代指挥控制系统采用面向服务的软件架构,使用服务共享方式将网络上分布的软件资源组织起来,通过软件聚合进一步实现多种功能的组合,进而产生新的功能。网络和软件的新技术、新体制将大大提高指挥控制系统的开放性、灵活性、高效性和鲁棒性。随着栅格网技术的发展,后期的软件开发呈现出面向栅格的特点。

在网络支撑方面,由远程网发展为栅格网,具有"无缝连接、路由广泛、带宽可控、网系融合"等能力特征。第四代指控系统所涉及的网络技术向以 IP 和多协议标记交换(MPLS)技术、智能光传送网技术为核心的栅格化网络体系方向发展,综合通信和网络业务服务能力大幅提高。

在共享态势技术方面,突破了面向任务的信息自动汇聚技术,可动态感知用户信息需求的变化,自动从栅格网海量数据中收集、筛选、推荐任务相关的信息并汇聚给用户,改变了传统的固定信息保障模式,提升了信息服务的精准度。

在决策制定技术方面,决策支持系统技术得到广泛应用,开发出了一系列用于作战指挥的决策支持原型系统,如作战方案评估智能决策支持系统、野战防空智能决策支持系统、系统工程作战模拟模型库与应用系统等,但主要用于支持某个领域或特定兵种的作战指挥。由于各种决策支持计算模型的欠缺,决策支持系统的可信度和可用性一直存在较大的问题。

在协同指挥技术方面,由于栅格网技术的应用,实现了指挥层级纵向、跨军兵种横向的协同能力。

在人机交互技术方面,交互手段大量丰富,在传统PC自带交互设备的基础上,还支持手势识别、语音识别、电子沙盘、三维显示等新型交互技术。

2.4.3 典型系统及应用

目前,世界主要军事强国都在大力发展第四代指控系统,典型的系统和产品包括美军的"网络使能的指挥控制"(NECC,前期称 JC^2)、联合全球指挥控制系统(GCCS)的改进完善。

美军从2003年展开联合指挥控制能力需求研究,并研发联合指挥控制系统(JC^2)取代 GCCS,以期实现战略战术沟通,各级各类指挥控制系统的互操作,即实现真正的一体化,以适应网络中心战要求。2006年,JC^2 更名为网络使能指挥控制(NECC)。NECC基于单一的、网络中心、基于服务的指挥控制体系结构,提供一个一体化的、互操作的、端到端的联合作战指挥控制系统解决方案,使作战人员能够通过剪裁信息环境以适应任务变化。它标志着美军联合指挥控制系统的建设进入新的技术发展阶段。

NECC原计划至2011年完成"增量"I研发,将GCCS族的能力完全迁移过去,并提供新的能力。在"增量"I中,83%的能力来自GCCS现有能力,相比于GCCS,最重要的变化:一是采用面向服务的体系架构(SOA)替代面向平台的体系架构(POA);二是以GIG及其上的网络中心企业服务(NCES)为基础,采用更加开放的体系结构以实现系统的松耦合及独立升级;三是以使命能力包(MCP)形式,为战略战役战术各个层次提供基于网络的联合指挥控制能力。

虽然NECC由于风险过高,于2010年被美国国防部终止,但美军联合指挥控制转型目标不变,战备和转型之间将达成新的平衡,这标志着美军已经放弃了"大跃进"式的转型战略,正在更加务实地处理战备与转型之间的关系。NECC计划将已经开发和交付的能力模块集成到GCCS中,如将Web COP集成到GCCS Block IV中,增强系统对Web技术的应用能力;将网络中心企业服务(NCES)集成到GCCS Block V中,实现更强的网络中心能力,解决了蓝军跟踪等问题,特别提高了反导指挥控制能力。终止NECC计划并不是由于网络赋能的发展方向错误,与之相反,网络赋能的发展方向不变。

2.5 发展启示

2.5.1 军事需求直接牵引系统发展

军事需求是国防和军队建设的重要依据。纵观几代指挥控制系统的发展演变过程,都是根据战争威胁的变化和对系统能力的要求,有针对性地进行研制和建设。美苏冷战期间,对预警能力和快速的响应能力的需求,催生了第一代以反战略武器打击为主的指挥控制系统。20世纪80年代,打赢局部常规战争的需求,推动了军兵种指挥控制系统的蓬勃发展。进入90年代,海湾战争对多军兵种联合作战能力的需求,使美军开始打造信息基础设施,消除军种壁垒,诞生了真正意义上的联合作战指挥控制系统。近年来,美军为适应"反恐"战争的需要,权衡了战备与转型之间的关系,求实避虚地放弃了"大跃进"式的转型战略,重视统一的信息基础设施建设,在其上螺旋式提升联合作战指挥控制能力。

为打赢信息化条件下高科技局部战争,美军非常重视一体化联合作战能力。对于未来联合部队力量编组,美军提出了面向任务、模块化组合的思想,可满足战略到战术不同级别的联合作战任务。因此,军兵种指挥控制系统的研制要考虑不同系统间的联合,使其具备互操作的能力,并且能够通过模块化地灵活重组,构建联合作战指挥控制系统。

随着网电空间、太空、特种作战以及情报、监视与侦察等领域的发展,对指挥控制能力的需求日益增强,衍生出包括网络作战指挥控制、空天一体作战指挥控制、特种作战指挥控制、情报指挥控制等指控领域。从面向未来实战的需要,美军还提出加强防御(包括战术空中防御、战区空中防御、核生化防御等)指挥控制、人员营救指挥控制、联合火力指挥控制等能力需求。这些新业务领域的作战需求,催生了一批新质力量指挥控制系统的研制建设。

2.5.2 理论创新深刻影响系统发展

指挥控制系统是指挥信息系统的核心,指挥控制理论也是军事理论研究中最活跃的领域之一。理论的发展为指挥控制系统能力构建指明了方向。

指挥控制敏捷性是美军近年来提出的新理论。美军认为在21世纪,缺乏敏捷将是致命的弱点。在个人、组织、盟国、指挥控制、系统或程序等面对动态变化的战场形势、不确定环境、持续损失时,敏捷的特点更加有效。美军对指挥控制组织的敏捷性进行了建模,模型是鲁棒性、韧性、响应性、多样性、创新性及适应性等基本属性的组合,并对敏捷性评估模型进行了研究。

2013年,在美国召开的国际指控年会以"不成熟(Underdeveloped)、性能降级(Degraded)、拒止作战(Denied Operational)环境下的指挥控制"为主题,探讨了当通信和信息能力在部署时或冲突环境下无法"按需"获取的情况下,如何使系统有能力应对因服务无法获取、服务不可靠或性能降级所带来的挑战和压力,以及如何在这些情况下高效开发、选择和应用 C^2 的方法,并提出了脆弱点评估、故障诊断、提升指挥控制敏捷性等方面的理论方法。

2.5.3　信息基础设施奠定牢固基石

随着信息基础设施的发展成熟,联合指挥控制系统及军兵种指挥控制系统将充分利用信息基础设施的支撑能力,达到做强后端、精简前端的目标。

从美军 JC^2 和 NECC 计划可以看出,联合作战指挥控制系统将采用面向服务的体系架构(SOA),最大化利用信息基础设施及其上的网络中心企业服务(NCES)。指挥控制通用服务构建于 NCES 之上,而指挥控制通用服务上层是面向联合作战的八大任务能力包(MCP),即兵力投送服务、战备服务、情报服务、态势感知服务、作战背景服务、战斗空间目标管理服务、关联服务、编配服务。

美军通过 GIG 及 NECC 发展建设过程总结经验,认为 GIG 由各军种分散建设,如陆战网、星座网、力量网,实质上没有真正实现联合,其规模庞大,效率低下,安全性差,难以跟上信息技术的发展。为此,美军提出 JIE 的设想,并于 2013 年 9 月发布了《国防部 JIE 实施战略》。JIE 通过对异构网络、云计算平台以及数据中心的整合,采用单一安全架构以及全局用户身份与访问管理,提供通用的核心应用服务,从而形成了一个统一的、共享的、安全的、高效的信息基础设施。联合作战指挥控制系统也将在 JIE 基础上实现真正的、内在的联合。

2.5.4　新兴技术支撑能力快速提升

美军在其信息时代的部队转型计划中,明确 2020 年采用以 Web 技术为基础的 SOA 架构的规模程度将达到 90%以上。服务技术在向轻量化、支持战术移动环境转变,2013 年,美军已将此应用到战术级系统的构建中。在支撑服务化系统构建方面,美军正在开展跨系统的基于工作流资源动态重组技术研发,美国国防部将跨系统的资源动态重组作为 2020 年技术发展目标。美军《GIG 体系结构》3.0 采用了一些先进的网络技术,如 MPLS、IPv6、Naming Convention 等,提出了敏捷虚拟飞地(AVE)、虚拟安全飞地(VSE)等新思想以保护作战网络域的网络基础设施,并支撑以作战司令部为中心的赛博空间作战。未来,GIG 的技术战略和目标技术架构是一种以云计算为基础的模式。2020 年,美国国防部建成采用通用标准、基于云计算技术的联合信息环境(JIE)。

在指挥控制系统的各个功能域，美军都大量引入先进的信息技术，大大提升了作战能力。在态势生成方面，采用对等计算技术为每个用户提供相同的处理，应用分布式数据融合技术提高处理的实时性和一致性。在任务规划方面，重视人工智能技术的应用，实现方案智能辅助制定、智能推演分析、人机协同作业等。在行动监控方面，发展自同步技术，在共享态势感知的基础上，通过基于原则、知识等适当的方法与程序，快速进行决策，达到参战各要素在作战行动上的自组织、自协同和主动响应。

2.5.5 滚动式发展模式保证持续增值

指挥控制系统向网络中心化、知识中心化的发展方向是不变的，但是系统演化的过程不可能一帆风顺，要在不断探索中逐步积累，从量变达到质变。

美军于1999年提出GIG概念后，不断完善和发展，从GIG1.0不断引入了新概念和技术，逐步演进到3.0。JIE也不是一个从头做起的新项目，它是在现有的以网络为中心的项目和系统基础上，通过引入新技术，进一步集成现有体系，实现统一的标准、统一的架构，可认为是GIG演进而来的。

在美军NECC终止过程中，原NECC计划中已经开发和交付的能力模块并没有放弃，而是以"增值"方式被集成到GCCS中，对联合全球指挥控制系统（GCCS-J）进行升级改造。这种发展方式体现出了前所未有的灵活性，为美国国防部能以较低成本及时地调整发展思路提供了保障。

美军"螺旋式推进，滚动式发展"的系统建设模式，以及明确管理职责，严格把控管理流程，保证了系统坚定不移地向面向服务体系架构迁移，并且系统功能不断完善，能力得到一步步提升。

2.6 本章小结

本章主要介绍了半个多世纪以来指挥控制系统发展经历的四个阶段，使读者较为清晰地了解到指挥控制系统发展演进的历程，分析了不同时代战争需求牵引和技术发展推动下指挥控制系统的特点及发展启示，为进一步深入分析联合作战指挥控制的各个方面打下了基础。

随着新武器、新作战域和新兴技术的出现不断发展，展望下一代指挥控制系统，将是具备韧性、敏捷特征，以知识为中心的智能化系统，依托智能化的基础软硬件平台，形成面向任务的智能服务，聚合泛在的智能支撑能力，构建动态的、全域的全局知识网络，支撑各级指挥员实现对军事问题的认知、判断、决策和反馈。详细内容见第7章。

第3章
联合作战指挥控制系统总体描述

联合作战指挥控制系统是实施联合作战指挥活动的重要支撑手段。本章首先分析了系统应具备的联合情报、联合筹划等方面的核心能力,描述了战略、战役、战术三个层次的联合作战指挥控制系统;然后从系统内外交互关系、装备形态、组成分类以及生命周期等多个角度进行了描述,使读者对联合作战指控系统有一个更加全面的认识。

3.1 系统核心能力

联合作战指挥控制系统能够将联合作战行动中的各种作战要素、作战单元、作战系统相互融合,使实时感知、高效控制、精确打击、全维防护、综合保障连为一体,实现基于信息系统的"全域融合、集约服务、无缝铰链、安全可信"的体系化作战能力。情况掌握是实施指挥控制的基础,联合筹划是高效整合作战资源的手段,联合指挥是实现兵力协同作战的保障,武器控制是优化配置火力资源的关键,综合保障是支撑战争进程的基石,联合电子战是保障作战装备正常运行的盾牌。

3.1.1 联合态势感知能力

3.1.1.1 组织管理能力

联合态势感知体系组织管理能力是指针对统一的联合作战目标及作战意图,梳理指挥员关键信息需求,制定态势保障计划,组织运用各类侦察预警装备和力量,并以态势、情报信息系统为核心,为指挥所、作战部队和武器平台提供一体化的联合态势保障的能力。

联合态势感知体系组织管理针对联合作战指挥所、军种指挥所、任务部队的态势感知需求,进行归并、分析和优先排序,形成情报需求清单;根据情报需求及排序清单,进行联合态势保障任务规划,制订保障计划,确定各态势处理节点任务和态势信源、态势数据调配方案,以及分布式的态势处理流程;按制定的保障计划开展感知任务组织,监视任务执行情况并对情报保障效果进行评估,针对作战进程和战场态势变化情况,及时调整态势组织保障方案。

3.1.1.2 态势处理能力

联合态势处理能力是指引接国家相关部门以及各军兵种的各类态势数据,开展信号级、特征级的融合处理,最大限度地还原战场客观情况,为目标打击、态势分析等提供信息支持的能力。

联合态势处理能力主要包括态势专业处理、态势综合处理两个方面的内容。态势专业处理主要针对航天侦察信息、海洋综合侦察监视、水下反潜侦察和空间目标监视等侦察手段获取的原始数据进行专业情报处理,构建形成分工明细、职责明确、保障有力的专业情报处理体系;态势综合处理基于态势专业处理结果,面向陆、海、空、天、网、电等各作战域,开展信息融合,生产满足特定作战需求的综合态势产品。

3.1.1.3 态势分析能力

联合态势分析能力是指接收陆、海、空、天、网、电等各作战域的态势处理结果,开展态势关联,利用敌方活动规律库等工具支持,结合敌我双方的战场部署、重点目标位置,构建目标关联关系,分析战场态势发展趋势,支撑敌方作战意图预测、威胁评估等活动,形成能够预测态势走向、指导指挥决策的高端情报产品。

提升联合态势分析能力:一方面要将分析的能力延伸到传感器末端,能够在信号级开展分析工作,尽量将原始探测信号纳入态势分析工作的范畴中,充分发挥传感器的能力;另一方面,要加强对已有态势产品资源的分析挖掘,能够从海量历史态势中抽取规则,为预测态势的形成提供指导。

3.1.1.4 态势服务能力

态势服务能力能够对各类综合型情报产品进行筛选、组织、归并,形成直接支持指挥决策和部队行动的态势产品,最大限度发挥联合情报体系效益的能力。

联合态势应用包括"推"和"拉"两种方式。"推"的方式指的是根据作战计划、作战态势变化情况和态势保障关系,按用户类型、承担的作战任务等要求进行态势保障需求分析,主动推送或补全推送与任务保障相关的态势;"拉"的方式指的是为用户提供态势数据检索服务,支持授权用户浏览态势目录、查询态势产品、选择定制的态势产品;支持发布和更新态势产品目录,态势百科服务,集成电子白板、视频会商等服务工具,对用户的态势使用权限进行管理。

3.1.1.5 多级产品生成能力

多级产品生成能力是指在网络化、服务化条件下,战略、战役、战术各级指挥所按需获取态势数据、态势信息,基于统一的态势生成机制、原则或规范,通过协作处理,生成区域一致、要素齐全、满足不同任务特点的战略、战役、战术各级态势产品,形成对战场态势的多角度统一认知。统一认识是对多级产品生成的重要要求与约束。

某次演习活动中,美军从最高指挥当局到各任务部队指挥部看到的演习活动态势图像,如图 3-1 所示。其中,战略级共用作战图(COP)显示了部队的调动路线,战役级 COP 显示了主要任务部队的部署状态以及作战计划、作战任务等信息,战术级通用战术图(CTP)显示了某一联合任务部队内各平台的位置和状态等信息。战略级 COP、战役级 COP、战术级 CTP 图族的表现形式、关注点、服务层级各不相同,但是它们通过内在机制共同保证了对战场形势的一致理解。

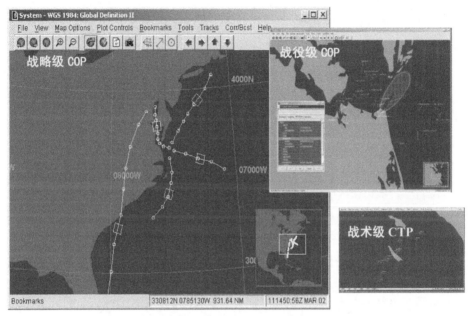

图 3-1 美军某演习战略 COP、战役 COP、战术 CTP 图族

3.1.2 联合指挥决策能力

3.1.2.1 联合作战筹划能力

联合作战筹划能力是指根据作战任务和敌我态势、敌军事企图,结合战区地理、气象、电磁等战场环境,综合分析水面舰艇、航空兵、装甲、特种作战、网络作战等要素,结合对地方执法力量实力以及他国联军作战能力,分析敌我双方力量对比,生成联合行动计划和职能联合部队作战计划的能力。它可以分为预先筹划、临战筹划和战中筹划三类。

筹划阶段,联合指挥机构应能基于任务和效果在战役、战术、火力层面统一规划和使用多种作战力量,组织多级指挥信息系统和多种作战要素联合制定作战方案与计划,对作战计划进行联合推演和优化调整。作战实施阶段,则根据筹划方案和计划,对兵力作战行动全程监视。

GCCS 的联合作战计划与执行系统（JOPES）提供兵力投送和计划能力，监督、计划和执行与联合作战相关的部队动员、兵力部署和运用、维持及重新部署。JOPES 支持部队部署计划、危机行动计划（CAP）以及周密行动计划（图 3-2），用于构建部队模块、提供兵力可视化、反映计划表与调动信息、生成报告。

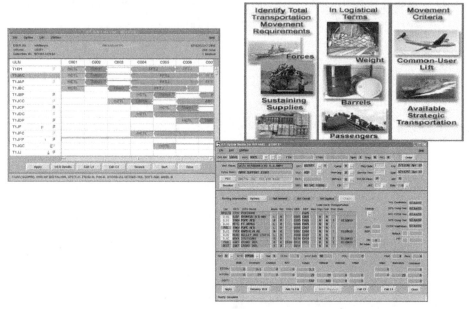

图 3-2　GCCS 联合作战计划与实施系统

3.1.2.2　联合打击计划能力

联合作战火力打击计划能力指的是考虑各类联合作战任务要求以及敌我武器装备性能、战场环境等因素，拟制和优化包括陆基、海基、空基以及软杀伤武器联合打击计划的能力。计划类型包括联合对陆打击计划、联合对海打击计划、联合防空反导计划等。

战前，对火力运用方案进行筹划。根据打击目标及毁伤要求，选择适宜的综合毁伤方案，明确定下作战部队、作战区、弹型弹量及发射时段等，同时要统筹考虑空域管控、电磁频谱管控等因素。战时，根据战场态势进行打击预案匹配调整，制定武器平台攻击航路规划、计算并加载武器打击诸元等。

3.1.2.3　方案仿真推演能力

方案仿真推演能力是指利用软硬结合的仿真环境，对战场环境和作战对象进行数学建模，并设计推演流程和交战规则，全自动或人工干预地完成推演的过程，并能采集推演数据对筹划方案进行定量分析评估的能力。

推演模式有单方推演、多方对抗推演、分组背靠背推演等多种，推演开始前需要设置好各种模拟数据，设定初始战场态势。推演过程中适时引入外部影响因素,注入重大事件,并实时监控各方在线情况与作战状态。双方、多方对抗推演时,可基于联合作战交战规则体系进行自动裁决,也可由导调组人员进行人工裁决。方案推演过程中产生的数据,由计算机自动记录下来,推演结束后用于复盘分析,最后给出方案的评估结果。

3.1.2.4 联合指挥能力

联合作战兵力指挥能力是指通过联合作战指挥控制系统,对参与联合作战的陆、海、空、天、网、电多维战场军地力量、多国军队进行指挥的能力,包括发送指挥文电、协同指令等,接收指令发送状态及回复,涉及战略指挥、战役指挥和战斗指挥。

美军在"自由伊拉克行动"中,使用 GCCS 指挥联合作战,如图 3-3 所示。GCCS-J 通过 GCCS-A、GCCS-M 和 GCCS-AF 各军种型联合作战指挥控制系统连接了所有军兵种的指挥控制系统,并使无人机、地面和卫星传感器的数据相互关联并传递到图像与情报综合系统,后者能够帮助指挥官分析作战情报数据、管理和生成目标数据以及规划任务。在 GCCS 框架下,多军种部队能够共享态势图信息,基于态势图进行协同与同步攻击共同目标。联合作战指令可通过军种型 GCCS 桥接到军兵种任务部队指挥控制系统,实现对多军兵种部队的指挥。

图 3-3 美军联合作战指挥所与席位

3.1.2.5 辅助决策能力

辅助决策能力是指在联合作战指挥控制的各个阶段,指挥控制系统为指挥员准确地掌握态势、周密地筹划方案计划、精确地推演预测、高效地指挥控制提供自动化、智能化的决策支撑手段。

随着人工智能(AI)技术、大数据技术的推广应用,在联合作战指挥控制系统中逐步开发了智能化辅助决策功能。例如,美军的"指挥官助手"项目中,系统可根据手绘草图和语音,通过计算机视觉、报告图形识别等技术,理解指挥员意图,并自动增补细节生成作战方案;"水晶球"项目中,能够基于海量战场实时信息,自动分析理解作战态势,预测作战结果,当超出预期范围时,提示指挥员及时调整方案;在"闪电战"项目中,对战场中的作战对象、地理空间等进行了数字建模,能够对作战方案进行快速多轨并行仿真推演与自博弈,给出各作战方案的费效比,并进行推荐程度排序,大大减轻了指挥员的负担。

3.1.3 联合行动控制能力

3.1.3.1 临机处置能力

联合作战临机处置能力是指对联合作战行动进行临机调整,以有效应对各种预案外的战场突发情况的能力。战场情况瞬息万变,随着作战进程的推进,原有的筹划方案可能已不适用于最新的战场态势,必须根据作战态势变化分析结果和兵力资源实时状态,临机调整联合作战指挥行动。

临机处置的主要过程包括综合运用火力配系、兵力选择、航线规划、航路规划等行动规划功能,快速确定可用兵力、选择打击武器、规划兵力航线和导弹航路,临机规划行动方案,并对临机规划的相关行动生成、更新、下达指令。

3.1.3.2 兵力控制能力

联合作战兵力行动控制能力是依托联合指挥控制系统,按照既定作战企图、行动计划及战场形势发展变化,对参与联合作战的多种兵力以及地方执法力量进行兵力行动调控和督导的能力。

联合指挥机构应能够依据作战方案计划,自动生成和下达兵力协同计划、兵力行动控制指令,实时显示陆、海、空、天、特种作战、网络作战等各种兵力的位置、运动状态等要素,并能够辅助指挥员优化调整预备打击兵力部署、支援伴动兵力部署及其运动要素,实现各任务兵力按照统一协同计划展开行动。

伊拉克战争中,在美军作战指挥中心内,大部分人员使用便携式计算机,或通过平板大屏幕可以看到巴格达的军事部署、地理环境和天气情况、"掠夺者"无人机从战场上空发来的实时视频信息等,如图 3-4 所示。司令部基于战场的数据迅速进行过滤、选择和分析,司令官能通过视频电话或视频会议与陆、海、空三军的指挥官进行通话,实施指挥。

3.1.3.3 武器控制能力

联合作战武器控制能力是指对陆、海、空、网、电等多种武器平台进行火力引导和协同控制的能力。各型武器系统火力单元需具备入网能力,能按统一接口将火控雷达、信息处理与控制设备、信息传输设备和火力单元铰链为一体,支持跨平台的火力协同。

数据链是连接指挥控制系统和武器平台的桥梁,可实现对武器端的控制。以美军 Link16 数据链为例,Link16 是美国和北约部队广泛采用的一种具有扩频、调频抗干扰能力的战术数据链,也是美军用于指挥、控制和情报的主要战术数据链,具有通信、导航与识别系统,采用战术数字信息链(TADIL)J 型数据格

图 3-4 美军基于 GCCS 实时兵力行动控制

式,是美军根据未来作战的需要并充分发挥联合战术信息分发系统(JTIDS)的能力而研制的,具有快速、机动、无线、多用户等特点,现已成为美国国防部最常用的战术数据链之一。Link16 号链支持战斗群各分队间的综合通信、导航和敌我识别,互连参战部队,如图 3-5 所示。例如,Link16 把海上部队、飞机和岸节点互连起来,支持信息协同。装有 Link16 武器平台的接收终端能够接收链路上的数据片段,对其重新组合、解码,就可以获取完整、准确的信息,从而能够接收指挥所的指挥命令。

图 3-5 美军 Link16 作战应用图

3.1.3.4 联合电子战能力

联合电子战能力是指全方位区域级的多层次联合电子作战的能力。电子战能力是火力打击硬杀伤之外,最主要的软杀伤手段。在"沙漠风暴"和"沙漠盾牌"等军事行动中,以美国为首的联军首先利用电子战压制敌方指挥、通信等系统瓦解伊拉克的指挥能力,再突入陆海空部队进行推进,充分展示了电子战的重要作用。

随着战场电磁环境日益复杂,电子对抗装备不断发展,作战运用手段不断丰富和升级,多种类型电子战装备的有序使用和综合运用,并与硬杀伤武器协同配合,能够最大限度发挥体系化对抗效能。

3.1.3.5 打击效果评估能力

打击效果评估是指对目标实时火力打击后,通过多种手段获取情报资料,判断目标毁伤情况、敌我体系作战能力对比变化情况、作战目的的实现程度,提出关于敌我实力对比、作战形势、作战进程发展的分析判断意见和建议的能力。

打击效果评估的结论需要及时反馈到作战筹划计划功能模块,形成闭环回路,作为再次进行筹划和组织实施的重要输入之一。

3.1.4 联合支援保障能力

3.1.4.1 联合作战保障能力

联合作战离不开与作战相关的保障能力,主要包含作战保障能力、数据保障能力、联合战术空域管控能力和联合电磁频谱管控能力等方面的内容。

1. 作战保障能力

作战保障能力应包括以下几个方面的内容。

1) 指挥所快速构建能力

当需要开设新的指挥所时,可以在相应的指挥所服务器上,快速部署联合指挥控制系统。当指挥人员到位时,指挥所便可形成战斗力。部署联合指挥控制系统应该是"傻瓜式的",不需配备专门的技术人员去保障。

2) 立体投送能力

根据指挥官意图、部队投送需求、交通运输条件、自然地理环境、敌情威胁等因素,可选择最优、次优等多条投送路径的能力。物资投送部门还应能基于定位导航、无人机侦察等手段,实时地跟踪、掌握投送人员/物资的具体情况。

3) 联合作战保障指挥能力

具备工程保障、防化保障、后勤保障、装备保障等保障力量的指挥能力,并能在信息系统内进行统一筹划与管理。当部队需要保障人员时,联合指挥控制系统应能够基于当前保障力量的分布情况,迅速决策向该部队投送保障力量。

4) 无人装备体系化运用能力

无人装备体系化运用能力是指部队可以将无人装备成体系地运用到侦察、打击、评估、通信等领域,协同无人机与有人力量,实施联合作战。

2. 数据保障能力

数据保障能力是指通过将各种作战数据资源进行合理组织和调度分发,提供满足各级、各类联合指挥控制系统所需的数据服务。

联合作战的数据保障能力不仅需要提供敌情、我情、水文气象、地理环境等基础数据保障,还需提供兵力状态、平台状态、系统运维状态等实时数据,以及辅助决策系统与计划数据、状态数据、模型数据、仿真数据等的动态关联。该能力在数据范围和粒度上,还可区分为战略、战役、战术不同层级,区分地理区域、指挥关系、作战任务等,提供格式化、标准化的数据信息,以及数字化处理后的传统图形、文字和视音频等各类数据类型。

3. 联合战术空域管控能力

联合战术空域管控能力是指能够综合分析各任务部队的空域使用需求,动态监视战场中空域使用情况,及时发现己方任务部队的空域使用冲突并进行调整,以达到减少误伤概率、提高空域资源使用效率的目的,是联合作战的重要保障。

4. 联合电磁频谱管理能力

联合电磁频谱管理能力是指根据各任务部队用频装备的频率使用需求和频率保护要求,辅助联合作战指挥控制系统制定频率分配计划,监视战场频率使用情况,辅助指挥员对出现的干扰问题进行分析,实现战场频率资源的高效利用。

3.1.4.2 运维保障能力

运维保障能力是指提供各类资源统一监视、综合运维态势生成、综合资源规划、故障定位与处置等能力,满足各类用户对基础设施的综合使用需求,并维持基础设施自主、高效运行。能动态规划调整基础设施资源配置,监视基础设施的整体运行状态处理形成运行态势,以及对态势变化进行预测和估计,并根据用户使用及系统分析问题快速形成故障定位流程,协同相关部位、人员定位故障,快速起动相应的故障处置方案解决问题,确保自主维持基础设施正常运行。

3.1.4.3 保密与抗毁能力

保密与抗毁能力是指为确保信息系统安全可信,将通信、计算、服务、应用等各类资源设置不同等级不同层次的安全防护与密码加密手段,实现安全与保密动态协同,建立有效的预防、检测、响应、恢复和重构机制,实现各类服务自动接替抗毁,确保系统安全可靠运行。

1. 用户身份认证能力

为系统提供基于生物特征的用户身份认证，包括用户身份管理、生物特征识别、授权访问控制、密码证书和终端密码认证等方面，在应用端提供面向用户的第一道安全保密屏障。

2. 通信网络安全保密能力

提供网络边界控制、入侵侦测，支持基于网络流量的安全审计和异常检测功能，支持用户接入鉴权，能够对用户端、主机端、应用端和网络端的安全性进行基线评估和准入控制，提供有线、无线信道的传输加密能力。

3. 计算设施安全保密能力

提供主机登录控制、权限管理、漏洞修复、恶意代码查杀，以及虚拟机防病毒、安全隔离、流量监控、入侵防御等能力，支持用户登录认证。

4. 应用服务安全保密能力

能够为服务化应用提供基于用户身份、IP 地址、HTTP、端口、URL、访问时间的用户授权管理和资源访问控制能力，支持 Web 应用数据包安全检测和过滤功能。能够为军用文电等服务提供信源加密保护。

5. 数据资源安全保密能力

提供数据资源安全隔离、软件全生命周期管理，支持不同安全域间数据的受控安全交换功能，具备存储加密能力。

6. 密码保密支撑能力

提供标准化、系列化、模块化的密码芯片、密码模块和密码中间件，支撑指挥信息系统和安全保密装备的安全功能实现。

7. 安全保密服务能力

提供安全与密码设备集中配置和管理功能，具备可视、可管、可控的安全管理手段。支持身份管理及认证、用户行为审计追踪等，能够对全网密码设备实施在线密钥保障和运行管理。

8. 系统顽存抗毁能力

通过采用容灾备份、电磁防护屏蔽、使用特殊线路与组件等措施，支持系统抗毁发现、设施自愈运行、抗毁抢通和服务质量保证。

3.2 系统层次关系

联合作战指挥控制系统是直接面向联合作战任务的、对作战部队和武器平台进行指挥控制的系统装备。根据联合作战指挥控制系统担负任务的不同，联合作战指挥控制系统大致可分为战略级、战役级和战术级三个层次，如图 3-6 所示。

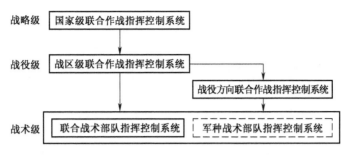

图 3-6 联合作战指挥控制系统层次关系图

战略级联合作战指挥控制系统,主要负责有关战略性作战指挥和处理涉及全局性的紧急情况,以及国家指挥当局对战略军事行动的策划和指挥。其基本任务是:保障日常的军事指挥活动(包括全局性的情报收集、处理);紧急处理危机事件;战时指挥控制部队的战略性活动。战略级联合作战指挥控制系统对下指挥协调各战役级联合作战指挥控制系统。

战役级联合作战指挥控制系统主要用于指挥战区/区域内多军种部队联合作战、军事训练、多国联合军事行动等军事行动和抢险救灾等非军事行动。战役级联合作战指挥控制系统对下指挥控制战术级联合作战指挥控制系统,以及军种战术部队指挥控制系统。

战术级联合作战指挥控制系统指挥的兵力规模为旅团级,可根据任务和环境在空军预警机、陆军指挥车等机动平台上部署,执行联合战术行动指挥任务。其特点是高度扁平化的指挥关系和精简的指挥流程,系统可直接或通过平台控制火力单元发射。

3.2.1　战略级联合作战指挥控制系统

1. 功能描述

战略指挥是指挥活动的最高层次,其主要任务是分析判断战略形势和特点,确定国家安全目标和战略方针,以及军事行动的原则,制定战略计划及战略性战役计划,组织战役之间、战区之间的协同和保障,掌握和使用战略预备队等。目的是合理运用国家和军队力量,掌握和保持战略主动权。在战略层,国家最高指挥当局及其派出机构,筹划和指导战争全局具有重大影响或重要意义的战略行动。

战略级联合作战指挥控制系统是联合作战指挥控制的最高层级,能够保障最高指挥当局不间断掌握全疆域、全维战略威胁态势,辅助制定顶层战略规划,区分各战区/区域联合作战任务,协调国家其他职能机关,遂行国家战略力量直接指挥控制、常规作战力量统一指挥、日常战备值班管理、训练演练指导以及战略级非战争军事行动应急指挥等。

战略级联合作战指挥控制系统，以地面或者地下固定式指挥所为基本形态，应急情况下可以在空中、海上、地面机动承载平台（如大型指挥通信飞机、大型指挥舰、专用列车、特种车辆等）上开设。

2. 系统组成

战略级联合作战指挥控制系统由全军服务中心和负责全军空中作战、海上作战、陆上作战、空间作战、网络作战等指挥部位组成。全军服务中心与国家最高等级的情报中心、通信中心、保障中心系统，以及下属各战区/区域联合作战指挥控制服务中心系统互联，掌握全疆域、全维作战态势。各作战要素部位主要负责所属全部战区相应作战要素部位指挥控制的统一组织与协调。

3.2.2 战役级联合作战指挥控制系统

1. 功能描述

战役是在一定的时空内进行的一系列大小战斗的总和，是军队为达到战争的局部或者全局性目的，按一个总的作战企图，在统一指挥下实施的战斗集。它是战争的一个局部，直接服务和受制于战争全局，也不同程度地影响战争全局。现代战役，通常是诸军种、兵种共同进行的联合战役。

在战役层，各国目前主要采用战区体制。战区是为实行战备计划、执行作战任务而划分的作战区域。战区根据战略意图和军事、政治、经济、地理条件等划分，主要负责辖区内诸军种部队联合作战的指挥。

战区/区域联合作战指挥控制系统服务于战役级联合作战指挥机构，其主要任务是：根据最高指挥当局赋予战区/区域的常态化或临时性、阶段性联合作战指挥任务，不间断掌握本战区/区域全域威胁态势；实时掌握战区/区域所辖各军兵种、部队力量作战部署、训练、保障及能力动态；向所辖空中作战、海上作战、陆上作战、特种作战、网络作战等联合职能部队分配任务，实时监视本战区/区域作战任务实施或非战争军事行动实施过程和兵力行动动态，并具备对所属作战平台直接指挥控制的能力。

战役级联合作战指挥控制系统，以地面/地下固定指挥所为基本形态，根据前出需要可具备车载、舰载、机载等多种机动形态。

2. 系统组成

战役级联合作战指挥控制系统由战区/区域服务中心和负责本战区范围空中作战、海上作战、陆上作战、特种作战、网络作战等指挥部位组成。战区/区域服务中心与战区情报中心、通信中心、保障中心系统，以及空中作战、海上作战、陆上作战、特种作战、网络作战等分中心系统互联，负责战区/区域所属兵力行动掌控和统一作战态势的生成与分发，为本级指挥所各作战要素及下属指挥机构按需提供指控功能服务和数据服务。战区联合指挥各作战要素部位主要依据统一作战态势,负责对所属指挥机构或兵力进行统一指挥控制与组织协调。

3.2.3 战术级联合作战指挥控制系统

1. **功能描述**

战术是准备与实施战斗的理论和实践。在理论上,战术研究战斗的规律、特点和内容,研究部队的战斗素质和战斗能力。在实践上,战术是指挥员和军队准备于实践战斗的活动。战术包括了解情况,定下决心和部署下达任务,计划和准备战斗,实施战斗行动,指挥部队和分队,保障战斗行动等。

一体化联合战术是基于信息网络系统,将两个以上在不同空间或领域,且具有独立作战能力的军兵种战术级战斗力量融为一体,为达成共同的战役局部目的,以相互平等的关系,在联合战术指挥机构的统一指挥下,在较短的时间和较小的交战空间实施的实时联动地战斗的方法[15]。战术级联合作战规模一般为旅团级,可由战术兵团(部队)自身独立实施,也可是上级战役编成内参加联合作战的某个阶段。战术级联合作战是联合作战一体化程度达到较高水平的标志。

联合战术部队指挥控制系统为实施战术级一体化联合作战指挥控制的系统,服务于常设或临时的战术级作战指挥机构,以机动式为基本形态。战术指挥员根据上级联合作战指挥机构的作战任务和指挥命令,通过联合战术部队指挥控制系统对参战兵力实施指挥控制,对各类武器平台以及火力单元进行直接控制。

2. **系统组成**

联合战术部队指挥控制系统服务于常设或临时的战术级作战指挥机构,以机动式为基本形态。战术指挥员根据上级联合作战指挥机构的作战任务和指挥命令,通过联合战术部队指挥控制系统对参战兵力实施指挥控制,对各类武器平台以及火力单元进行直接控制。

3.3 系统交互关系

3.3.1 系统外部关系

联合作战指挥控制系统能够指挥空军、海军、陆军、网络等下属部队进行联合作战,必要时还可以与地方力量协同执行任务,其具体对外信息关系如图 3-7 所示。

战略级联合作战指挥控制系统作为联合作战指挥控制系统的最高级,统管下级联合作战指挥控制系统以及作战平台系统。战役级、战术级联合

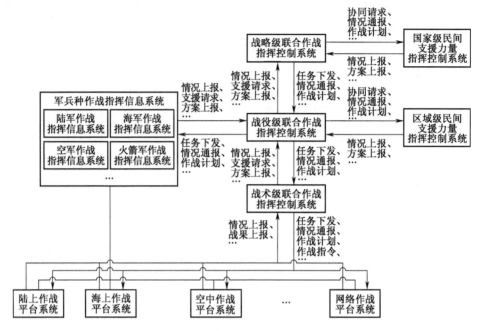

图 3-7 联合作战指挥控制系统外部信息关系图

作战指挥控制系统可以从上级系统接收作战任务信息、作战计划与任务命令，向上级系统通报作战情况、申请支援力量，并向下级系统发送作战指令与作战计划，指挥控制作战平台行动。同时，战略、战役级联合作战指挥控制系统还可以接收与发送与国家级、区域级民间力量指挥控制系统的协同信息，实现军地联合行动。

3.3.2 系统内部关系

联合作战指挥控制系统采用联合指挥和各专业兵种指挥相结合的方式，支持各指挥要素的协同作业，以及与地方力量的协同，其具体内部信息关系如图 3-8 所示。

联合作战指挥控制系统由信息服务基础设施、联合情报、联合筹划、联合指挥、联合决策、联合保障、军地联合和各作战域分系统组成。信息服务基础设施作为整个系统的支撑平台为各业务分系统提供功能服务、资源管理、态势等服务。联合情报负责提供引接各类海情、空情、陆情为指挥决策提供综合情报支持；军地联合分系统负责为指挥决策提供社情民意、民间力量指挥等支持；联合筹划负责制定联合作战方案，联合指挥负责实施联合作战行动，联合保障负责为指挥决策提供通信、装备、气象等保障信息，各作战域指挥分系统从专业角度支持联合作战行动的筹划、决策与执行。

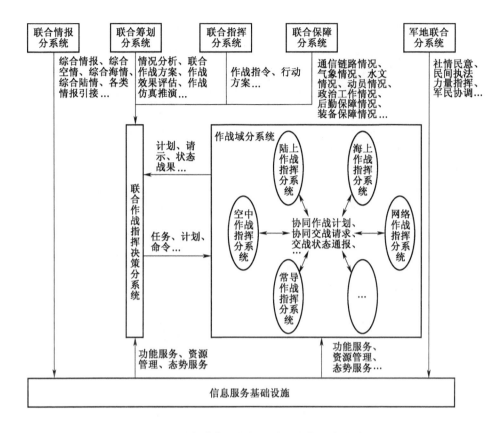

图 3-8 联合作战指挥控制系统内部信息关系图

3.4 系统装备形态

联合作战指挥控制系统根据作战需求具有多种装备形态,主要分为固定式、机动式和便携式等。

固定式指挥所需要较大的场地,能够部署大量的硬件资源,根据部署位置一般分为地上和地下两种,具有较高的存储计算、通信传输和指挥控制能力。图 3-9 所示为地下固定式指挥所。

机动式指挥控制装备根据部署位置可分为机载、舰载、车载等形式,能够根据作战需求机动部署到指定位置,具有一定的存储计算、通信处理、指挥控制能力,如图 3-10~图 3-12 所示。

便携式指挥控制装备可由作战人员携带,具有形态小、质量小等特点,其数据处理、信息通信、电池续航等能力也较小,如图 3-13 所示。

图 3-9 地下固定式指挥所

图 3-10 机载指挥控制装备

图 3-11 舰载指挥控制装备

图 3-12　车载指挥控制装备

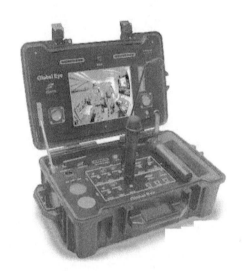

图 3-13　便携式指挥控制装备

3.5　系统组成分类

联合作战指挥控制系统的组成可以按照不同维度进行划分,主要维度包括功能组成、物理组成、技术组成和层级组成维度。对于复杂的联合作战指挥控制系统,通常会涉及多个维度的系统组成描述方式。

3.5.1　系统功能组成

系统的功能组成通常指功能分系统组成,大型系统还包括子系统功能模块的组成情况。系统功能组成中,各个分系统/模块一般相对独立。例如,某一联合作战指挥控制系统,从功能组成维度进行划分,可由信息处理功能分系统、指挥决策功能分系统、行动控制功能分系统、态势感知功能分系统、作战保障功能分系统等组成,如图3-14所示。

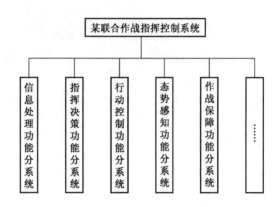

图3-14 功能组成维度系统组成样例

3.5.2 系统物理组成

物理组成对于单点系统通常指系统包含的物理设备、线路,如服务器、工作站、链路等。对于多点大型/分布式系统,通常指大系统包括哪些物理部署/位置不同的、关联的系统。系统的物理组成一般依据实际的物理中心或实体部署进行划分,固定式指挥所的物理组成以席位、服务器为基本单元,机动式指挥所的物理组成则以指挥车、方舱等物理实体为基本单元。如图3-15所示,某战术级联合作战指挥控制系统从物理组成维度进行划分,由侦察车、信息处理服务车、作战指挥车、综合通信车等组成,另外还包括携行装备、无人机等。

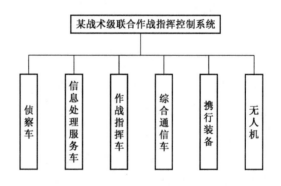

图3-15 物理组成维度系统组成样例

3.5.3 系统技术组成

技术组成通常指从技术构建或技术类别角度划分的系统组成。例如,软件系统一般分基础软件类、中间件软件类、应用软件类等描述,硬件系统一般分通信类、计算处理类、存储类等。按信息接收、处理、应用等全流程的角度,系统技术组成可划分为感知、接入、处理、分发、应用等分系统。如图3-16所示,某联合作战指挥控制系统态势感知分系统的技术实现维度,包括探测信息接入、情况分析处理、战场态势生成、态势分发共享、态势综合显示等。

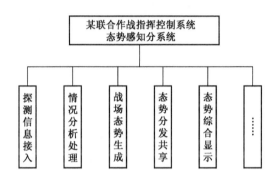

图3-16 技术实现维度系统组成样例

3.5.4 系统层次组成

层次组成多用于大型、多点组成的系统,主要是按实际不同的级别描述系统组成。系统层级组成可分为战略级、战役级和战术级三级分系统。联合作战指挥控制系统从系统层级维度进行划分,系统组成如图3-17所示。

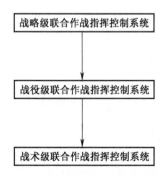

图3-17 系统层级维度系统组成样例

3.6 系统生命周期

联合作战指挥控制系统生命周期一般包括需求开发、规划计划、采办实施与试验定型、运行维护等阶段，由联合参谋部门、装备发展部门、联合训练部门、各军种部，以及国防工业部门分工负责。

3.6.1 需求开发阶段

需求生成是联合作战指挥控制系统生命周期的起点，通常基于能力、自上而下，涉及联合参谋部门、装备发展部门、联合训练部门、各军种部，以及国防工业部门等。装备发展部门是需求发起部门，负责汇总各部门、各军种提出的需求，并进行需求管理。联合参谋部门负责需求审查。

3.6.1.1 需求分析过程

需求发起部门根据联合作战概念、联合能力概念和一体化体系结构等联合作战顶层文件的规定，结合实际作战需要，进行功能领域分析（能力域分析）、功能需求分析（能力需求分析）以及功能方案分析（解决方案分析），最终形成初始能力文件等需求文件。初始能力文件主要根据存在的能力差距，提出解决方案。

（1）功能领域分析是需求分析的第一步，需求发起部门分析确定所涉及的功能能力领域，并根据联合作战顶层文件明确作战任务、目标以及所需条件。

（2）功能需求分析在功能领域分析的基础上，需求发起部门评估现有的作战能力，分析确定存在的能力差距、能力冗余以及能力发展的优先顺序，在此基础上进入具体的功能领域分析。

（3）功能方案分析是需求分析阶段最重要的环节。在功能领域分析与功能需求分析的基础上，需求发起部门分析确定弥补能力差距或发展新型作战能力所有可行方案，并形成方案优先顺序。

需求分析阶段结束后，最终形成初始能力文件草案，只有在初始能力文件草案获得批准以后，需求发起部门才正式启动后续工作。

3.6.1.2 需求审查过程

需求发起部门在完成需求文件草案的编制后，将把需求文件草案提交给需求审查部门。初审一般在较短时间内发布评审结果，对于不合格的能力提案，将予以否决或打回再作修订；通过初审的提案，则将需求文件提交由相应层级的需求审查机构进行评审。一般由联合参谋部门作战、情报、计划、信息通信等业务局进行专业审查，需求发起部门根据评审结果对能力文件进行完善，最后由需求发起部门确认签署后生效。

3.6.2 规划计划阶段

联合参谋部门、装备发展部门通常在需求开发的基础上,根据国家军事战略提出发展规划,军种根据发展规划提出计划和预算,装备发展部门开展计划和预算的综合评审,实现国防资源优化配置。通常包括规划、计划、预算等阶段。

规划阶段主要是根据国家安全形势分析,制定牵引军事发展的战略和规划,明确未来五到十年的发展目标和指导。由联合参谋部门牵头,装备发展部门、联合训练部门、各军种部参与,形成联合规划指南,作为编制计划和预算的依据。

计划阶段主要是根据规划的决定,提出未来五年的项目计划和兵力结构计划。由联合参谋部门、装备发展部门共同牵头,各军种部提出分支计划,形成一套完整的计划文件。

预算阶段主要是确定未来两年装备、兵力、人员、经费等资源的分配与调整情况。由装备发展部门牵头,各军种部、总部各业务局提出分支预算,形成军费预算提案,报国家立法机关审批。

3.6.3 采办实施与试验定型阶段

装备发展部门结合部队作战使用部门的需求,研究提出装备解决方案,详细论证所需的研制经费、时间进度以及技术实现路径,研究提出装备解决方案。本阶段的起点是需求部门编制的初始能力文件获得通过,并经装备里程碑节点审查部门开展装备发展决策获得认可;终点是所提出的装备解决方案获得装备里程碑节点审查部门的认可。

装备发展部门根据所确定的装备方案,研究制定装备体系结构并对其重要特征进行演示验证。样机制造开始于这个阶段并且贯穿于采办全寿命的始终,其目的是用来评估技术的可行性,并最大限度地降低项目采办风险,不断细化装备方案。所制定的体系结构与进一步细化的装备方案通过里程碑制造决策后,本阶段的工作即报告结束。

开发与试验定型阶段的主要任务是按照规定的装备方案与体系结构,对装备实施研制与小批量生产。装备项目管理部门采取渐进式的采办策略,将研制与生产分为多个迭代过程,每一个迭代对应装备项目的某一项能力,通过能力迭代逐步达到预期的能力。本阶段的主要工作还包括在真实环境下的试验与训练,以确保成功地部署新能力。

3.6.4 运行维护阶段

针对装备的运行维护,指挥控制系统领域提出基于性能的装备保障概念,提出全寿命周期系统管理的思想,强调装备保障与采办的无缝对接。该阶段主要包括指挥控制系统装备的后期维护、升级和最终的报废处理。

3.7 本章小结

本章从多个角度描述了联合作战指挥控制系统,以便不同专业的读者都能够找到合适的切入点,在较短时间内对系统有一个初步认识。然而,联合作战指挥控制系统本身的复杂性,决定了描述完整和全面是比较困难的,本章列举的几个角度是目前较为常用的,限于篇幅,其他方面在此不一一赘述。

第 4 章
联合作战指挥控制系统构建方法

联合作战指挥控制系统的构建是以用户需求为输入,考虑技术水平、经济条件、运行环境和进度要求,确定系统的总体结构和技术实现模型的过程。本章主要对联合作战指挥控制系统的构建方法进行了阐述,包括需求开发、体系结构设计、数据准备、模型构建等内容。针对每一步骤主要论述了概念内涵、适用的方法,并给出了典型系统或工具介绍。

4.1 系统需求开发

4.1.1 系统需求开发概念内涵

IEEE610.12—1990 标准中将术语"需求"定义如下:

(1) 用户解决某个问题或者达到某个目标所需要的条件或能力;

(2) 一个系统或系统组件为了实现某个契约、标准、规格说明(规约)或其他遵循的文件而必须满足的条件或拥有的能力;

(3) 对(1)或(2)中所描述的条件或能力的文档化表示。

一些需求理论研究的学者与专家从系统的角度定义需求。

需求是"从系统外部能发现系统所具有的满足用户的特点、功能及属性等"。

——Alan Davis,1993

需求是"用户所需要的并能触发一个程序或系统开发工作的说明"。

——Jones,1994

需求是"指明必须实现什么的规格说明,它描述了系统的行为、特性或属性,是在开发过程中对系统的约束"。

——Summerville and Sawyer,1997

由上述需求的定义,可以将联合作战指挥控制系统需求定义如下:

(1) 用户为遂行联合作战行动或达到联合作战军事目标所需的指挥控制系统的相关条件或能力;

(2) 在特定的环境中,用户要求联合作战指挥控制系统应具备的条件或能力;

(3) 联合作战指挥控制系统要满足合同、标准、规范或其他文档所需具备的条件或能力；

(4) 一种满足(1)~(3)所描述的条件或文档说明。

联合作战指挥控制系统需求开发包括需求获取、需求分析、需求描述、需求验证。其中，需求获取是一个确定用户需求是什么的信息收集过程，通常包括四项工作，即理解应用域、理解待解决的问题、理解业务、明确风险承担者的需要和约束。需求分析就是对所获取的需求进行论证和分析。明确哪些需求是可行及可接受的，剔除一部分不必要或不可行的需求，所有需求被确定下来后，要对它们进行反复的论证和分析。需求描述就是用规范的文档形式描述所获取的需求，建立需求规格说明书，需求工程的主要结果是"文档化的描述"，即通常所说的需求规格。需求验证就是检验需求规格说明书的合理性，判断满足该需求的联合作战指挥控制系统是否能够达到最初的研制目标。

4.1.2　系统需求开发方法

目前，国内外已有多种指控系统的需求开发方法。除了 JCIDS 是基于能力的需求开发方法外，还有基于威胁的需求开发方法、基于体系能力的需求开发方法、基于系统工程的需求开发方法、基于多视图的需求开发方法等。

4.1.2.1　基于威胁的需求开发方法

在 2003 年 6 月之前，美军的军事需求论证一直遵循基于威胁的需求论证方法，即需求生成系统(RGS)。该系统延续了 20 世纪 70 年代冷战时期以来的需求生成方法，建立于 1986 年，支持参联会主席授权评估采办计划的军事需求并表达了指挥员的作战需求。

RGS 需求生成与实现过程的步骤如图 4-1 所示。该过程从军种生成的项目计划开始，用自底向上的方法来满足某些基于未满足威胁的需求。尽管需要通过联合兵力来作战，但除了过程的后期部分外，并不关注集成和互操作性。

RGS 需求生成过程必须符合国防部明确的四个阶段，即定义阶段、文档化阶段、确认阶段以及批准阶段。其中，在文档化阶段将原始的描述用形式化方式进行规范，形成评估所必需的、标准化的文档，为使命需求的定义过程提供支持，如图 4-2 所示。

1. 使命需求陈述

该文档说明完成使命必需的作战能力。支持任务需求陈述(MNS)的两个必需的分析：一是任务领域分析(MAA)，它用战略到任务的方法确定达成军事目标所必需的任务及其相关作战行动；二是使命需要分析(MNA)，它利用任务到需要的方法确认使命需要，评估完成任务的能力。

2. 作战需求文档

该文档说明对所需装备必须满足的性能准则和实际性能需求，特别是关键

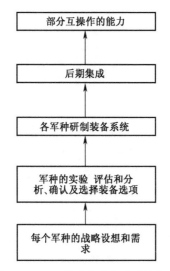

图 4-1　RGS 需求生成与实现的过程

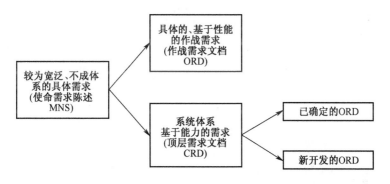

图 4-2　RGS 需求生成过程

性能参数(KPP)。为了在参数之间进行权衡,要求进行备选方案分析(AOA)进行定量分析。

3. 顶层需求文档

该文档说明涉及整个使命域(如空间控制、战区导弹防御等)的整体的体系需求。由于整个体系性的需求涉及多种主战装备,因而包含多个 ORD,说明对这些装备的预期能力及其 KPP 等。CRD 要求对整个过程的分析进行量化。

RGS 所采用的基于威胁的需求论证方法根据与特定敌人作战的若干"点想定",遵循战略—任务—装备的因果链,提出对装备发展项目和主要特性的要求。RGS 在冷战时期分析集中与苏联的对抗,起到较好的效果。冷战后,美军应对的几次中小规模的应急作战中,反映出了 RGS 的一些问题,如各军种装备体系烟囱式发展,不能互相协调;装备项目费效比不高;难以应对未知威胁等。

美军于2003年将RGS更换为JCIDS,用基于能力的需求开发方法代替了基于威胁的需求开发方法。

4.1.2.2 基于体系能力的需求开发方法

1. 基础框架

军事科学院的张最良研究员提出基于体系能力的需求开发方法,其基本思路是:立足于未来信息化战争的军事战略需求,着眼于可能的联合战役使命,从战斗任务的需要着手,自顶向下地构建描述体系能力需求的能力指标体系和体系能力的战略要求满足度评估指标体系;用自上而下、自下而上或两者结合的方法,生成论证底层能力指标需求值;辨识与评估现有或已规划的装备体系的能力差距情况。以作战单元装备体系模块为基础,基于减小能力差距,构建体系组成结构需求选项。基于作战分析,对选项的聚合能力指标、灵活性、健壮性与适应性进行评估,结合风险评估与可承受性评估,进行选项的多方案对比分析,提出备选需求方案的建议。其基础框架如图4-3所示。

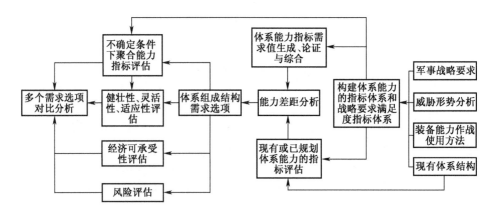

图4-3 基于体系能力的需求开发方法基础框架

2. 关键环节

1) 构建体系能力的指标体系和战略要求满足度指标体系

体系能力的指标体系是指表达能力需求值的层次结构度量尺度体系。它描述从体系的军事使命到装备体系的组成装备所提供能力之间的链接关系,阐明装备能力影响军事使命目标实现的具体部位。其底层的能力指标集合度量武器装备体系中作战单元子体系的能力,是进行能力需求值的生成和论证以及确认现有/规划中的装备体系能力差距的基准。

体系能力的战略要求满足度评估指标体系,指的是度量体系的顶层聚合能力指标满足军事战略需求程度的尺度集合。

2) 体系能力指标需求值生成、论证与综合

联合作战下的能力指标需求值应覆盖陆、海、空等各军兵种提出的装备体系能力需求。因此,首先由各军兵种提出本军兵种执行联合作战任务对武器装备体系能力指标的需求值,并进行科学的定量论证。论证指标需求值,一般需要利用建模仿真工具进行战役级或战术级体系对抗分析,评估该能力指标需求值在各不确定的条件下达到作战目标的程度,并说明能力指标所基于的假设的合理性以及指标的必要性和风险性等。

对各军兵种提出的能力指标进行综合是该环节的重点。需要对各能力指标进行比较分析,经过合并、优化,形成联合需求值。合并是对不同军兵种对同一能力指标的不同需求值按交集或最大公约数的原则进行处理,必要时也需要考虑不同军兵种的需求权重,有所侧重。优化是按照能力的结构优化要求,能够体现各能力指标需求值之间的相互协调,并考虑灵活性、鲁棒性与适应性,最大程度提升整体能力,又在实现的难度或/和成本上有所均衡。

3) 辨识、评估现有或已规划装备体系的能力差距

以能力指标体系为依据,评估现有或已规划的装备体系能力,辨识体系的能力差距。体系的能力差距可能由于体系没有这种能力,现有能力不足或者需要取代现有能力所致。辨识一般分层次进行,首先在作战单元体系层次上进行,然后通过聚合,进行上一体系层次乃至整个体系层次的辨识。对体系整体能力差距要通过作战分析进行风险评估和优先级排序。

4) 体系组成结构发展需求的提出

着眼于最重要的、若不解决风险最大的能力差距,构想必需而合理的体系组成结构发展方案及所需骨干装备。方案构想或设计的主要要求包括:解决能力差距,提升体系整体能力;满足由现状结构到目标结构发展过程的约束条件,如时间、技术等;经济可承受;对未来军事需求的变化由一定的适应性、灵活性与鲁棒性。

为使构想的方案满足要求,可利用数学优化的方法,在一定简化条件下,进行体系能力结构设计和组成结构的设计,在此基础上,考虑定性原则,如远期、近期的侧重,不同战略目标的侧重,不同经费限额的约束等,拟定多个发展方案。

5) 体系组成结构发展方案的评估

根据体系组成结构发展方案及骨干装备特性,评估其在约束条件下满足军事战略需求的程度,为多方案对比分析提供支撑。评估的准则有不确定条件下的聚合能力指标,组成结构的健壮性、灵活性与适应性,经济可承受性,风险。

6) 体系组成结构发展方案的选择与决策

根据需求评估结果，考虑风险因素，应用多准则决策分析技术或直接优化技术，挑选出可供选择的少数几个组成结构需求方案，支持高层资源分配决策。

3. 分析工具

为支撑相关需求论证，需要使用层次化的建模仿真工具和分析技术。主要工具有以下四种。

（1）政策分析模型。用于进行大范围的概念推理和不确定下宏观层次选择与权衡，如系统动力学模型、探索性分析、价值中心评估等。其优点是快速、灵活、透明，但孤立使用可靠性差。

（2）各种层次和详细程度的作战分析模型。用于分析能力差距的作战风险，支持需求量值的确认与权衡，包括战区、使命、交战和系统层次。其优点是能得到深入知识、考虑实际情况。例如：战区级结构仿真可从作战角度评估能力不足的风险；战区或使命级仿真可量化评估骨干装备特性，如战斗机最大巡航速度差别的重要后果。

（3）不同类型和不同粒度的详细工程级模型。这类模型可评估实际环境下系统互操作性和动态特性问题，但过于复杂和不透明，不适用于在很大不确定下的政策分析。

（4）最优化技术。由于支持确立在预算约束下使军事效用最大的能力结构和组成结构，这要求建立体系组成系统——任务的映射与链接具体能力到军事效用与系统费用数据的主观评估。

4.1.2.3 基于系统工程的需求开发方法

系统工程是系统科学的一个分支，它是基于系统思想和系统原理，以大型复杂系统为研究对象，按一定目的对系统的构成要素、组织结构、信息交换和控制方法等内容进行分析、设计、开发、管理与控制，以期达到总体效果最优的理论与方法。

最典型的系统工程方法是由霍耳创立的三维结构方法。分别在时间维、逻辑维和知识维三个维度进行需求开发。时间维即按时间维度划分分析的过程；逻辑维分为明确目的、指标设计、方案组合、系统分析、优化控制、系统决策、制定方案；知识维则按照所运用到的专业知识的领域划分。

基于系统工程的需求分析方法主要包括面向过程方法、面向数据方法、面向控制方法、面向对象方法、面向本体方法、生命周期法等。

4.1.2.4 基于多视图的需求开发方法

基于多视图的需求开发方法最开始出现于分布式软件需求工程领域。Zachman首次将多视图的思想引入到复杂信息系统的体系结构建模领域，从系统计划者、业务所有者、设计者、实施者、承接者、管理者六类人员的视角来进行需求的分析建模。基于多视图的需求开发方法基本思想是"分而治之",它从不同人员对研究对象不同关注点的认识,将一个复杂问题分解为许多相对独立的小问题,通过建立这些小问题及其相互关系的模型来分析和开发需求。

美军在早期的 DODAF(V1.5 之前)中引入了"三视图"的模型,该模型可用于进行需求分析。从作战人员、装备顶层设计人员、技术人员三个角度,将整个军事系统划分为作战视图(OV)、系统与服务视图(SV)、技术与标准视图(TV),较好地描述了整个军事系统需求的概貌与细节。现在的 DODAF(V2.0 之后)已经将"三视图"改进为"八视角"模型,包括全视图(AV)、能力视角(CV)、项目视点(PV)、数据与信息视角(DIV)、作战视角(OV)、服务视角(SvcV)、系统视角(SV)和标准视角(StdV),从众多的视角来更全面地描述论证中的军事系统。

4.1.2.5 基于作战需求向系统需求转换的需求开发方法

联合作战指挥控制系统需求论证是作战需求空间到系统需求空间之间的需求转换,包括使命任务向作战能力的映射、作战能力向作战需求模型的具体化、作战活动模型中指挥活动模型的抽取、指挥活动向系统功能的映射、系统的总体设计与系统能力的抽象,如图 4-4 所示。

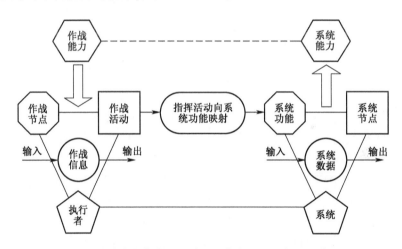

图 4-4 作战需求空间与系统需求空间的需求转换关系

通过使命任务得到作战能力后,将作战能力拆解为多个作战样式,具体分析作战需求空间中的多个要素,包括作战节点、作战信息、作战活动、执行者(指机构、部队、人员)等。将作战活动中与指挥相关的活动抽取出,映射转换得到系统功能。结合作战节点、作战信息等,设计出系统节点、系统数据流等,得到整个系统的能力。

在整个指挥信息系统需求论证过程中,指挥活动向系统功能的映射是装备需求论证中实现从作战需求空间到系统需求空间的重要环节,也是指挥信息系统需求论证的核心步骤。指挥活动向系统功能映射转换的基本过程如下:

(1) 通过执行者、条件、规则、资源等要素描述指挥活动;

(2) 将每个指挥活动划分为执行者不通过信息系统可执行的部分与执行者通过信息系统执行的部分;

(3) 将指挥活动中执行者通过信息系统执行的部分划分出信息系统边界,界定人员与信息系统的接口,信息系统部分则为系统功能,每个指挥活动会对应一项或多项信息系统功能条目。

4.1.3 需求开发典型系统介绍

4.1.3.1 背景与发展历程

针对联合作战需求研究,美国起步较早,目前已形成较为成熟的一套联合作战需求分析方法和规范。美军发布的装备需求规划方法大致分为两个阶段:一是 20 世纪末,美军为实现标准化的装备体系建设过程,建立了三大决策保障制度,包括 RGS、采购管理系统,以及规划、计划和预算系统,确保国防装备系统从需求产生到研发生产过程的有效管理;二是进入 21 世纪以来,美军为推动军队联合转型,加速发展支持网络中心战和联合作战的作战能力,对装备需求论证体系进行了全面的改革,将旧的基于威胁的武器装备需求生成系统,变革为基于能力的联合能力集成与开发系统(JCIDS)。

JCIDS 为美军发展一体化联合作战武器装备提供了一整套成体系的军事能力需求分析方法和流程,不仅构建了基于能力的需求分析方法论,指导能力开发,同时还通过专门机构来监督、指导完成装备发展需求分析,解决了各军种在装备建设方面重复建设、资源浪费,系统互联、信息互通、功能互操作差等问题。

1. RGS 的历史

1947 年,美国建立了国防部,以协调各军种互不协调、各自为政的局面。但是由于历史惯性,相当长一段时期内,美军各军种在需求生成中扮演重要角色。由于忽视联合需求,美军各军种出现了大量重复采购、重复建设的现象。例如,20 世纪 70 年代,美国陆军采办了"创业"指挥控制系统,空军采办了"地平线"指挥控制系统,海军采办了"哥白尼"指挥控制系统。不仅造成了巨大的重复建设浪费,而且由于系统的兼容性差、不能互联互通,综合作战效能受到极大的制约,装备采办效益十分低下。20 世纪 70 年代初,美国遭遇了新一轮经济危机,在与苏联的装备竞赛中,美国感到力不从心。为了更好地利用有限的国防资源以争夺对苏联的军事优势,1986 年,美国通过了《戈德华特-尼克尔斯法》,建立了联合需求监察委员会(JROC),大大加强了参联会在采办需求中的地位,形成了"联合审查"需求生成系统的雏形。又经过多年的调整与改革,美军参联会于

1991年正式颁布参联会政策备忘录77文件,用以规范需求开发方法。1997年参联会指令改革,美军正式以CJCSI(CJCS Instruction,CJCS指令)3170.01系列文件的形式发布需求开发方法,并命名为需求生成系统。CJCSI系列文件从1997年6月发布CJCSI 3170.01到目前为止,已经修改发布了10个版本,前3版为RGS,后7版为JCIDS。

RGS是20世纪末美军建立的三大决策保障制度(即RGS,采购管理系统以及规划、计划和预算系统(PPBS))之一。这三大决策保障系统以实现标准化的装备体系建设过程,确保国防装备系统从需求产生到研发的有效管理为目的。其中,RGS是一种基于威胁的、以武器平台为核心的需求规划方法,它有效地支撑了早期由单系统到复杂系统的集成问题。

2. JCIDS历史

长期以来,美军的需求生成主要由参联会副主席领导的联合需求监督委员会(JROC)负责。RGS的主要程序是:各军种提出装备需求,经联合需求监督委员会审查确定。随着伊拉克战争的爆发,RGS的缺点逐渐暴露出来。伊拉克战争是一场典型的联合作战,尽管美军很快取得了胜利,但伊拉克战争暴露了美军装备采办中以军兵种为主导的RGS的很多问题,特别是需求生成分散的问题。比如:军兵种需求是根据自身作战需要提出,由于"三军"各自为政,造成各军种装备之间重复建设,武器系统之间互连、互通和互操作性差,没有充分考虑一体化联合作战的要求;缺乏顶层国家安全战略、联合作战概念的指导;没有按照优先级对联合能力需求进行排序,致使联合能力发展主次不分、重点不明等。

由于需求生成相对分散,美军的联合作战能力在伊拉克战争中受到了极大的影响。在伊拉克战争后,美军总结了伊拉克战争中美军联合作战的经验和教训。特别是随着美军"基于能力"军事战略的实施和一体化联合作战的不断发展,促使了美军决心对国防采购需求规划体制进行了重大改革。在国防部长拉姆斯菲尔德主导下,2003年,美军参谋长联席会议主席指示建立新的需求生成系统,即JCIDS,其目标是加强审核被提议的新能力是否可用于当前和未来的联合作战目标,不能仅为单一军种所用。对采办需求生成系统进行的这次重大改革,其根本目的就是为了更好地利用国防采购需求推动新军事改革,以适应未来联合作战的需要。

改革后的三大决策支撑系统为JCIDS,国防采购系统(DAS)以及规划、计划、预算和执行(PPBE)。这些系统相互作用、相辅相成,既是一个整体,又有各自独立的分工。JCIDS为DAS装备采购过程提供军事需求,PPBE为JCIDS和DAS提供资金支持。

美军在2003年6月提出JCIDS之后,每次同时发布参联会主席手册(CJCS

Manual,CJCSM)3170.01 系列文件,以指导和规范 JCIDS 的具体实施。迄今为止,最新版本的 JCIDS 是 2015 年 2 月颁布的 CJCSI 3170.01I。

3. RGS 与 JCIDS 的历史衍变

美军 RGS 与 JCIDS 的发展历程简况见表 4-1。CJCSI 和 CJCSM 系列文件通常会在发布新的版本同时取消前一个版本。从表中可以看到,最新的 JCIDS 指令版本为 2015 年 2 月发布的 CJCSI3170.01I,最新的 JCIDS 手册版本为 2015 年 2 月发布的 JCIDS MANUAL。这些文件的演变过程展现了美军需求开发机制的发展历程。

表 4-1 美军 RGS 与 JCIDS 的发展历程

发布时间	CJCS Instruction	CJCS Manual	CJCSI 增加/修改内容	特点
1997.6.13	3170.01(已取消)	—	JROC RGS CRD	RGS 自下而上、基于威胁 以武器平台为核心
1999.8.10	3170.01A(已取消)	—	MNS ORD	
2001.4.15	3170.01B(已取消)	—	—	
2003.6.24	3170.01C(已取消)	3170.01(已取消)	JCIDS ICD CDD CPD DOTMLPF	JCIDS 自上而下、基于能力 以系统集成为核心
2004.3.12	3170.01D(已取消)	3170.01A(已取消)	FCB 职能及过程	
2005.5.11	3170.01E(已取消)	3170.01B(已取消)	CBA JCD DCR	
2007.5.1	3170.01F(已取消)	3170.01C(已取消)	CBA 手册(06.1,06.12 两版)	
2009.3.1	3170.01G(已取消)	3170.01D(09.2)	取消 JCD	
2012.1.10	3170.01H(已取消)	JCIDS MANUAL(已取消)	UON JUON JEON	
2015.2.12	3170.01I	JCIDS MANUAL	CML	

注:JROC:Joint Requirements Oversight Council(联合需求监督委员会)
CRD:Capstone Requirements Document(顶层需求文档)
MNS:Mission Need Statement(任务需求陈述)
ORD:Operational Requirements Document(作战需求文档)
ICD:Initial Capabilities Document(初始能力文档)
CDD:Capability Development Document(能力开发文档)
CPD:Capability Production Document(能力产品文档)
DOTMLPF:Doctrine, Organization, Training, Materiel, Leadership and Education, Personnel, and Facilities(条令、组织、训练、装备、领导和教育、人员、设施)
FCB:Functional Capabilities Board(功能能力委员会)
JCD:Joint Capabilities Document(联合能力文档)
DCR:DOTMLPF Change Recommendation(DOTMLPF 变更建议)
UON:Urgent Operational Need(危急作战需要)
JUON:Joint Urgent Operational Need(联合危急作战需要)
JEON:Joint Emergent Operational Need(联合紧急作战需要)
CML:Capacity-Mission Lattice(能力—使命栅格)

4.1.3.2 基本框架

根据最新两个版本的 JCIDS Instruction 和 JCIDS Manual，JCIDS 流程的概况如图 4-5 所示。它以一种迭代的方式进行。初始能力文档(ICD)启动早期采购程序，而这一采购过程驱使装备的和非装备的具体解决方案的能力需求文档逐步更新。在装备的预研、型研过程中，与能力开发文档(CDD)、能力产品文档(CPD)反复交互，不断更新上述能力需求文档，使解决方案的开发、采购、部署得以满足能力需求、覆盖能力差距。此外，为了及时地部署那些经过确认的、符合能力需求的能力解决方案，可以对 JCIDS 过程灵活裁剪。

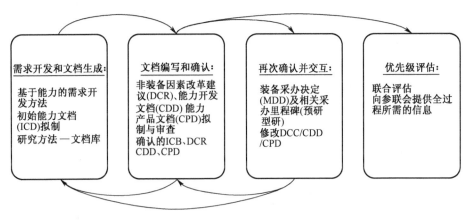

图 4-5 JCIDS 流程概况

4.1.3.3 评估方法

美军为了进一步完善 JCIDS 的分析过程，2005 年 5 月从 CJCSI 3170.01E 起引入基于能力的评估分析方法(CBA)。2006 年 1 月，为了推广 CBA 的应用，美军参联会下属部门部队结构、资源、评估部发布了基于能力的评估分析方法用户指南(CBA User's Guide)的第 1 版。之后，随着 JCIDS 开发流程的发展完善，美军分别于 2006 年 12 月、2009 年 3 月相应地发布了 CBA 用户指南的第 2 版和第 3 版。与此同时，美军部分军兵种也根据自身需求发布了 CBA 的相应操作规范。

CBA 是 JCIDS 过程的分析基础，旨在通过确认能力的需求及其差距、重叠等，提出非装备或装备的解决途径，规划装备集成、装备开发、军事体制变动等方面的发展。作为贯穿 JCIDS 流程的需求分析方法，CBA 在联合作战概念的指导下，分析输出能力清单、能力差距清单及其相应优先级清单等，用以牵引 JCIDS 后续文档的开发。

如图 4-6 所示，在经过人、财、物的准备之后，CBA 的需求分析过程包括功能域分析(FAA)阶段、功能需求分析(FNA)阶段、功能解决方案分析(FSA)阶段三个阶段。

(1) FAA 阶段中,从作战概念出发,依次研究想定、威胁、作战节点、信息关系、作战活动、组织关系等作战问题,推导出相关任务,并在参联会颁发的通用联合任务清单(UJTL)中找到相关任务及其制约条件和指标,根据作战任务在国防部批准的联合能力域 JCA 中找到相应的能力,并完成两者的映射。

(2) FNA 阶段中,根据在 JCA 中查找到的能力,分析能力的现状,以及解决作战问题的能力的预期,对比两者的差距。

(3) FSA 阶段中,针对能力的差距提出解决方案,如果是体制等的问题,就提出非装备解决方案,如果能通过现有装备重新部署、增加数量、体系集成能解决,就提出已有装备解决方案,如果上述两者都不能解决,就提出新装备解决方案,用以指导新装备研制。

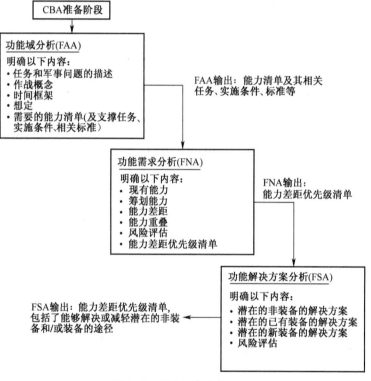

图 4-6　CBA 需求分析过程

4.1.3.4　需求产品文档

JCIDS 可能生成 5 类文档:能力初始文档(ICD)及信息系统能力初始文档(IS-ICD);DOTMLPF 变更建议(DCR);能力开发文档(CDD)及信息系统能力开发文档(IS-CDD);能力产品文档(CPD);联合紧急作战需求(JUON/UON/JEON)。

其中,ICD/IS-ICD 正文包含作战背景、威胁概要、能力需求与差距、非装备解决途径评估和最终建议 5 个章节。

DCR 正文包含作战背景、威胁概要、能力讨论、变更建议和实施计划 5 个章节。

CDD/IS-CDD 正文包含作战背景、威胁概要、能力讨论、项目概要、关键性能参数(KPP)等的开发、其他系统属性、电磁频谱需求、情报支撑性、武器安全性能保证、技术储备、非装备方面注意事项和项目可行性 12 个章节。

CPD 正文包含作战背景、威胁概要、能力讨论、项目概要、关键性能参数(KPP)等的开发、其他系统属性、电磁频谱需求、情报支撑性、武器安全性能保证、工业储备、非装备方面注意事项和项目可行性 12 个章节。

JUON、JEON 和国防部组件 UON 都是应急文档,采用备忘录的格式,没有封面页、确认页和摘要页,正文包含行政数据、作战背景和威胁概要、需要的能力、弹性分析、可能的非装备解决方案、可能的装备解决方案、需要的装备数量和限制因素 8 个章节。图 4-7 显示了 CBA 输出文档章节和 JCIDS 文档章节的继承关系。

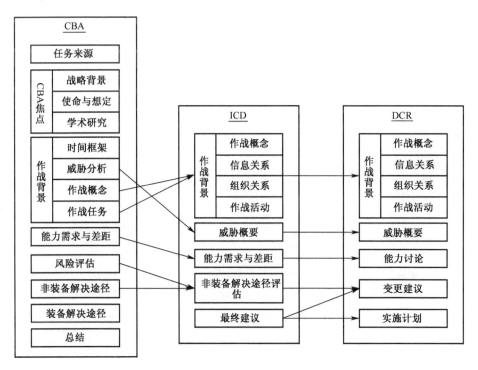

(a)

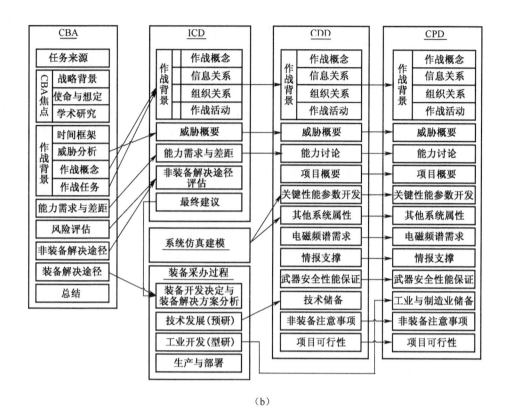

(b)

图 4-7　CBA 及 JCIDS 文档章节及继承关系
（a）非装备解决方案论证中 CBA 及 ICD、DCR 章节及继承关系；
（b）装备解决方案论证中 CBA 及 ICD、CDD、CPD 章节及继承关系。

JCIDS 的产品 ICD、DCR、CDD、CPD 贯穿整个装备采办和部署流程，如图 4-8 所示。

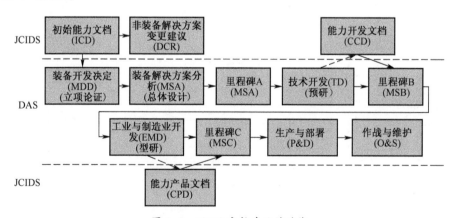

图 4-8　JCIDS 文档产品的功能

如果根据 CBA 和 ICD 中的分析得出，需要非装备解决途径来解决能力问题，则生成文档非装备解决方案变更建议（DCR）。JCIDS 文档产品中的 ICD 指导国防部装备采办系统（DAS）中的装备开发决定过程（即项目立项）。在进行技术开发（即预研）时，JCIDS 产品 CDD 与 DAS 过程进行交互，分析项目目前的进展有哪些问题，哪些工作需要返回重新进行或修改，完成后进入 DAS 的里程碑 B。在进行工业与制造业开发（即型研）时，JCIDS 产品 CPD 与之交互，分析在型研过程中出现的问题，视情况需要返回重做或修改，完成后进入 DAS 里程碑 C。

4.2 体系结构设计

体系结构（Architecture）一词起源于建筑学，是指建筑物的结构、构造方式、建筑样式、建筑风格等。后来，人们借鉴建筑学中的许多思想，将 Architecture 一词应用到 IT 领域，提出了计算机体系结构、软件体系结构等概念。目前，对于什么是体系结构这一问题，依然很难给出一个被广泛认可的定义[16]。

下面介绍几个由权威学者、组织提出的具有代表性的定义，并分析其共同点。

美国航空航天系统和系统体系结构的权威人物 E. Rechtin，在其撰写的世界上第一本关于系统体系结构的专著[17]中，将系统体系结构定义为诸如通信网络、神经网络、宇宙飞船、计算机、软件或组织等系统的基本结构。

享有"企业体系结构之父"美誉的 J. Zachman 最早提出了信息系统体系结构的描述框架[18]，他将体系结构定义为与描述系统有关的一系列描述性表示，可用来开发满足需求的系统或作为系统维护的依据。

国际系统工程理事会对系统体系结构的定义为用系统元素、接口、过程、约束和行为定义的基本的和统一的系统结构。

IEEE 标准曾先后给出过两个体系结构的定义。1990 年发布的 IEEE Std 610.12—1990[19]认为，体系结构是一个系统或构件的组织结构。而在 2000 年发布的 IEEE Std 1471—2000[20]中，体系结构的定义为一个系统的基本组织形式，包括系统的构件、构件间的关系，以及指导系统设计和演进的环境和原则。

美国国防部在 IEEE Std 610.12—1990 的基础上，于 1995 年提出了他们对体系结构的认识：系统各构件的结构、它们之间的关系，以及指导它们设计和随时间演化的原则和指南。

尽管上述定义在描述上各不相同，但它们核心思想是一致的，都将体系结构看作是系统的基本结构，描述系统各组成部分（软件、硬件、数据、活动、人员等）及它们之间的搭配和排列（层次、布局、边界、接口关系等）。这里的"系统"

可以是硬件、软件,也可以是一个企业或组织。因此,在 IT 领域,由于面向的对象不同,也就相应有计算机体系结构、软件体系结构和企业体系结构这三个主要的研究方向。其中,软件体系结构和企业体系结构与军事信息系统的构建密切相关。

软件体系结构(Software Architecture)是构成软件的所有构件、构件的外部可见属性以及它们之间相互关系的描述。它起源于 20 世纪 70 年代。虽然当时软件工程一系列理论、方法、语言和工具的提出,解决了软件开发过程中的若干问题,但是,软件固有的复杂性、易变性和不可见性,使得软件需求与设计之间仍存在一条很难逾越的鸿沟。为解决这个问题,软件体系结构应运而生,并试图在软件需求与软件设计之间架起一座桥梁。

企业体系结构(Enterprise Architecture, EA)是构成企业[①]的所有关键元素及其关系的综合描述,是在企业战略的指引下,为企业具体 IT 解决方案构建提供高层次指导的蓝图和原则。它产生于 20 世纪 80 年代。当时,企业内的信息系统越来越多,但"信息孤岛"、系统重复建设现象却十分严重。为解决这个问题,企业体系结构的概念应运而生,以促进企业跨部门、跨业务的协作,实现企业业务和 IT 的有机融合。

软件体系结构与企业体系结构最大的不同是范围的差异。企业体系结构更多的关注企业(系统之系统、系统体系)的业务和技术战略变革方向的描述、应用系统之间的边界和关系、总体数据模型的梳理和设计以及 IT 技术路线与标准的确定等,是跨业务的、粗线条的、方向性的。而软件体系结构则更关注某一个软件内部的结构设计,是面向单一系统的、细致的、实施层面的。

4.2.1　体系结构的概念内涵

网络中心环境下,战争形态已从以往的单一兵种作战转变为多兵种联合作战、由基于平台作战转变为基于网络作战,战争形态的演变使得作战指挥越来越依靠指挥控制系统(以下简称指控系统)的支撑。在新军事需求的牵引和信息技术发展的推动下,指控系统的规模越来越大,系统中的要素不但数量庞大,而且种类繁多,相互之间的关系也日益复杂。而如何更好地满足用户需求、实现系统之间的互连、信息的互通、应用上的互操作以及避免系统的重复建设等问题变得日益突出。体系结构设计是一种重要的系统顶层设计方法,是满足作战指挥控制需求的一种重要途径,是提高系统开发效率的重要手段,是系统设计质量的基本保证,是节省建设、使用和维护费用的重要措施。因此,指挥与控

---

① 企业(Enterprise):在 IT 领域,泛指具有同一目标的组织,如企业、政府、军队、事业单位或它们的一个部门或多个关联的机构等,也可以将其视为一个系统之系统或系统体系。

制领域体系结构技术已成为当前国内外非常重要的热点研究领域,对于形成倍增效应的体系作战能力有强大的应用推动力。

目前,在指挥控制领域还没有一个能被学者们普遍接受的体系结构的定义。美国国防部将体系结构定义为系统各部件的结构、它们之间的关系以及制约它们设计和随时间演化的原则和指南。我国在《军事大百科全书(第二版)》中将体系结构定义为对军事电子信息系统的组成、各个组成单元之间的关系、系统和系统组成单元对环境的关系以及自始至终指导系统设计与演进的原则和指南。

在军事信息系统中,软件体系结构和企业体系结构都具有重要的作用。但与军事信息系统顶层设计密切相关的,则是企业体系结构。在这方面,美军自1995年开始就开展了相关的研究和探索,并提出了国防部体系结构框架(DoDAF)这一经典的军事领域企业体系结构框架,为实现 C^4ISR 系统的互联、互通、互操作,提升多军兵种联合作战能力奠定了基础。

4.2.2 体系结构的作用

体系结构对企业或组织、系统之系统(系统体系)顶层设计的作用与价值可以概括为以下五个方面。

1. 体系结构是 IT 与业务沟通的桥梁

在一个组织中,由于每个人的工作不同,大多数人是从局部出发,站在自身专业的角度看待问题。这就会造成不同的人对同一个问题会有不同的理解。如何为这些不同背景的人搭建一座沟通的桥梁就成了一件重要的事。对业务和 IT 部门来说这一点尤为重要。在组织中,管理人员、业务人员、信息系统规划和开发人员等需要的信息是不同的。体系结构规定了多个规范化的视图,针对不同层次的人员提供不同层次抽象级别的描述,能够让不同背景的人可以基于同一套"语言"进行顺畅的交流。

2. 体系结构是连接企业战略和 IT 项目的纽带

体系结构的任务是制定企业的整体信息化蓝图。它从企业战略和整体业务出发,从技术上制定用以支持企业战略和业务的各种应用、数据和技术等,是指导具体 IT 项目投资和设计决策的基础。很多企业在战略与 IT 项目之间没有细化的体系结构连接,这种不完整的 IT 规划可能会导致巨大的 IT 投资风险和浪费。

3. 体系结构是大型系统顶层设计的指导方法

信息系统发展了很多年,尽管有软件工程等理论作为指导,但仍然跳不出信息孤岛的怪圈。这其中最主要的原因就是前期缺乏必要的顶层设计。因此大型系统的实现途径已由先期研制、后期集成逐步过渡到顶层设计指导下的一体化建设上。体系结构本身是大型复杂系统设计的集大成者,同时又融入了管理、行业、领域等方面的知识,足以成为大型系统顶层设计的指导方法。

4. 体系结构是企业"信息孤岛"整合的利器

企业信息化一般会经历一个从分散到集中的过程,难免会出现"信息孤岛"的情况。为解决集成的问题,业界提出了面向服务的体系结构(SOA)的思想和方法。但有些企业在实施 SOA 时,片面地强调技术因素,认为购买了企业服务总线(ESB)等软件就能解决问题,但忽略了对业务的全局审视和优化。体系结构能对企业业务、应用、数据等进行全面的分析和建模,是目前解决企业应用集成问题最好的办法。

5. 体系结构能有效减少 IT 重复投资

产生低水平重复投资的原因一是不能识别重复投资,二是没有监管机制,体系结构可以很好地解决这两个问题。重复投资包括业务级的重复投资、功能级的重复投资和数据级的重复投资,体系结构可以分别从业务参考模型、系统参考模型和数据参考模型识别这三种重复投资。此外,将体系结构作为 IT 投资的前提,将其作为信息化闭环管理中必不可少的一个环节,也能够从机制上有效地减少重复投资。

4.2.3 体系结构设计方法

体系结构设计借鉴了很多软件工程领域的设计思想和方法,并基于各种主流框架,对相关方法进行了细化,形成了一些具体的体系结构设计方法。当前,主要的体系结构设计方法主要包括结构化方法、面向对象的设计方法、基于活动的设计方法、基于能力的设计方法、以产品为中心的方法以及以数据为中心的方法等。

4.2.3.1 结构化体系结构设计方法

结构化体系结构设计方法是美国乔治·梅森大学 C^3I 中心系统体系结构实验室于 2000 年基于软件工程的一些思想方法中提出的 C^4ISR 系统体系结构的结构化分析与设计方法(也称为"面向过程的体系结构设计方法")。该方法以适应人分析和解决复杂问题的思维模式为出发点,把系统看成是具有一定层次结构的、相对独立的功能模块的集合。其基本思想是以模块为核心,通过对业务过程逐层分解的方式获得所需的体系结构产品,是一种自顶向下、逐步求精的方法,针对作战视图(OV)和系统视图(SV)中的体系结构产品,提出了包含 5 个阶段的设计过程,如图 4-9 所示。

1. 阶段 1

阶段 1 明确 AV-1 和作战概念,设计高级作战概念图(OV-1)。

2. 阶段 2

阶段 2 进行功能分解和组织分析,得到指挥关系图(OV-4)。

第 4 章 联合作战指挥控制系统构建方法

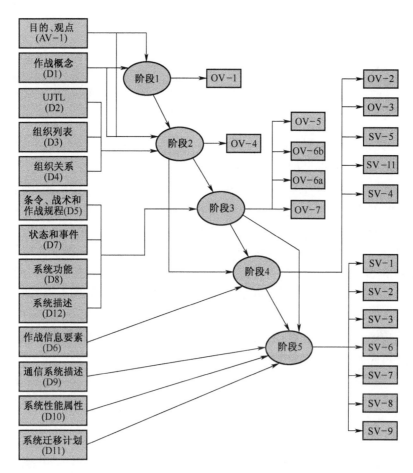

图 4-9　结构化体系结构设计方法的设计过程

3. 阶段 3

阶段 3 结合作战条令、战术和作战规程，以及状态和事件系统功能、系统描述，得到与活动模型、逻辑数据模型、需求线、系统节点、系统功能和系统要素、组件等相关的产品，包括 OV-5、OV-6b、OV-6a、OV-7。

4. 阶段 4

阶段 4 利用阶段 3 得到的逻辑数据模型、需求线、活动模型等信息，参考作战信息要素，定义目标系统的作战信息要素，创建作战节点连接描述和作战信息交换矩阵，并生成其他的体系结构产品，包括 OV-2、OV-3、SV-5、SV-11、SV-4。

5. 阶段 5

阶段 5 专门用来完成其余的系统视图体系结构产品。这个阶段以阶段 3 和阶段 4 得到的一些信息和模型为输入信息，结合通信系统描述、系统性能属性和系统迁移计划相关的信息,创建 SV-1、SV-2、SV-3、SV-6、SV-7、SV-8、SV-9,并维护这些产品间的数据一致性。

在结构化体系结构设计中,由于体系结构包含的模型比较多,目前没有单一的建模语言支持系统设计的全过程。常用的手段有利用 IDEF0 语言进行活动或功能分解,利用 IDEF1X 语言建立数据模型,利用状态图描述状态转移,利用数据流图描述系统功能。

4.2.3.2 面向对象的体系结构设计方法

面向对象的体系结构设计方法同样是由美国乔治·梅森大学 C^3I 中心系统体系结构实验室于 2000 年基于软件工程的一些思想方法提出的,是一种围绕真实世界的概念来组成模型的思维方法。该方法的基本思想是:对问题空间进行自然分割,以更接近人类思维方式建立问题域模型,以便对客观实体进行结构和行为模拟,从而使设计的系统尽可能直接地描述现实世界。在面向对象设计中,对象是对实体属性和行为的封装。面向对象设计包括两个方面:一是面向对象的分解;二是使用面向对象表示方法描述所设计系统的逻辑模型(类和对象结构)、物理模型(模块和过程体系结构)以及系统的静态和动态模型(交互、顺序、状态)。由这两方面可以看出,面向对象的设计方法是一种自底向上归纳和自顶向下分解相结合的方法。

统一建模语言(UML)是支持面向对象设计的主流语言。尽管 UML 的初衷是为解决软件建模的,但考虑到系统工程全过程中设计描述的一致性和延续性,UML 也是开展顶层体系结构设计和系统设计的理想选择。如此一来,顶层体系结构设计或系统设计与软件设计的成果之间就不需要额外的转换和翻译工作,从而保证了设计的延续性。UML 包括用例图、时序图、类图、状态图等多种类型的图,能够从不同的角度和方面对系统进行建模。利用 UML 的这些图以及 C^4ISRAF 的体系结构设计过程如图 4-10 所示。

整个过程首先从作战概念中导出多个用例。每个用例是一个场景,用来描述用户对系统功能的期望。对每个用例,都用一个迭代的过程去开发相应的时序图、类图和状态图,以进一步说明不同粒度下系统的预期结构和行为。同时,为每个用例开发的这些模型也可以作为开发其他用例相应模型的依据和基础。

对于首个用例(通常是顶层用例):第一步是根据系统外部参与者和系统(将系统看作是一个黑盒)之间信息交换的时序关系,将用例图转换成顶层时序图;第二步是再生成顶层的类图和状态图。在后续的迭代过程中,需要将时序图和类图中的一个或多个类进行进一步的分解,在时序图中定义更准确、更详细的行为,并通过修改或新增额外的状态图来实现该行为。

对于接下来的用例,需要通过开发时序图、类图和状态图进一步细化行为定义,主要包括以下 6 个步骤。

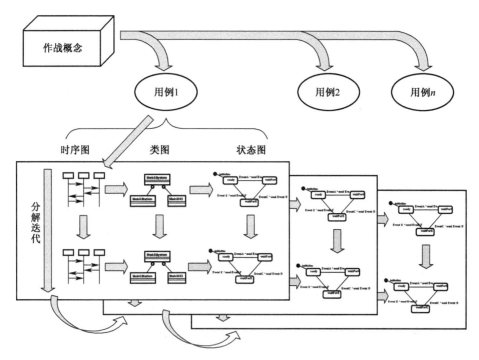

图 4-10　面向对象的体系结构设计全过程

1. 开发用例图

用例图表示系统和它所处环境之间的交互,常用来描述用户对系统功能的期望。与面向过程的体系结构设计方法类似,面向对象的体系结构设计方法的首要信息也是作战概念。这些信息隐含在高级作战概念图中(OV-1)。在给出了 OV-1 后,首先要将作战概念表示成用例图。

2. 开发时序图

时序图表示对象间一系列按时间顺序的事件(消息)交互。在得到一个或多个用例图后,接下来的一步是将每个用例图转换为一个顶层时序图。顶层时序图应只包含一个用例类型的对象和若干个必要的外部参与者类型的对象,以关注系统与外界的顶层接口。时序图本身就是 C^4ISRAF 2.0 的产品。依据要表示对象的不同,这些产品可以是作战事件跟踪描述(OV-6c)和系统事件跟踪描述(SV-10c)。

接下来是从刚刚创建的时序图中提取初始的系统视图或作战视图的信息对象。在初始信息对象类的基础上,还可以根据时序图中事件的激励-响应情况,建立信息对象类之间的关系。

如此一来,得到的表示信息对象的 UML 类图即成为《C^4ISR 系统体系结构框架》逻辑数据模型(OV-7)产品的雏形。随着其他时序图被开发出来,这个类图将不断地修订和扩展。当类图完成时,它就可以直接作为逻辑数据模型,不需要任何修改。

3. 对象分解

下面要做的就是将单个的系统顶层对象分解为几个主要的组成部分,并得到两个相关的对象类集合(一个集合大致对应作战视图,另一个集合大致对应系统视图)。这个过程可以通过 UML 中的类图来实现。对象分解可以反复对类图中任何一个部件的对象实施以得到下一层的分解,这样可以不断迭代以达到所需的对象分解深度。

4. 构造状态图

在上一步中,已经将系统的顶层对象向下分解了一层。当对象分解的层次不断深入,获得了足够多的细节信息后,就可以开始构造对象类的状态图了。状态图是一个状态机。与时序图类似,状态图用于对系统的动态行为进行建模。更具体地说,就是对系统如何响应内外部事件进行建模。

在本步骤中,需要为之前得到的时序图中的每个系统对象类开发状态图,并从一系列"激励-响应"事件中得到每个类各自的功能。状态图包含 C^4ISRAF 2.0 产品中的作战状态转移描述(OV-6b)和系统状态转移描述(SV-10b)。当然这还要依赖于对象类是属于作战视图还是系统视图。其他产品,如作战规则模型(OV-6a)和系统规则模型(SV-10a),也可以从状态图中直接导出。

5. 构造消息-接口映射图

消息-接口映射图不是一个符合 UML 标准的图。在这一步中,构造消息-接口映射图就是为了以接近 C^4ISRAF 2.0 中规定的格式,展示网络通信等方面的分析与设计时所需要的信息。

首先要做的工作是对第 3 步"对象分解"中得到的细化的系统类图进行加工,标识出系统类之间进行通信的物理接口。这里可以使用 UML 中的关联关系类(Association Class)来表达两个类之间关联关系的属性、操作、特征等信息。在这个系统类图和与之相匹配的时序图的基础上,可以建立类之间的事件/消息与它们之间物理通信接口的映射关系,形成消息-接口映射图。从消息-接口映射图中,可以很容易地导出 C^4ISRAF 2.0 中的系统通信描述(SV-2)产品。

6. 构造系统演进类图

处理系统演进问题是设计体系结构的主要目标之一。以下将给出如何利用 UML 类图处理分时段系统的可行方法。该方法基于继承结构(子类)的使用。我们知道,通常高层次的父类(以抽象类的方式实现)比其子类更抽象,是不能够实例化的。利用这个特点,通过为系统的每个阶段创建一套子类,就可以尽可能地封装住变化,保证系统的平滑演进。

4.2.3.3 基于活动的体系结构设计方法

基于活动的体系结构设计方法由美国两家著名的军火商 MITRE 公司和洛克希德·马丁公司的工程师于 2004 年联合提出。该方法认为,在体系结构的作战视图(OV)和系统视图(SV)中,有活动(Activity)、作战节点(Operational Node)、角色(Role)、信息(Information)、系统功能(System Function)、系统节点(System Node)、系统(System)和数据(Data)8 个体系结构实体发挥着核心和基础的作用,因此在进行体系结构设计时,首先创建与上述核心实体及其关系相关的体系结构产品,并以这些产品为基础,自动生成其他体系结构产品。

基于活动的体系结构设计过程如图 4-11 所示。

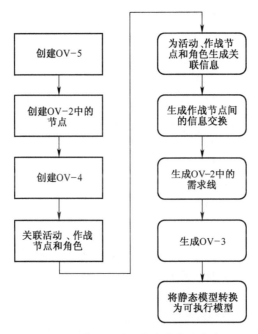

图 4-11 基于活动的体系结构设计过程

前 4 步需要手动完成体系结构数据的收集和关联,后 5 步可以自动地生成相应的体系结构产品,并将其转换为可执行模型。

(1) 创建 OV-5 活动模型,包括活动(及其子活动)和信息输入/输出这两个体系结构核心实体。

(2) 创建 OV-2 作战节点连接描述中的作战节点,得到第(3)个体系结构核心实体。

(3) 创建 OV-4 组织关系图,得到第(4)个体系结构核心实体——角色。

(4) 根据前三步中得到的活动、作战节点和角色,建立"作战节点-活动-角色"三元关系。

（5）根据第（4）步得到的三元关系，自动为活动、作战节点和角色生成关联的信息，如图4-11所示。如此一来，OV-5中的活动将拥有"作战节点-角色"关联信息，OV-2中的作战节点将拥有"活动-角色"关联信息，OV-4中活动的将拥有"作战节点-角色"关联信息。

（6）自动生成作战节点间信息交换的描述。

（7）根据第（6）步得到的信息交换信息自动生成OV-2中作战节点间的需求线，形成完整的OV-2产品。

（8）自动生成完整的OV-3信息交换矩阵，包括作战节点间要交换的详细信息，以及信息交换本身的属性，如对信息交换的实时性要求、安全保密性要求等。

（9）将得到的体系结构静态模型转换为动态的可执行模型，以支持体系结构的分析和验证。

基于活动的体系结构设计方法在DoDAF 1.0框架的基础上，以体系结构核心实体及其关系为核心，能够开发一体化程度（数据一致性）高的体系结构模型，并支持部分体系结构产品以及可执行模型的自动生成，极大地提高了体系结构开发和分析的效率。然而不足的是，基于活动的体系结构设计方法仅给出了DoDAF 1.0中一些必要产品的设计过程，包括OV-2、OV-3、OV-4、OV-5、SV-1、SV-4、SV-5，还没有涉及DoDAF的其他产品，具有一定的局限性。

4.2.3.4 基于能力的体系结构设计方法

基于能力的体系结构设计方法由中国电子科技集团公司第28研究所的3位工程师于2012年提出。该方法认为，当前大多数体系结构设计方法都是基于任务的。基于任务的设计以系统担负的具体作战任务需求为出发点，通过对作战概念、使用用例或作战活动的描述，来刻画系统的功能与行为，从而引导系统设计。然而，未来信息化战争中军事电子信息系统将会面临多样化军事任务或任务需求并不具体明确的情况，这就导致基于任务的设计方法无法有效的支撑。该方法以支撑遂行多样化军事任务系统的体系结构开发为背景，基于DoDAF 2.0规范，借鉴基于活动的体系结构设计方法中的部分思想，从能力出发（而不是具体的任务），提出了体系结构产品开发的具体过程（图4-12），具体说明如下：

在进行体系结构设计之前首先需要明确关于体系结构设计的目的、范围、环境等，形成概述和摘要信息（AV-1），并随着体系结构设计的不断深入进行逐步完善，对基于能力的体系结构设计过程所需的相关参考资源与信息进行收集。其次，依据能力发展目标，创建能力构想（CV-1），并在此基础上对能力进行分解，生成能力分类（CV-2）用于能力的层次说明，分别通过能力到作战活动映射（CV-6）和能力到系统/服务映射（CV-7）将能力视图与作战视图和系统视

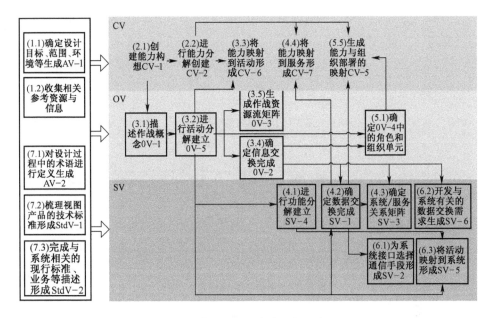

图 4-12 基于能力的体系结构设计过程

图相关联。然后以 CV-1 为基础对高级作战概念(OV-1)进行描述,根据 OV-1 进行活动分解建立作战活动模型(OV-5),并确定作战资源流的需求(OV-2),描述作战资源交换及其相关属性(OV-3)。在完成作战视图之后,可以着手进行大部分系统视图产品的开发。例如,根据 OV-5 确定目前系统所提供的系统功能,明确功能及其子功能之间的逻辑关系,由此开发系统功能描述(SV-4);还可以根据 OV-2 产品确定系统节点之间的相互连接关系开发系统接口描述(SV-1)与系统相关矩阵(SV-3)等。最后阶段完成技术标准视图产品标准概要(StdV-1)与标准预测(StdV-2)的设计以及对其他视图产品进行完善补充。

4.2.3.5 各方法的对比和分析

下面根据方法的概念内涵和侧重点从设计本体、设计思想以及设计切入点三个维度对各种不同方法进行了归纳总结,如图 4-13 所示。

(1) 设计本体维度:体系结构设计的本体是对实体的组成、关系及其演化的设计,在应用体系结构技术的过程中,人们越来越认识到体系结构的本质,并将体系结构设计的中心渐渐从各种视图产品的设计转移到更为接近体系结构要素的数据上来,而且数据是相对稳定的,各种视图产品则是按需从体系结构数据中临时生成的。在这里需要特别说明,基于元模型的体系结构设计方法严格意义上是"以数据为中心"方法的一种具体存在和实现形式,因此从本质上讲应该是以"数据为中心"方法。

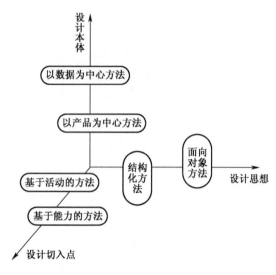

图 4-13 各种体系结构设计方法

（2）设计思想维度：主要是从认识论的角度去划分。在软件工程领域存在两种认识世界的观点：一种观点认为世界是由一系列过程组成的，而每个实体对象被嵌入到具体的过程中发挥作用，与这种观点对应的设计方法就是结构化设计方法，也称为面向过程的设计方法；另一种观点认为世界是由各种对象组成的，而各种过程活动只是对象的临时组合与交互，与这种观点对应的设计方法就是面向对象设计方法。

（3）设计切入点维度：按体系结构框架理论，体系结构各种视图模型是有内在关联的，因此从不同的切入点进行设计会对体系结构设计的质量有重要影响。例如，基于活动的方法是从活动视图作为切入点，以"作战节点-活动-角色"三元关系为核心展开设计的，而基于能力的方法则是从体系能力最大化角度出发首先进行能力视图的设计，然后分解得出其他体系结构视图模型。

从上述描述可以看出，设计本体维度主要考虑设计的对象是什么；设计思想维度主要是从认识论的角度去思考如何认识现实对象；由于体系结构是由实体及其关系形成的网络整体，因此设计切入点维度主要考虑的是从什么地方入手进行体系结构设计更为科学高效。尽管不同的体系结构设计方法各有侧重，具有各自的特点和适用场景，但是这些方法也并非是相互对立，非此即彼的关系，而是可以结合使用的，各种体系结构方法之间的关系如图 4-14 所示。

从图 4-14 中可以看出，结构化和面向对象的两种方法是相互对立的，原因是其所基于的认识论的不同；基于活动的设计和基于能力的设计是两种不同的设计切入方式，而且不管是基于活动的还是基于能力的，都可以采用结构化或

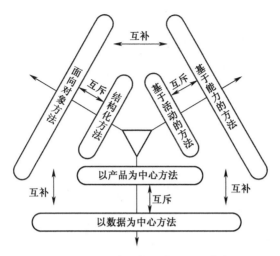

图 4-14 体系结构设计方法的关系

面向对象的设计方法进行设计；理论上讲，不管是基于活动的还是基于能力的，也不管是采用结构化还是面向对象的，都可以是以数据为中心的，但是随着系统复杂性的增加和对设计效率、质量等方面的要求，面向对象的、基于能力的和以数据为中心的设计方法更有利于满足复杂性、一致性和一体化方面的各种需求，有发展成为体系结构设计主流方法的趋势；其他几种方法则比较适用于任务单一、需求明确、结构固定等相对简单的使用场景。

目前，对于军事信息系统这么一个庞大复杂的巨系统，正面临着缺乏宏观战略蓝图、找不到系统体系能力作用和提升的杠杆、缺乏持久发展的动力等重大问题，而这正是体系结构理论和方法所擅长解决的问题。在国内引入体系结构这 10 多年中，理论上取得了很多成果，也形成了几类典型的体系结构设计方法。总体来说，为适应综合电子信息系统复杂性、一体化以及体系能力对抗等发展要求，体系结构设计方法有向面向对象、基于能力和以数据为中心的方向发展的总体趋势。然而，各种方法都有其优势与不足，如表 4-2 所列。

表 4-2 各种体系结构设计方法的比较

	优　势	不　足
面向过程的设计方法	适应人分析和解决复杂问题的思维模式； 能将一个复杂大系统分解简化，便于建模、设计、开发和集成； 适用于需求稳定、定义完善的系统； 设计方法简单并易于操作，应用广泛	需要建立的过程模型较多，而且业务过程的不稳定会导致体系结构产品需要大量的维护； 体系结构要素重用度较低

(续)

	优　势	不　足
面向对象的设计方法	更符合人认识、理解和描述客观事物的思维习惯； 对象及其关系具有更强的稳定性，有利于体系结构产品的维护； 抽象、封装、继承等特点使得体系结构要素易于重用	设计思想和知识较难以掌握，对设计人员的要求较高
基于活动的设计方法	采用以数据为中心的思想，基于体系结构核心实体及其关系，可自动生成部分体系结构要素和产品，保证了体系结构数据的一致性； 设计过程简单易操作，并有工具支撑	仅支持 DoDAF 1.0 和 C^4ISRAF 2.0 及以下版本中部分体系结构产品的设计
基于能力的设计方法	支持信息系统建设由"面向任务"向"基于能力"转变，提高了设计方法在面向多样化任务时的适应性	未经过实践检验

在选用体系结构设计方法时，应从目标系统的实际和特点出发，基于各方法的优缺点，结合考虑体系结构设计人员对方法的掌握程度，酌情进行选择。简而言之，没有绝对最好的设计方法，最适合的设计方法才是最好的方法。

4.2.4　体系结构设计工具介绍

在体系结构框架的指导下并遵循某种体系结构产品的设计方法完成整个体系结构描述的过程之后，需要对体系结构产品进行开发。体系结构开发工具便为设计师更好地开展体系结构设计提供了支持，有助于提升体系结构设计效率，在体系结构开发过程中发挥了重要作用。

4.2.4.1　开发工具应具备的主要功能

体系结构包含大量设计信息，要全面表示、维护这些信息，体系结构开发工具必须有很强的支持能力，如支持多种建模方法、提供用户界面的灵活定制、提供自动化功能、提供分析与操作功能、支持数据库、能和其他工具互操作、具有合理的软件体系结构等。具体来说，体系结构开发工具通常应包括以下主要功能。

1. 模型开发功能

这是体系结构开发工具最主要也是最重要的功能。体系结构开发工具必须提供组成体系结构的模型的设计、维护、操作等功能，以便用户操作、控制模型及其相关属性。

2. 建模工具自动化功能

建模工具应提供常用功能的自动化操作，以辅助用户建模，并加速建模过程，如提供自动化的逆向工程及模型代码生成等功能。

3. 多种方法论和模型支持功能

体系结构开发工具应能支持多种方法论和模型(尤其是主流的方法论和模型),包括进行相应方法论的建模,提供相关分析,与其他工具同类建模方法进行比较和集成。

4. 可扩展及定制功能

体系结构开发工具应能实现模型的扩展,能通过扩展接口允许修改、扩充模型及其相关属性。体系结构开发工具应建立在元模型机制上,以便扩展新的建模方法和属性,提供对不同体系结构框架的支持。

5. 分析和操作功能

体系结构开发工具应能提供体系结构分析、比较和优化的功能,特别是针对不同体系结构框架的体系结构分析,这些分析结果是体系结构投资决策、定量决策、辅助决策的基础和依据。

6. 数据库支持功能

体系结构的大量信息应存储于数据库或知识库中,以便对体系结构数据进行集中存储和管理,并为体系结构的分析和体系结构数据的共享提供支持。

7. 多用户协同开发功能

由于体系结构开发人员众多,相关使用人员也很多,因此体系结构开发工具应能提供支持多用户协同开发的功能。

目前,体系结构设计相关工具很多,如表 4-3 所列。在选择体系结构设计工具时,不仅要考虑工具对体系结构设计过程的支持,还要兼顾使用者的技术水平和使用习惯。结合业界的现状和中国国情,下面重点对在军事领域应用较多的 IBM Rational System Architect 进行详细介绍,并对在企业应用中较为广泛的 Sparx Enterprise Architect 和开源的 StarUML 进行简要介绍。

表 4-3 常用体系结构设计工具列表

工具名称	厂商	国家	版本	更新时间	支持体系结构框架
ABACUS	Avolution	澳大利亚	4.2	2013.12	ToGAF、Zachman、DoDAF
ADOit	BOC Group	澳大利亚	6.0	2014.6	ToGAF、Zachman、DoDAF
BiZZdesign Architect	BiZZdesign	荷兰	4.5.2	2014.9	ToGAF、Zachman
ARIS	Software AG	德国	9.0	2013.3	ToGAF、Zachman、DoDAF、FEAF
Corporate Modeler	Casewise	英国	2011.4	2013.8	ToGAF、FEAF
Enterprise Architect	Sparx Systems	澳大利亚	11	2014.12	ToGAF、Zachman、DoDAF、FEAF
iteraplan	iteratec	德国	3.2	2013.10	ToGAF、DoDAF

(续)

工具名称	厂商	国家	版本	更新时间	支持体系结构框架
Mega Suite	Mega	法国	7.x	2012.8	ToGAF、Zachman
PowerDesigner	SAP-Sybase	德国	16.0	2011.11	DoDAF、Zachman
System Architect	IBM	美国	11.4.2	2012.6	ToGAF、Zachman、DoDAF、FEAF
Troux	Troux Technologies	美国	9.1.2	2013.3	ToGAF、Zachman、FEAF

4.2.4.2 IBM Rational System Architect

System Architect(SA)是一个综合性的企业架构(Enterprise Architecture,EA)工具,主要用来帮助政府、企业的商务或技术部门对其业务活动及支撑业务活动的系统、应用、数据库进行建模、展示、分析和沟通,从而提高组织机动性和灵活性,并实现从战略性企业架构到切实的解决方案的过渡。其工具主界面如图4-15所示。

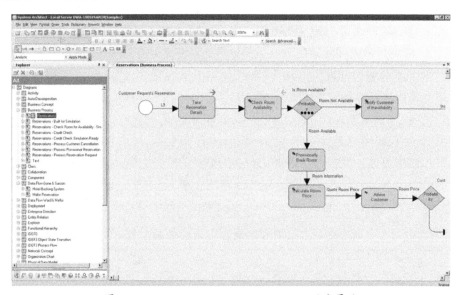

图4-15 IBM Rational System Architect 工具主界面

SA最初由英国Popkin公司开发。2005年4月,Popkin公司被Telelogic公司收购。2008年,Telelogic公司又被IBM公司收购。SA随后也被IBM公司加入到其Rational软件品牌下,作为IBM企业架构管理(EAM)战略的基石。

SA具有以下主要特点。

1. 支持统一的多用户环境

支持在统一的多用户环境中描述业务动力、战略、业务架构、信息系统、技术架构和数据架构,提供多用户业务分析平台,为决策人员提供统一视图,展现业务架构和相关报告,为企业进行业务优化提供一致的、可重复的、有效的结果。

2. 支持多种体系结构框架

支持业界标准的体系结构框架(包括 ToGAF 9、DoDAF 2.0、MoDAF 1.2、NAF 3.0、FEAF 2.0 以及 Zachman 框架等)和建模表示法(如 UML),帮助设计并维护架构。

3. 支持业务流程建模

全面支持业务流程建模表示法(Business Process Modeling Notation 2.0,BPMN 2.0),提高组织业务流程的可视性,显示业务运营效率并且仿真运行支持改进计划的流程。

4. 支持关系型数据建模

支持关系型数据建模(逻辑实体-关系模型和物理模型),提供 Oracle 10g、SQL Server 2005、IBM DB2 UDB V8、Sybase 和 Teradata 2.6 等关系型数据库的模式生成和逆向工程功能。

5. 支持与 IBM 多种软件产品集成使用

支持与 IBM 公司下列多种软件产品的集成,提供更加丰富的扩展功能。

(1) IBM Rational Focal Point:对业务和 IT 架构进行成本效益分析、折中平衡,为企业架构项目设立 IT 路线图。

(2) IBM Rational DOORS:在企业架构模型与它们支持的业务和技术需求之间建立可追踪性。

(3) IBM Rational Software Architect:从业务和 IT 战略到解决方案的开发和交付过程中,创建工作流,建立可追踪性并产生各种工件。

(4) IBM Rational Change:管理并且跟踪企业架构中的变更请求,报告部署状态并且解决问题。

(5) IBM WebSphere Business Modeler(WBM):将 WBM 输出流程模型进行整合,帮助将企业架构流程部署到业务流程管理环境中。

SA 的主要功能模块组成如图 4-16 所示,各模块具体功能包括以下几个方面。

(1) System Architect:它是基本的功能模块,支持业务流程建模、UML 建模、数据建模及结构化分析等方法,可以支持 UML、IDEF 等行业标准,支持 Zachman、DoDAF、DoDAF ABM、ToGAF 等企业架构框架。

(2) SA for DoDAF:支持美国国防部体系结构框架(DoDAF)1.5 版,完全支持作战视图、系统视图和技术标准视图建模。

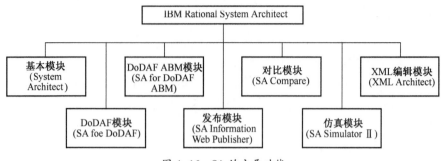

图 4-16　SA 的主要功能

(3) SA for DoDAF ABM：支持使用基于活动的方法(ABM)进行 DoDAF 产品开发，为开发 DoDAF 产品提供了流程指南。

(4) SA Information Web Publisher：以网页的形式发布存储在 SA 资料库中的模型和数据，简化用户在不同应用系统和流程之间的转换过程，方便查看资料库中复杂的模型。

(5) SA Compare：通过生成 XML 文档，对统一项目的不同架构模型进行数据元素比较。

(6) SA Simulator Ⅱ：它是流程仿真工具，支持用户建立动态流程模型，用图表形式显示仿真结果。全面集成 Microsoft Excel，能容易地读取从该仿真工具中导出的数据。

(7) XML Architect：图形化的 XML 模式编辑器，以图形化的简单方式创建、管理、部署 XML 模式，使相关人员能更好地沟通和理解 XML 模式。支持产生和逆向导入 XML 模式及文档类型定义(Document Type Definition，DTD)。

针对 DoDAF，SA 提供了强有力的支持。SA 支持 DoDAF 所有产品的描述和建模，同时提供产品间数据一致性和完整性约束检查，从而确保体系结构设计的合理性和正确性。

4.2.4.3　Sparx Enterprise Architect

EA 是澳大利亚 Sparx System 公司研制的一个完整生命周期的商用体系结构开发工具。该工具自 2000 年 8 月发布以来，已成为全世界近 35 万用户选择的体系结构开发工具，并连续四年荣获 Gartner 奖，Sparx System 公司也以此入围了 2013 年 SD Times 100 IT 领域优秀厂商的行列。

EA 工具本身的体系结构非常优秀，以 UML 为基础，支持目前主流的体系结构框架，并且可以通过增加相应的规范 XML 文件很容易支持其他的体系结构框架；另外该工具对体系建模、系统体系结构建模、组件设计、仿真等均能够很好地支持。其工具主界面如图 4-17 所示。

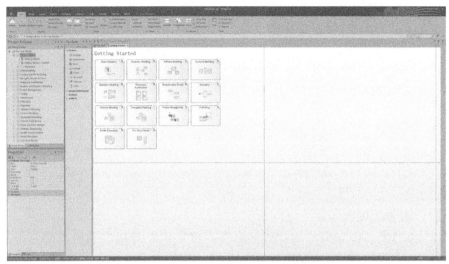

图 4-17 Sparx Enterprise Architect 工具主界面

作为一款商用 UML 工具,主要具有以下特性。

1. 提供 UML 建模工具

EA 为用户提供一个高性能、直观的工作界面,联合 UML 2.0 最新规范,为桌面电脑工作人员、开发和应用团队打造先进的软件建模方案。该产品特性丰富,可以用来配备整个研发工作团队,包括分析人员、设计人员、开发人员、测试人员、项目经理、品质控制和部署人员等。

2. 支持系统分析、设计、实现、测试和维护全过程

EA 是一个完全的 UML 分析和设计工具,它能支持从需求收集经需求分析、模型设计到测试和维护的整个软件开发过程。除此之外,EA 还包含特性灵活的文档输出。

3. 端到端跟踪

EA 提供了从需求分析、软件设计一直到执行和部署整个过程的全面可跟踪性。结合内置的任务和资源分配,项目管理人员和质量保证团队能够及时获取他们需要的信息,以便使项目按计划进行。

4. 模型驱动体系结构(MDA)

通过内置的 DDL、C#、Java、EJB 和 XSD 变换,可以从简单的"平台独立模型"(PIM)开始来构建复杂的解决方案,并定位于"平台相关模型"(PSM),支持一个 PIM 生成和同步多个 PSM,提高工作效率。

5. 源码生成和反向工程能力

EA 提供一个内置的源代码编辑器,具备源代码的前向和反向工程能力,支持多种通用语言,包括 C++、C#、Java、Delphi、VB.Net、VB 和 PHP,从源代码文件甚至二进制汇编语言中获取完整框架。

6. MDG 技术支持

EA 通过其工具自带的 MDG 技术,可以方便地制定各种体系结构框架及视图产品,目前,Sparx System 公司已经开发了 DoDAF、MoDAF、NAF、TOGAF、Zachman 等框架的 MDG 文件,可以很方便地以插件的形式加载和使用。

7. 模型可执行调试

EA 支持 UML 动态模型的可执行调试功能,可以模拟各种事件序列,并驱动模型的执行,以此验证模型的语义是否正确。

另外 EA 支持单机使用和网络使用两种运行模式。在网络协同环境下使用时,支持项目的协同开发,如视图模型的在线评审、任务的分解和协同设计等。

4.2.4.4 StarUML

StarUML 是一款开放源代码的具有高度可扩充及适应能力的轻量级的 UML 开发工具,提供了对用户环境最大化可定制支持,通过定制所提供的一些变量,可以适应用户开发方法、项目平台及各种编程语言。该工具采用了插件框架,通过 COM 自动化,菜单和选项也都是可扩充的,而且用户还可以根据自己的方法论来创建自己的方法和框架。其工具主界面如图 4-18 所示。

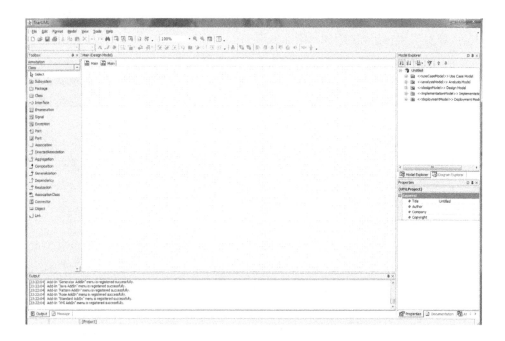

图 4-18 StarUML 工具主界面

具体而言，StarUML 主要具有以下特征。

1. 准确的 UML 标准模型

StarUML 严格坚持对象管理组织（OMG）对软件模型规定的 UML 标准规格说明。StarUML 最大化遵循 UML 1.4 标准和语义，并采用基于稳定的元模型的 UML 2.0 表示法。

2. 开放的软件模型格式

与很多有其私有格式的现存的产品不同，StarUML 以标准的 XML 格式管理所有的文件。代码编写的结构易读，便于用 XML 分析器进行分析。XML 是国际标准，对 XML 标准的遵循可以确保所开发的软件模型多年后仍然可以使用。

3. 支持模型驱动

StarUML 真实地支持 UML Profile（概况包或预定义包），最大化了对 UML 的扩展，可广泛用在财务、国防、电子商务、保险和航天诸领域建立应用模型。可以创建平台独立模型（PIM）、平台相关模型（PSM），并且支持多种方式生成可执行代码。

4. 方法学与平台的适用性

StarUML 利用方法（Approach）概念，创建的环境可以采用多种方法学/过程。不仅像 .NET 和 Java EE 平台这样的应用框架模型，而且软件模型的基本结构（如 4+1 视图模型等），都可方便地定义。

5. 良好的可扩充性

StarUML 的所有功能都自动支持 Microsoft COM。支持 COM 的任何语言（Visual Basic Script、Java Script、VB、Delphi、C++、C#、VB.NET、Python 等）都可以用于控制 StarUML 或者用于开发可集成的插件元素。

6. 模型校验功能

建立模型过程中，用户可能会犯很多错误。为了避免这样的问题，StarUML 可以自动校验用户开发的软件模型，便于较早发现错误，高质量地完成软件开发。

7. 支持各种插件

StarUML 包含很多具备各种功能的插件。这些插件的功能包括生成编程语言的源代码、把源代码转换成模型、与其他使用 XMI（XML Metadata Interchange）的工具交换模型信息等。这些插件为模型信息提供了附加的可重用性、灵活性及交互性。

4.2.4.5 体系结构开发工具对比

IBM Rational System Architect、Sparx Enterprise Architect 及 Star UML 的比较如表 4-4 所列。

表 4-4　SA、EA、及 StarUML 的比较

工具	优点	适用场合
IBM Rational System Architect	SA 是一款专业的系统体系结构设计工具,具有很强的专业性,尤其对 DoDAF 的支持程度高,并集成了体系结构比较、仿真、导入导出等功能	该工具对设计师的要求相对较高,比较适合于专业领域匹配而且在 SA 使用上有一定积累的设计开发团队
Sparx Enterprise Architect	EA 是一款基于 UML 的全生命周期的系统设计开发工具,主要通过扩展 UML 的方式支持各种体系结构框架,并集成了协同开发环境。另外由于基于 UML,该工具支持从体系结构模型和代码的自动转换	由于基于 UML,该工具对设计师要求相对 IBM SA 要低,比较适合于熟悉 UML 及面向对象设计方法的设计开发团队
StarUML	StarUML 是一款开源的、免费的 UML 设计工具,没有集成过多的项目管理、协同开发的功能,属于轻量级的设计工具,入手简单,使用方便	适合于小规模的设计和开发,另外由于该软件是开源的,而且扩展性很强,也适合于进行二次开发后进行专用领域的中小规模的系统设计和开发

需要注意的是,尽管在表中对几种工具进行了比较,但是不能简单地认为哪款更好。从总体上看,目前各种体系结构工具在建模功能上差异十分有限,差异主要体现在项目管理、协同开发、模型重用及模型验证等辅助建模的功能上。在进行体系结构工具的选择时,既要考虑工具和任务的匹配,也要考虑工具对设计师的要求以及费用等因素,另外还要考虑工具中嵌入的一些设计规范、方法和流程是否与本团队切合。

4.2.5　体系结构设计典型案例

美国国防部副首席信息官办公室下设的体系结构和互操作局、联合参谋部三局八处,遵循国防部 C^4ISR 体系结构 2.0 的要求,采用转化、升级、改造现有体系结构产品的简化办法,联合开发了 GIG 体系结构。

1. GIG 体系结构 2.0 组成

GIG 是实现网络中心战的基础,为网络中心环境下的作战人员、决策指挥人员提供了所需的信息能力,是集成信息能力、系统、服务、设施、相关过程以及人员的物理实体,是达成作战目的的手段与工具,而 GIG 体系结构则是 GIG 顶层设计的重要组成部分,是对 GIG 结构化的描述,是开发网络中心战参考模型的基础。

GIG 体系结构 2.0 是基于网络中心战概念开发的,它给出了未来网络中心战环境下实施作战和行动的一系列目标体系结构。GIG 体系结构 2.0 版通过这些目标体系结构,全面描述了网络中心战的整体体系。

GIG 体系结构 2.0 设计网络中心战的多个级别：在国家级上，提出了战略应用实例，如国防部长制订应急作战计划能力，以及兵力部署决策等问题；在战区级上，提出了作战应用、战术应用和联合应用实例，如美国本土防御、西南亚作战、朝鲜作战等。GIG 体系结构 2.0 根据国防部事物模型中不同作战和决策级别及其重点，提出五个应用模块（Block），每个模块的体系结构都有各自的作战视图、系统视图和基本一致的技术视图。

作为顶层设计，GIG 体系结构 2.0 没有给出特定的系统，但在作战视图中给出了所需的行动和信息，在系统视图中给出了系统存取信息的功能，在技术视图中给出了系统设计、开发、采办的新标准。

(1) GIG 体系结构作战视图。GIG 体系结构 2.0 没有确定作战需求，但确定了网络中心战环境下与作战有关的一些基本信息需求和国防部事物功能。同时，在作战视图的模块中，增加实现信息优势的需求。作战视图最主要的部分是通过实现信息优势，将 NCOW 参考模型中与信息有关的行动联系起来。除了模块 1（非 NCOW 基本体系结构），其他模块都包含了实现信息优势这一需求。

(2) GIG 体系结构系统视图。GIG 体系结构 2.0 的系统视图中没包括特定的系统，但更加强调了在 NCOW 环境下所需要的系统能力。图 4-19 给出了 GIG 体系结构 2.0 目标模块体系结构确定的系统功能。

图 4-19　GIG 体系结构 2.0 的系统功能

(3) GIG 体系结构技术视图。GIG 体系结构 2.0 的技术视图确定了支持未来网络中心系统设计、开发、采办的标准,为网络中心企业服务(NCES)收集、处理和传输信息提供了有效手段。在 GIG 体系结构 2.0 中,技术视图给出了 2008 年所有模块的目标技术视图(TV-2);根据系统功能确定了技术服务域,又根据技术服务域确定了技术服务和技术标准。技术视图预测了 16 种技术服务,并给出了这些服务当前发展情况和应用标准,分析了这些服务到 2005 年和 2008 年的发展状况。这些服务包括基于策略的网络、目录网、通用开放策略服务(Common Open Policy Service, COPS)、通用信息模型(Common Information Model, CIM)、服务族、路由协议规范语言(Routing Protocol Specification Language, RPSL)、网络协议安全策略、服务级协定、下一代互联网协议 IPv6、内容分发和管理存取网、通用描述发现集成(Universal Description Discovery and Integration, UDDI)、开放式目标数据存取、通用 Web、广播环境下的双向 IP 智能牵引、IP 路由标记交换移动专用网(Mobile Ad-hoc Networking, MA-NET)。

GIG 体系结构 2.0 包括以下五个组成模块。

1) 模块 1(Block 1)——连续性作战计划(Continuity of Operations, COOP)

Block 1 适于国家战略级应用,它描述了现有的功能和系统重点,即国防部长在现阶段的基本连续性作战计划环境下的主要能力,为理解和评估"9·11 事件"之后国防部长办公室所指定的政策、IT 机制提供了基础。

2) 模块 2(Block 2)——国防部长兵力部署

Block 2 也适用于国家战略应用,它以美国本土的多种反恐行动和在朝鲜与伊拉克等地区的军事行动为想定,重点描述了国防部长的兵力部署决策、信息可用性/信息存取,以及协同环境下的支持单元。

3) 模块 3(Block 3)——本土防御

Block 3 用于战役级应用,描述了未来 NCOW 目标环境下,执行本土防御和本土安全任务的联合司令部(北方司令部)及所属联合特遣部队的作战和行动。

4) 模块 4(Block 4)——西南亚作战

Block 4 适用于战术级应用,重点描述了 NCOW 目标环境下,在西南亚执行战术作战任务的特种作战部队联合司令部、特种部队的作战能力及战术级节点上的作战和行动。

5) 模块 5(Block)——朝鲜作战

Block 5 针对联合作战应用,重点描述了 NCOW 目标环境下美军在朝鲜的联合作战能力。

在下一节中,我们将以 Block 2 国防部长兵力部署模块为例,对其作战视图和系统视图做简要介绍和分析。

2. GIG 体系结构国防部长兵力部署模块

国防部长兵力部署决策实例是 GIG 体系结构 2.0 中的一个模块,它是在网络中心战的环境下发展起来的,为国防部长办公室进行 C^3I 以及管理提供体系结构和互操作能力[5]。

该模块的目标是定义、描述、证实在网络中心环境下,国防部副部长兵力部署决策和补充适当需求的过程的信息应用。这些应用包括管理态势分析、可用兵力决策、兵力部署决策、占领信息领域,即建造和实施网络中心战的相关模型。模块的设计基于以下背景。

(1) 朝鲜通过非军事区进行袭击,联合控制部队和太平洋司令部制定作战计划。

(2) 美国本土基础设施遭受袭击,美国北方司令部执行国土防御作战,支持联邦、州以及当地机构,联合非政府组织和个人志愿组织。

(3) 指示和警告伊拉克导弹袭击以色列,美国北方司令部执行作战计划消除威胁。

国防部副部长决策兵力部署和补充适当需求的过程,依靠以下组织和行为的支持:参联会主席、OSD Principal Staff Assistants、其他 DOD 组织、战士组合指挥官、非 DOD 组织、计划和过程的危机行动、超过军事行动的实施权利、多国作战和整体协调、选择 PSA 功能。

GIG 2.0 国防部长兵力部署模块的体系结构产品共分为全视图(AV)、作战视图(OV)、系统视图(SV)和技术视图(TV)四种,具体内容如表 4-5 所列。

表 4-5 Block 2 的体系结构产品

分类	视图	内容
全视图	AV-1	AV-1 提供了多个体系结构间可相互参阅和比较的概括信息,包括开发体系结构的假定条件、约束条件和局限性等内容
	AV-2	AV-2 记录体系结构开发中采用的全部术语及其定义,包括术语的文字定义、数据分类法和元数据等内容
作战视图	OV-1	OV-1 简要描述所开发体系结构要完成的使命任务,及如何完成该使命任务
	OV-2	OV-2 通过一系列相互作用的作战节点及它们之间交换的信息来描述作战需求
	OV-3	OV-3 详细描述了信息交换细节,包括谁与谁交换什么信息,该信息的必要性以及信息交换特征等内容
	OV-4	OV-4 描述的是在体系结构中起关键作用的作战人员、组织或作战单元间的指挥结构及指挥关系,也包括协作或协同关系
	OV-5	OV-5 主要描述完成一项使命/任务过程中进行的作战活动,以及作战活动间的输入和输出信息流

(续)

分类	视图	内容
系统视图	SV-1	SV-1 描述的是为 OV-2 中作战节点提供支撑的系统节点和这些节点上的系统间的接口
	SV-2	SV-2 描述了支持接口实现的通信系统、通信链路和通信网络的相关信息
	SV-3	SV-3 以表格的形式描述 SV-1b 中系统间的接口关系及其详细特征
	SV-4	SV-4 描述了系统功能、系统功能的层次性及其之间的系统数据流
	SV-5	SV-5 是作战活动-系统功能对应矩阵
技术视图	TV-2	TV-2 为标准技术预测,主要目的是确定预期的关键技术标准、标准的可实现性,以及这些标准对体系结构与其组成单元开发及维护的影响

1) 作战节点连接关系描述(OV-2)

作战视图通常需要利用一系列相互作用的作战节点或组织及它们之间交换的信息进行描述。为作战节点分配作战活动,并根据作战活动间的信息交换关系,建立 Block 2 作战节点之间的连接关系 OV-2,如图 4-20 所示。作战节点属性、节点关系属性如表 4-6 和表 4-7 所列。

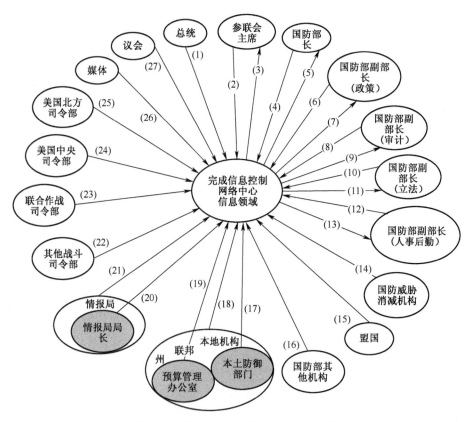

图 4-20 Block 2 的作战节点连接关系图

表 4-6 作战节点属性表

作战节点	节点完成的活动	描述
网络中心信息领域	完成信息控制	代表以网络中心战为中心的信息共享空间概念
参联会主席	评估现有态势;预测情形变化;保持战场态势;保持威胁评判;评估现有威胁;预测威胁变化;进行战略评估;建立国防部分配策略;……	Goldwater-Nichols 改编了1986法案,确定了参联会主席作为武装力量的高级领导。例如,参联会主席是总统主要的军事顾问,他可能向其他的参联会成员和作战指挥官寻求建议和商榷,当他提建议时,他提出建议或看法的范围,也包括参联会其他成员的观点
国防部长		是总统主要的国防政策顾问,负责一般国防政策的形成,负责与国防部直接相关的所有事情,并执行已被批准的政策。在总统的引导下,国防部长对国防部进行领导控制。国防部长是总统内阁和国家安全局成员之一
……	……	……

表 4-7 节点关系属性表

序号	需求线	源节点	目的节点	信息交换
(1)	POTUS-NCID	总统	网络中心信息领域	产生外部信息;协作信息
(2)	CJCS/JCS-NCID	参联会主席	网络中心信息领域	评估目前状况;作战能力报告;预测报告;批准安置计划;批准部队变化;改善作战计划/任务命令效果;威胁预测;国防部配置策略
(3)	NCID-CJCS/JCS	网络中心信息领域	参联会主席	情报信息;政策信息;准备信息;状况信息;需求信息;目前作战信息/任务命令效果;国内威胁;选择部队报告;目前兵力分配;军队地位报告;后勤信息;目前军队支持
(4)	SECDEF-NCID	国防部长	网络中心信息领域	批准配置计划;改善作战计划;总统报告;媒体宣传;国防部配置策略
(5)	NCID-SECDEF	网络中心信息领域	国防部长	政策信息;兵力需求;后勤信息;兵力配置资助信息
……	……	……	……	……

2) 作战活动节点树(OV-5)

本案例通过总结分析 Block 2 在国家安全紧急情况时兵力分配流程中涉及的作战活动,生成作战活动节点树 OV-5,如图 4-21 所示。

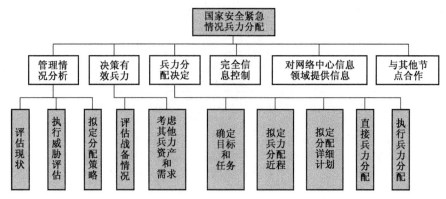

图 4-21　Block 2 的主要作战活动节点树

3）系统接口描述（SV-1）

为了描述定义支持作战节点和作战活动的系统节点、部署在系统节点上的系统，以及它们之间的接口关系，Block 2 信息系统依据系统组成，并参考作战节点连接关系，对系统内外的数据交互关系进行分析，建立系统接口关系 SV-1，如图 4-22 所示。系统节点属性、系统实体属性和系统接口属性分别如表 4-8~表 4-10 所列。

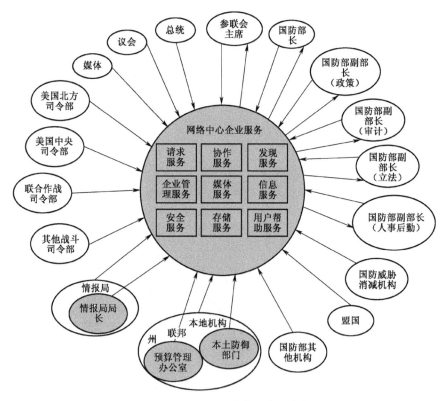

图 4-22　Block 2 的系统接口关系

表 4-8 系统节点属性表

系统节点	对应的作战节点	包含的实体
总统	美国总统	总统体系
参联会主席	参联会主席	国防部客户服务环境
国防部长	国防部长	国防部客户服务环境
国防部副部长(政策)	国防部副部长(政策)	国防部客户服务环境
国防部副部长(审计)	国防部副部长(审计)	国防部客户服务环境
国防部副部长(立法)	国防部副部长(立法)	国防部客户服务环境
国防部副部长(人事后勤)	国防部副部长(人事后勤)	国防部客户服务环境
国防部威胁消除机构	国防部威胁消除机构	国防部客户服务环境
联邦、州、本地机构	联邦、州、本地机构	联邦、州、本地机构
本土防御部门	本土防御部门	本土防御部门
预算、管理办公室	预算、管理办公室	预算、管理办公室
情报局	情报局	情报客户服务环境
……	……	……

表 4-9 系统实体属性表

实体	完成的功能
总统	
国防部客户服务环境	用户实体辅助功能;人机界面功能;输入/输出功能;出版;信息传输;信息请求;订阅;浏览;搜索;GIG 注册
联邦、州、本地机构	用户实体辅助功能;人机界面功能;输入/输出功能;出版;信息传输;信息请求;订阅;浏览;搜索;GIG 注册
本土防御系统	用户实体辅助功能;人机界面功能;GIG 注册;搜索;浏览;订阅;信息请求;信息传输;出版;输入/输出功能
预算、管理系统	用户实体辅助功能;人机界面功能;GIG 注册;搜索;浏览;订阅;信息请求;信息传输;出版;输入/输出功能
情报客户服务环境	用户实体辅助功能;人机界面功能;输入/输出功能;出版;信息传输;信息请求;订阅;浏览;搜索;GIG 注册
盟国系统	用户实体辅助功能;人机界面功能;GIG 注册;搜索;浏览;订阅;信息请求;信息传输;出版;输入/输出功能
媒体系统	用户实体辅助功能;人机界面功能;GIG 注册;搜索;浏览;订阅;信息请求;信息传输;出版;输入/输出功能
议会系统	用户实体辅助功能;人机界面功能;GIG 注册;搜索;浏览;订阅;信息请求;信息传输;出版;输入/输出功能
……	……

表 4-10 系统接口属性表

接口	源实体	目的实体	系统数据交换
SI-POTUS System to NCES (System Interface)	总统系统	网络中心企业服务	协作信息；一般外部信息
SI-NCES to SECDEF DOD CSE (System Interface)	网络中心企业服务	国防部客户服务环境	政策信息；军事需求；供给法案信息；军队分配财政信息
SI-OSD USD(P) DOD CSE to NCES (System Interface)	国防部客户服务环境	网络中心企业服务	防卫分配策略
SI-NCES to OSD USD(P) DOD CSE (System Interface)	网络中心企业服务	国防部客户服务环境	目前作战计划/任务命令；后勤信息
……	……	……	……

4）系统通信描述（SV-2）

图 4-23 定义系统接口间的通信方式，形成系统通信描述 SV-2，以表现通信系统、通信链路和通信网络的相互关系，表 4-11 所列为 Block 2 的通信连接描述。

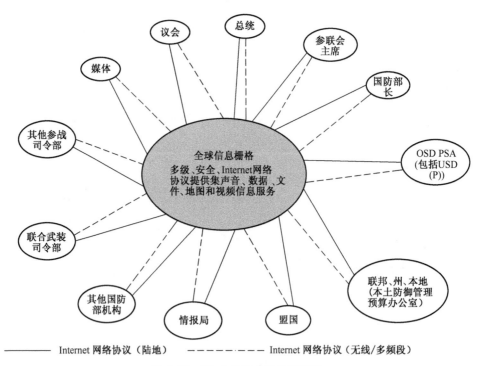

图 4-23 Block 2 的系统通信描述

表 4-11　通信连接描述

通信连接	源实体	目标实体
Internet 网络协议(陆地)	全球信息栅格	总统
Internet 网络协议(无线/多频段)	总统	全球信息栅格
Internet 网络协议(陆地)	全球信息栅格	参联会主席
Internet 网络协议(无线/多频段)	参联会主席	全球信息栅格
Internet 网络协议(陆地)	全球信息栅格	国防部长
Internet 网络协议(无线/多频段)	国防部长	全球信息栅格
Internet 网络协议(陆地)	全球信息栅格	国防部副部长(政策)
Internet 网络协议(无线/多频段)	国防部副部长(政策)	全球信息栅格
Internet 网络协议(陆地)	全球信息栅格	国防部副部长(审计)
Internet 网络协议(无线/多频段)	国防部副部长(审计)	全球信息栅格
Internet 网络协议(陆地)	全球信息栅格	国防部副部长(立法)
Internet 网络协议(无线/多频段)	国防部副部长(立法)	全球信息栅格
Internet 网络协议(陆地)	全球信息栅格	国防部副部长(人事后勤)
Internet 网络协议(无线/多频段)	国防部副部长(人事后勤)	全球信息栅格
……	……	……

5）系统功能描述(SV-4)

为了清楚地描述 Block 2 信息系统每个输入/输出信息/数据流，确保系统功能的完整性，同时确保系统功能被分解到合适的粒度，依据系统能力需求分解系统功能，具体的系统功能描述如图 4-24 所示，系统功能说明矩阵如表 4-12 所列。

6）标准技术预测(TV-2)

TV-2 又称为 GIG 2.0 目标技术视图，是 GIG 体系结构的标准技术预测，它为 NCES 如何获取、处理并向用户传送信息提供了可行的方案。TV-2 可应用于 Block 2 国防部长兵力部署模块、Block 3 本土防御模块、Block 4 西南亚作战模块和 Block 5 朝鲜作战模块，是四个模块的共用部分。

TV-2 定义了标准技术预测和标准预测单元，且定义了系统视图、技术视图与预测参数之间的关系，如图 4-25 所示。

通过开发 GIG 体系结构，美军厘清了未来可能的作战使命和任务，分析了网络中心战环境下 GIG 的需求，为建设 GIG 这个一体化信息基础设施提供了指导。

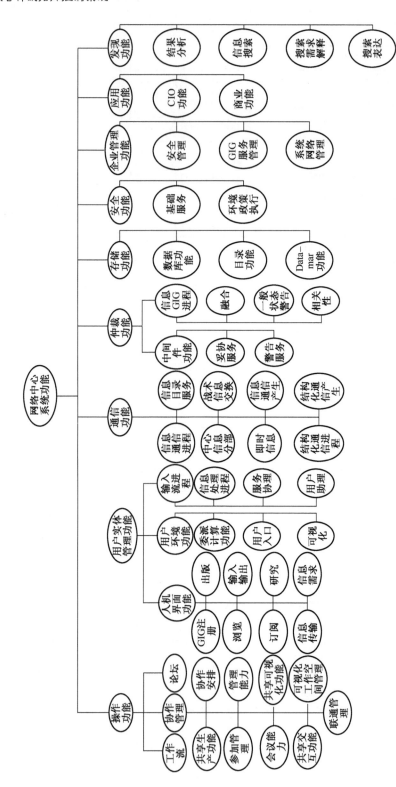

图 4—24 Block 2 系统功能

表 4-12 系统功能说明

系统功能	相关系统	描述
网络中心系统功能	网络中心企业服务	在体系结构中提供一套支持网络中心战活动的系统功能
用户、实体管理功能	用户辅助服务;盟国系统;议会系统;国防部客户服务环境;联邦、州、本地系统;HLS系统;情报局客户服务环境;媒体系统;管理、预算办公室系统	为用户提供人机界面、处理及援助
人机界面功能	总统系统;管理、预算办公室系统;媒体系统;情报局客户服务环境;HLS系统;联邦、州、本地系统;国防部客户服务环境;议会系统;盟国系统	所有用户需求的这些功能在网络中心环境里完成信息处理,这些处理包括出版、搜索、浏览、订阅、需求、信息转换
全球信息栅格注册	盟国系统;议会系统;国防部客户服务环境;联邦、州、本地系统;HLS系统;情报局客户服务环境;媒体系统;管理、预算办公室系统;总统系统	形成全球信息栅格界面,使用户能连接全球信息栅格服务器,根据用户规则使用这些授权的服务
搜索	盟国系统;议会系统;国防部客户服务环境;联邦、州、本地系统;HLS系统;情报局客户服务环境;媒体系统;管理、预算办公室系统;总统系统	允许用户在全球信息栅格里查询需要的信息
浏览	盟国系统;议会系统;国防部客户服务环境;联邦、州、本地系统;HLS系统;情报局客户服务环境;媒体系统;管理、预算办公室系统;总统系统	允许用户浏览全球信息栅格,在评论中找到信息,减少对所需信息的搜索
订阅	盟国系统;议会系统;国防部客户服务环境;联邦、州、本地系统;HLS系统;情报局客户服务环境;媒体系统;管理、预算办公室系统;总统系统	允许用户订阅在全球信息栅格里发表的文档和未来信息或产品,这种订阅将持续得到服务,直到订阅改变

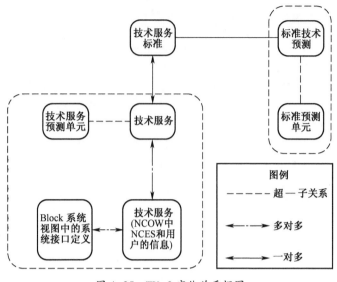

图 4-25 TV-2 实体关系框图

4.3 系统数据工程

4.3.1 概念内涵

数据是指对客观事物进行记录并可以鉴别的符号,是对客观事物的性质、状态及相互关系等进行记载的物理符号或这些物理符号的组合。在计算机科学中,数据是指所有能输入到计算机并被计算机程序处理的符号介质的总称,是用于输入电子计算机进行处理,具有一定意义的数字、字母、符号和模拟量等的通称。

美军联合出版物 JP1-02《国防部军事与相关术语词典》对数据的定义为"以格式化方式对事实、概念、指令的表述,以适合人工或自动化工具进行通信、解释或处理,任何诸如字符或类似数值的表述都意味着要或者可能被赋值"。联合作战指挥控制系统数据是指由指挥控制系统获取、处理、传输和生成的与指挥控制业务过程密切相关的各类事物的符号表示,其形式包括数字、文字、字母、符号、文件、图像、视频等。

战争实践证明,指挥员只有通过指控系统准确、及时地获取作战进程中敌我双方的关键数据,才能够合理地分析评估与判断敌方实力、意图和可能的行动,以及准确掌握我方的实力和状态,从而在时间、空间、作战力量、作战行动序列等方面做出合理规划与主动决策,掌握战场主动权,引导战场态势往有利于己方的方向发展,增加克敌制胜的概率。因此在联合作战指控系统中,数据至关重要。

4.3.2 数据分类体系

作战数据是指能对作战、训练、遂行非战争军事行动和日常工作进行服务保障的各类数据的统称,是信息系统的"血液"。作战数据分类体系能够基于作战任务需要,为数据源规范接入、数据组织管理提供支持,促进指挥信息系统间的数据共享与交换。从数据管理角度,联合作战指挥控制系统数据可以分为基础属性数据、动态情况数据和决策支持数据三大类,不包含情报保障数据、综合保障数据等其他业务数据,如图4-26所示。

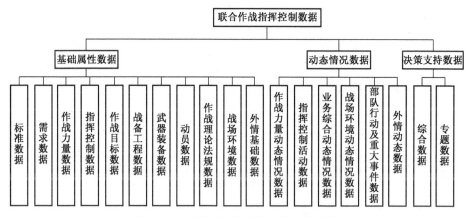

图4-26 联合作战指挥控制数据组成图

4.3.2.1 基础属性数据

基础属性数据库主要描述联合作战模式下各类战场要素的静态属性,具有基础性、基准性、标识性、稳定性的数据,是某一主题最原始、最基本的数据集合,是其他相关数据的基准,可反映该主体域的基本情况且相对稳定。

(1) 标准数据:主要存储标准化大纲形成的各类标准规范和用于定义各种数据取值范围的标准数据表的数据,包括基础代码、数据字典、标准规范文档以及数据目录等。

(2) 需求数据:主要存储各战略方向作战数据保障需求论证的相关文档、利用作战数据需求采集与分析工具形成作战数据需求业务模型以及作战数据建模工具形成的逻辑模型。

(3) 作战力量数据:主要存储编成体系、部队基本情况、人员情况、武器装备编配、物资情况、训练情况、战备水平等数据。

(4) 指挥控制数据:主要存储指挥机构、作战指挥文电、战场管制、作战行动、机要保障和通信保障等基础类别数据。

(5) 作战目标数据:主要存储打击目标和防卫目标两大类作战目标的相关基础数据。打击目标主要存储政治行政机构、军事指挥机构、通信设施、侦察预警设施、港口、机场、导弹阵地、炮兵阵地、兵营院校、军用仓库等目标属性数据和成果要素数据。防卫目标主要存储核电厂、火电厂、变电站、化工厂、火车站、机场、炼油厂、桥梁、通信中心、油库、水电站、电力调度中心、港口、隧道等目标成果通用要素和专用要素数据。

（6）战备工程数据：主要存储工程体系、工程运行情况及工程维护保障等类型数据。

（7）武器装备数据：主要存储装备体系、武器装备战技性能、装备目标特性、武器弹药效能指标和武器装备试验效能等类型数据。

（8）动员数据：主要存储国防动员综合、人民武装动员、人民防空动员、交通战备动员、经济动员、武器装备动员、信息动员、政治动员等基础数据。

（9）作战理论法规数据：主要存储作战计算标准、作战模型资源、作战符号、作战理论和作战法规等类型数据。

（10）战场环境数据：主要存储战场地理空间、综合兵要、电磁环境、气象水文、网络空间、核生化以及太空环境等的基本情况数据。

（11）外情基础数据：主要存储周边地区和重点关注国家的军事力量、指挥控制、作战目标、武器装备、重要人物、政治组织等基础数据。

4.3.2.2 动态情况数据

动态情况数据是为指挥人员了解战场情况、掌握作战进程、判断作战趋势提供思维的信息基础。动态情况数据描述的实体是作战基础数据描述的实体集的子集。将动态情况数据与基础数据对应实体相关，为指挥人员判断敌人企图和威胁的程度，利用动态情况数据与基础数据对比，分析敌我力量的消长，寻找敌人薄弱环节，捕捉战机提供数据支撑。

动态数据有两个基本来源：一是来源于各情报侦察处理中心，各情报侦察处理中心将传感器获取的数据进行判读解译，并与作战基础数据相应实体关联，形成统一标准的动态情况数据；二是来源于各指挥控制业务席位，在作战过程中各指挥控制席位实施指挥活动产生的动态情况数据，以及部队上报的部队动态情况数据。

（1）作战力量动态情况数据：主要存储作战力量状态、编成体系变化、部署调整变化、战备水平等级等数据。

（2）指挥控制活动数据：主要存储作战行动进展、演练活动进展、每日战备执勤情况、应急事件等类别数据。

（3）业务综合动态情况数据：主要存储作战设施/目标动态情况数据库主要存储军事指挥机构、通信设施、侦察预警设施、港口、机场、导弹阵地、兵营、陆上交通设施、电力设施和石化设施等设施目标的状态情况数据；国防动员动态情况数据库主要存储人民武装动员、战时新闻媒体动员、高新武器装备支前保障力量动员、后勤动员等动态情况数据。

（4）战场环境动态情况数据：主要存储综合兵要、气象水文、电磁环境、核化生、网络空间、太空战场等动态情况数据。

（5）部队行动及重大事件数据：主要存储部队参加的演训活动、作战行动、非战争军事行动以及日常战备值班的动态情况数据。

（6）外情动态数据：主要存储敌情动态情况数据，包括军事力量动态、主要人物动态、政治组织动态和指挥控制活动等动态情况。

4.3.2.3 决策支持数据

决策支持数据包含综合数据和专题数据两类。

（1）综合数据：主要包括情况判断数据、作战态势分析数据、作战模拟仿真数据、作战能力指标数据、综合分析挖掘数据、作战效果评估数据、作战方案计划支持数据以及战场环境影响分析数据。

（2）专题数据：在决策支持数据基础上，依据不同的作战方向、不同作战任务建立，满足不同作战任务的数据需求。例如，战略方向专题数据主要是面向不同作战方向的核心作战数据应用需求形成专题数据集，为支持作战方向不断变化的作战任务和非战争军事行动提供数据支撑；作战任务专题数据主要包括不同应用领域的专题数据。

4.3.3 大数据工程及军事应用

大数据是指需要新处理模式才能具有更强的决策力、洞察力和流程优化能力的海量、高增长率和多样化的信息资产。大数据的概念最早由美国国家航空航天局（NASA）研究员迈克尔·考克斯和戴维·埃尔斯沃思于1997年提出。随着互联网、物联网以及云计算技术的发展，全球知名咨询公司麦肯锡最早提出"大数据"时代已经到来。大数据在引领了信息领域变革的同时冲击着世界军事的发展，正逐步改变着战争形态和作战样式。

2012年3月29日，美国颁布了"大数据研究和发展计划"将大数据从以往的商业行为上升到国家意志，这标志着大数据的竞争将关系到国家安全和未来的发展。目前，美国把"大数据计划"与"星球大战计划""信息高速公路计划"并列为国家战略计划，企图通过关键技术的开发，大幅提高其军队大数据的开发利用水平，增强其以侦察情报、作战决策、协调控制为主的作战指挥能力，进而巩固其信息作战的优势地位。美军由此而实施了一系列大数据计划和研究项目，其主要目的在于打破制约联合作战效能发挥的数据壁垒，提升美军跨部门联合行动能力，实现感知、认知和决策的有机融合，推动美军作战模式由战场感知主导转变为全域知识主导。

目前,大数据在以下军事方面存在着广泛的应用。

1. 情报大数据的处理与应用架构

以情报大数据的自身处理为出发点,研究其处理的结构组成、运行机制与应用架构,形成基于云平台的全源情报大数据处理与分析架构,数据存储、计算和分析处理的运行机制,面向服务的情报分析挖掘应用架构。

2. 联合情报数据需求建模

开发面向联合情报应用的数据需求采集工具,采集指挥所、作战部队、平台武器等不同层级用户的数据资源、数据分析方法和工具等行为习惯。对用户需求进行挖掘分析形成用户兴趣模型,按照战略谋划、战争时期和战后评估等作战阶段,采用从作战使命、任务剖面、作战任务到作战活动逐层细化方法,从作战任务和作战能力的角度对作战数据需求的类型、内容、要素项进行细化、分析和分解。构建联合情报数据应用元数据模型,形成联合情报数据应用元数据标准。

3. 基于联合情报大数据的敌情动向分析

综合利用雷达探测、电子侦察、飞行、气象、地理等各类情报资源,对获取的航迹、电子侦察情报、技侦文字报、图像、视频等结构化与非结构化海量数据进行关联分析和规律挖掘,用于监视和预测敌情动向。重点突破敌方活动航线规律(例行侦察、空域巡逻、训练活动等航行规律),多目标关联关系和协同规律,兵力编成规律,战术战法运用规律(平台传感器工作模式、阵位变化等规律)等的分析挖掘方法,为战场综合态势分析和预测提供支撑。

4. 基于海量多元数据的海面目标全过程属性跟踪识别

针对海面目标身份识别方面,传感器实时观测信息对目标判性作用十分有限,有大量海上目标无法判明身份的问题,基于来自军民系统内岸、海、空、天不同探测感知平台的海量多源情报数据,开展海面目标全过程属性跟踪识别方法研究,通过检索关联目标全过程电子侦察、图像侦察等感知信息,以及港口动态、航行计划等开源信息,辅以目标活动规律等先验知识,对海面目标属性跟踪以及身份进行有效识别。

5. 面向认知的互联网军事情报处理

以提升军事局势分析、认知和预测能力为目标,从公开的海量互联网军事新闻入手,以涉及国家安全的军事事件监控与预警为主线,可开展面向认知的军事事件模型构建、基于语义分析的事件信息提取、军事事件的认知分析与预测等研究,在军事动态感知、危机冲突预警、舆情分析研判等方面加以应用。

6. 基于多元信息的战略形势研判和作战重心分析

战略层面的研判分析涉及知识面较为广泛,除了敌我兵力部署、武器装备、地理环境等核心作战数据外,还涉及政治、经济、文化、意识形态等多方面的信息,来源包括分析报告、侦察情报、武官谍报、网络媒体等多种渠道,且目前大部分是以非结构化的文字、图片、音视频形式承载的,且多为定性而非定量的描述。综合考虑军事、政治、经济、文化及意识形态等多元信息,研究敌我双方在战略部署、战略条件、战争规模及作战重心等方面进行分析研判的模型和方法,能够识别出敌方的关键性战略薄弱点,为战略战役级联合作战决策提供辅助性分析工具。

7. 中长期战略威胁评估预测

针对国家中长期战略威胁问题,以中长期征候情报、动向情报、态势情报和公开来源情报等为数据基础,研究国家军事、政治、经济、社会等战略信息提取和战略态势生成,以及多对象多层次的综合评估方法,可以支撑对战略威胁的定量分析、判断和预测,掌握世界主要国家和热点地区的战略动向,评估、预测国家安全环境和辅助制定国家战略。

8. 基于军事文献资料的军事科技信息分析

利用军事历史文献、科技资料、人工先验知识、科研数据、互联网开源数据等科技相关数据源,利用文本挖掘、实体抽取、自然语言处理、复杂网络等技术,分层次、分类别、分主题构建自学习、自更新的军事科技关系图谱,并利用军事科技关系图谱成体系动态感知多国的科技信息,实现对国际军事科技发展动向的掌握、对国家军事科技能力宏观度量和对国内外军事科技发展路线、侧重点的对标。

9. 信号情报数据价值挖掘分析技术

结合信号数据特点,深入挖掘信号中蕴含的信息,并将其提炼为信号情报,提升情报内涵解析识别能力,提高情报生产运行效率,并作为联合情报分析的支撑,辅助开展作战任务剖面分析、行为规律提取、关联关系分析及舆情分析等应用分析工作。

10. 面向作战任务的情报数据精细化组织及服务技术

针对指挥所、作战部队、作战武器等不同层级用户,按照战略谋划、战争时期和战后评估等作战阶段,按照作战使命、作战任务剖面、作战任务到作战活动逐层细化,分析作战进程对情报数据种类、来源和颗粒度的需求,按需进行数据精细化组织及保障。

11. 联合情报大数据可视化分析

利用大数据丰富的视觉表现形式,清晰直观地展现情报数据间的联系、流动、演变等状态信息,进而辅助情报分析人员对战场及目标状态、趋势、意图进行分析和研判,及时掌握战场实时态势。

12. 基于大数据的态势综合分析及预测

重点对敌机历史活动规律、不同环境条件下的作战能力、防御能力、历史训练情况及近期活动安排、国际政治外交等数据进行关联分析挖掘,可以进一步获取敌机的指挥编成、协同配合、支援保障、打击意图、所属驻地等关系。

13. 面向任务的决策支持数据自汇聚

大数据带来"信息优裕"的同时,也会造成"信息过载"。而指挥员需要的是紧密围绕其关注的对象、事件、活动聚焦的"小而精"的态势图。未来栅格网上数据源分布广泛,构成海量、异构的数据环境,传统按源订阅、关键词搜索的方法能力受限。可以利用大数据技术,研究从海量信息中自动抽取、组织展现任务相关态势信息的方法,实现态势图面向用户的个性化聚焦、面向任务的主题聚焦和面向过程的动态聚焦。

14. 基于推演数据分析挖掘的决策建议

战前推演可以模拟各种版本的方案,在各种想定下的执行过程和结果会产生大量的数据。通过大数据的量化分析和关联挖掘,有可能发现现象背后隐藏的细微而复杂的制约规律,从而为方案优化提出建议。战中遇到变化时,利用这些数据分析结果,分析预测方案的执行效能,发现方案中可以优化的环节,为方案的制定和临机调整提供决策建议。

15. 基于战训数据的作战能力分析及指挥决策应用

各军兵种历次演习、训练积累下来了大量数据,随着大数据计算的发展,研究基于战训数据挖掘与分析技术,将对指挥决策提供可靠支撑。针对海量作战装备、作战人员及后勤保障等相关的战训数据进行量化分析计算,可基于能力数据进行建模和辅助决策,将模型知识有效运用到作战筹划、实时作战指挥决策及武器控制等作战过程中。

16. 基于海量关联数据的决策知识图谱生成

传统的决策知识支持是纵向的,对知识分类管理,指挥员需要哪方面知识,就去相应的类别下查找,效率低下。知识图谱支持的是横向联想式思维,根据数据间的关联关系,把知识组织成一张网。当用户关注某个具体实体或事件时,能"牵出"一片与之相关联的知识数据,直接生成决策所需知识的综合视图。

4.4 系统模型构建

4.4.1 模型构建的概念内涵

"模型"是人们依据研究的特定目的,在一定的假设条件下,再现原型(Antetype)客体的结构、功能、属性、关系、过程等本质特征的物质形式或思维形式。

系统建模是对研究的实体进行必要的简化,并用适当的变现形式或规则把它的主要特征描述出来。所得到的系统模仿品称为"模型"。

这里的"联合作战指挥控制系统模型"不是指联合作战指挥控制系统的架构模型或组织模型,而是指构建联合作战指挥控制系统必须建立的模型体系,同框架、数据并列,作为联合作战指挥控制系统的重要组成要素之一。

这里带来的问题就是,构建联合作战指挥控制系统需要建立哪些模型。要回答这个问题,首先要弄明白联合作战指挥控制系统的作用。如图4-27所示,联合作战指挥控制系统的作用是辅助指挥人员对物理战场上发生的行动进行指挥和控制,其以感知到的战场信息作为输入,以行动计划或指令为输出。在联合作战指挥控制系统的内部,核心是一套指挥控制业务软件,为指挥控制业务操作提供流程和工具的支撑。而支持这些业务软件的则是各类指挥控制模型,它们是对物理战场和实际作战过程的模拟刻画,同时也是指挥人员借以控制物理战场和实际作战过程的代理。

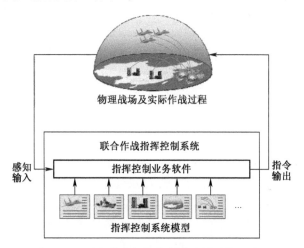

图4-27 联合作战指挥控制系统模型作用原理

从模拟刻画角度来看,联合作战指挥控制系统模型可以理解为联合作战指挥控制业务领域中的知识,它反映了物理战场上及实际作战过程中各类实体对象、作战活动、价值体系和客观规律,并且通过形式化的表示形式,能够为机器解析处理。从代理角度来看,联合作战指挥控制系统模型可以理解为基于价值体系和客观规律,对各类实体对象行为、作战活动进行规划、控制和评估的虚拟媒介。

根据上述观点,将联合作战指挥控制系统模型划分为四大类,分别是实体对象模型、作战活动模型、目标价值模型和指控算法模型,如图4-28所示。接下来,对这四类模型的定义内涵、模型形态和建模方法分别展开论述。

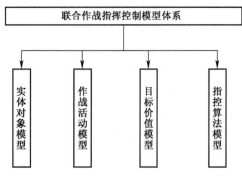

图 4-28 联合作战指挥控制领域模型体系

4.4.2 系统模型构建

4.4.2.1 实体对象模型

1. 定义内涵

实体对象指的是战场上各类相互作用的实体,包括我方的指控对象、敌方的目标对象、环境对象三类。

指控对象是被指挥控制对象的简称,包括各级各类作战部队、部队使用的武器平台、平台上承载的功能设备等各个层级的指控对象。对于一个指挥所而言,其可指挥的对象可能以某一级部队为主,也可能越级指挥更下级的部队,或直接操控武器平台及其上的功能设备。它能够指挥哪些实体对象,在相应的指控系统中就需要建立相应的指控对象模型。实体对象行为指的是实体对象能够完成的事情中在实际情况下能够为外界控制的部分。

目标对象指的是作战任务针对的敌方目标,也可以理解为敌方的指控对象。对于一个指挥所而言,其关注的目标对象是与其受领的作战任务密切相关的。只要是任务相关的目标对象,在相应的指控系统中就需要建立相应的目标对象模型。目标对象与指控对象的区别在于,目标对象的行为无法直接控制,只能通过指控对象间接影响。而且,目标对象的部分属性也无法直接获得,只能通过传感器间接测量或模拟得到。

环境对象指的是战场环境中的各类要素实体,如大气、陆地、海洋、社会团体等。联合作战通常都有地域限制,对于一个指挥所而言,其受领的作战任务通常会涉及一些地域、一定的空间区域,对这部分环境对象,在指控系统中要建立相应的环境对象模型。环境对象与目标对象较为类型,无法直接控制,只能间接影响,属性状态只能通过传感器间接测量或模拟得到。

2. 模型形态

在联合作战指挥控制系统中,实体对象模型可以用面向对象的语言描述为一个类(Class)的形态,具有各种属性和函数。其中,属性主要是对实体对象各方面静态特征的模拟刻画,包括实体对象的可供调度的行为列表、行为能力特征、行为状态特征、行为依赖特性等;而函数一方面包含对实体对象动态特性的模拟刻画,包括能力、状态等随环境的波动特性,另一方面包含对实体对象行为的控制。实体对象类具有类层次结构关系,如驱逐舰的父类是水面舰船,而水面舰船的父类是武器平台。在不同层级的实体对象类之间,属性和函数具有继承关系。

3. 模型规范

根据实体对象模型的形态,实体对象的建模主要包括属性特征描述和函数定义两部分。其模型规范如图 4-29 所示。

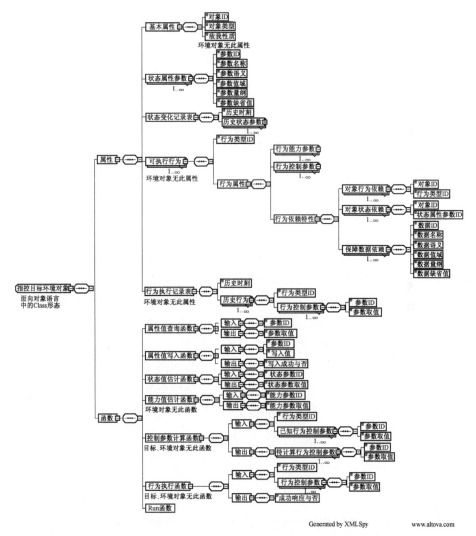

图 4-29 实体对象模型规范

1) 属性

基本属性包括对象的 ID、类型等;状态属性包括对象实体的各种状态信息,如位置、速度、毁伤等,不同类型对象的状态属性不同;状态记录表记录对象实体的历史状态参数值。

可执行行为是指控对象相对于其上级指挥所而言可调度的行为,亦即命令表。行为的属性包括能力参数、控制参数和依赖特性。能力参数包括对象执行该行为的各种性能,如运动速度、探测距离等。控制参数包括调度该行为需要提供的必要信息,如机动目的地坐标、打击目标 ID 等。依赖特性描述该行为成功执行的前提,包括对象行为、对象状态、保障数据三种依赖。对象行为依赖表示本行为需要其他对象行为的支撑,如掩护、支援等。对象状态依赖表示本行为成功执行要求某个对象应具备的状态,如环境状态等。保障数据依赖表示除控制参数外,本行为成功执行所依赖的其他数据,如目标引导数据等。行为记录表描述该对象的所有行为调用实例。

实体对象行为的属性建模分为属性搜集、属性分类两个步骤。

属性搜集即针对每类实体对象的每个行为寻找行为的特征属性,将它们排列成一个列表。如前所述,实体对象经过分类之后形成一个分类体系,其中每两个类之间(包括子类与子类之间、子类与父类之间)都不会有相同的行为。因此,实体对象的行为建模可以针对每一类实体对象的每一个行为入手,不会出现对同一个行为反复建模的情况,从而提高了对象行为建模的效率。

如前所述,实体对象归根结底是装备,装备的行为特征属性可以从各种资料中获得,包括装备的出厂说明文档、装备的资料数据库、互联网上关于各型装备的各种文字分析和参数对比、装备的使用说明和经验记载、装备之间的搭配使用方法和惯例描述、装备的运行状况判别方法说明、装备的性能指标随环境波动的规律说明等,不一而足。要全面地描述装备行为的各方面特征,就需要尽可能多地搜集装备的各方面资料。现有的能够搜集到的资料大多是关于某种型号的装备的,而不是关于某一类装备的,但是在搜集分析的过程中也发现,同一类对象的同一个行为在各种资料中所描述的特征属性是基本相同的,虽然在术语使用上会存在一些异构的版本,但在含义上都是相近的。例如,飞机类实体对象都具有"机长""机宽""机高"等属性,而"机宽"在有的资料中可能又称为"翼展";再如,舰船的"吨位"和"排水量"、潜艇的"潜航速度"和"水下航速"等。

在属性的搜集过程中还发现了一个有趣的现象,即子类对象从其父类那里继承过来的行为的属性和其父类对象的同一个行为的属性之间也存在类别从属关系。例如,飞机类对象的飞行行为通常都有"最大航程"属性,但某些具备空中加油功能的飞机类对象的飞行行为则有"不加油飞行最大航程""一次加油飞行最大航程""二次加油飞行最大航程"之分,而这些属性都是"最大航程"属性的子类,或者称为"子属性"。

属性分类即对这些属性进行归并分类,形成一棵属性树,树上的每一片叶子描述了行为的某个属性特征,而每一个分支则描述了行为的某方面属性特征,如图4-30所示。

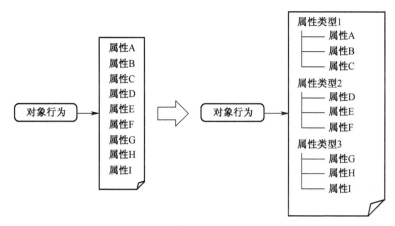

图 4-30　对象行为属性的分类梳理

通过梳理已经搜集到的部分对象行为属性,发现将所有属性都放在同一级上不太合理。一方面会使得属性列表变得很长,不利于查找;另一方面这些属性是描述行为的不同方面特征,应分门别类,既便于理解又便于处理。例如,上面的"机长""机宽""机高"就是描述飞机的外形尺寸,应当归于一类,而"最大飞行速度""实用升限""最大机动过载"又是描述飞机的飞行机动行为的能力特征,也应当归于一类。这种情况十分普遍,因此属性分类是行为建模的必要环节。

2)函数

属性值查询函数允许外界查询本对象模型中的某个属性值,即属性 Get()函数。属性值写入函数允许外界修改设定对象模型中的某个属性值,即属性 Set()函数。

状态值估计函数根据对象状态属性的历史变化情况,推算指定状态属性的当前的属性值并返回。能力值估计函数根据对象各能力属性及状态属性的历史变化情况,推算指定能力属性的当前值并返回。

控制参数计算函数根据对象行为属性,以及当前的任务需求,计算指定对象行为调度的控制参数。行为执行函数允许对实体对象进行发号施令,指挥控制其执行其可调用的某种行为,返回值是对象实体成功响应与否。

Run( )函数是对象模型维持自身运用的函数。其主要功能包括与相应的情报来源取得联系,动态获取各对象属性的最新数值;实时记录对象的状态变化,维护状态变化记录表;实时记录对象行为的执行,维护行为执行记录表;保持与对象实体之间的通信,确保行为执行命令能够到达对象实体。

4.4.2.2 作战活动模型

1. 定义内涵

作战活动指的是战场上发生的各类实体对象行为以及相互间的作用关系。作战活动模型则是对作战活动的模拟刻画和控制代理。

从模拟刻画的角度:作战活动模型一方面是对战场上发生过的、正在发生的、将来可能发生的作战活动进行描述、表征,在联合作战指挥控制系统中,对应于历史作战过程记录、实时战场态势图、未来态势发展预测结果等常用的信息类型;另一方面作战活动模型是对一些常见的作战活动形式,或总结分析出来的作战活动规律、规则、程式的描述、表征,在联合作战指挥控制系统中,对应于作战样式、条令条规、战法战术、交战规则等常用的信息类型。

从控制代理的角度,作战活动模型是对战场上即将推动发生的作战活动进行规划、控制和评估,在联合作战指挥控制系统中,对应于作战任务、作战决心、作战方案、行动计划、行动指令等常用的信息类型。

2. 模型形态

在联合作战指挥控制系统中,作战活动模型可以描述为一组事件和相应对象行为的组合,以规则+工作流的方式表征。

其中,规则主要用于描述当什么事件发生时,应当执行哪些对象行为。同时,对于事件而言,规则可以用来描述事件的判别条件。

工作流程主要用于描述对象行为之间的组合关系,如顺序、并发、条件选择、合并等。

3. 模型规范

作战活动模型规范如图 4-31 所示,包括关键事件、相互作用的指控/目标对象行为,以及指挥员的指挥决策行为。

1) 事件描述

对于每一个事件,都有一个全局唯一的标识 ID。对战场上发生的事件制定一个统一的分类,对每一个事件描述其所属的事件类型。

监控变量描述为了识别事件的发生,需要监控的态势变量,其对应于指控/目标/环境对象的状态属性。

判别依据描述当哪些上、下文变量取何值时,可以识别出该事件发生,可以定义为一套规则表达式或调用相应的判别函数。

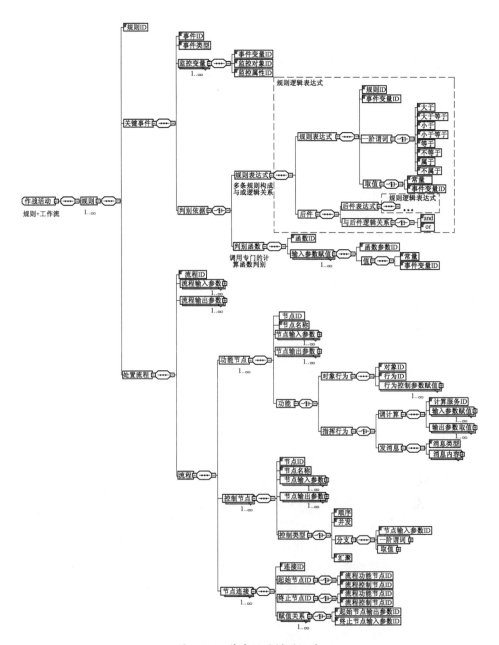

图 4-31 作战活动模型规范

2) 行为流程描述

每一个处置流程由一个 ID 以及一组输入/输出参数,是外界传递给流程以及流程反馈给外界的参数。

流程由一组节点和节点间的连接组成。其中节点分功能节点和控制节点两大类。功能节点为流程中的一个执行单元(或称执行环节),而控制节点则是流程控制模式,如顺序、并发、分支、汇聚等。每个节点都有一组输入输出参数,在相邻节点之间存在连接,其中有些连接还涉及数据传递,需要描述其参数赋值关系。

功能节点包含两类主要功能,即执行对象行为和执行指挥行为。执行对象行为表示向对象实体下发控制指令,附带控制参数。指挥行为的加入是作战活动区别于传统概念理解的特征。其包括调用指挥控制计算、发送指挥协同消息等具体行为。将指挥行为与对象行为在活动模型中统一描述,可以支撑作战实施过程中基于预设规则/算法的动态规划和协同。

4.4.2.3 目标价值模型

1. 定义内涵

目标价值指的是通过指挥控制要达到的任务目标或要实现的战争价值,是表达作战任务、约束行动方向、评估行动结果的依据。

不同于实体对象模型、作战活动模型描述的是纯客观的东西,目标价值模型描述的是主观性的东西。而这种主观性的东西正是驱动作战指挥控制的核心动因,是规划一切作战活动的约束引导,也是评估一切作战活动的效果评价。对目标价值进行建模,则是为联合作战指挥控制提供形式化的价值引导和效果评价指标体系,作用于联合作战指挥控制的全过程。

2. 模型形态

在联合作战指挥控制系统中,目标价值模型本质上体现为一组作战效果指标体系。

3. 模型规范

目标价值模型的描述规范如图4-32所示,包含战果、战损和消耗三大部分。

战果主要用于描述通过执行作战任务希望取得的作战成果。战果通常可以分为两类:一类是目标毁伤类战果;另一类是状态达成类战果。目标毁伤类战果通过要描述毁伤哪个或哪些目标,列出目标的ID,以及要毁伤到什么程度,即毁伤等级。状态达成类效果诸如夺取制空权、攻占某要塞之类,通常需描述要取得何种状态。

战损主要用于描述执行作战任务过程中允许付出的损失。战损通常分为对象毁伤类和状态导致类两种。对象毁伤类战损用于描述我方指控对象所遭受的毁伤,包括目标对象ID和毁伤等级。状态导致类战损用于描述作战导致我方无法达到的预期状态,或我方落入的实际状态。

消耗主要用于描述执行作战任务过程中付出的人员和物资消耗。需要描述消耗的人员和物资类型及数量。

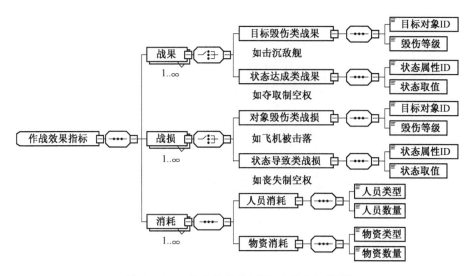

图 4-32 目标价值模型(作战效果指标模型)

4.4.2.4 指控算法模型

1. 定义内涵

指控算法指的是指挥控制各环节业务过程中为指挥人员提供辅助决策的计算算法。从知识的层面来看，指控算法模型是对客观世界中事物之间的相互作用规律以及达成某种价值的实现方法的模拟刻画。

对联合作战指挥控制领域的算法模型进行了分类(图 4-33)，包含作战态势、规划控制和分析评估三大类。

作战态势类算法模型是辅助指挥员或情报官理解、分析、预测战场态势的相关计算，包括数据接入计算、态势觉察计算、态势生成计算、态势预测估计、态势展现计算、态势分发计算 6 类。数据接入计算又包括数据格式转换、数据剪裁等小类。态势觉察计算又包括对象属性估计、战场情况分析、计划信息提取、重要目标估计等小类。态势生成计算又包括对象行为估计、能力估计、对象威胁估计、敌方企图估计等小类。态势预测估计又包括对象行为预测、战场趋势预测、企图变化预测等小类。态势展现计算又包括军标显示计算、二/三维转换计算、效果渲染计算等小类。态势分发计算又包括需求匹配计算、态势图合并分解计算等小类。

规划控制类算法模型是辅助指挥员或作战参谋制定作战构想、方案、计划的相关计算，包括兵力计算、任务区分计算、空间规划计算、时序规划计算、兵力投送计算、战法选择计算 6 类。兵力计算又包括兵力类型选择计算、兵力数量估计等小类。任务区分计算又包括行动分配计算、目标分配计算、时空划分计算、协同关系计算等小类。空间规划计算又包括驻地选择、待战地选择、阵地选

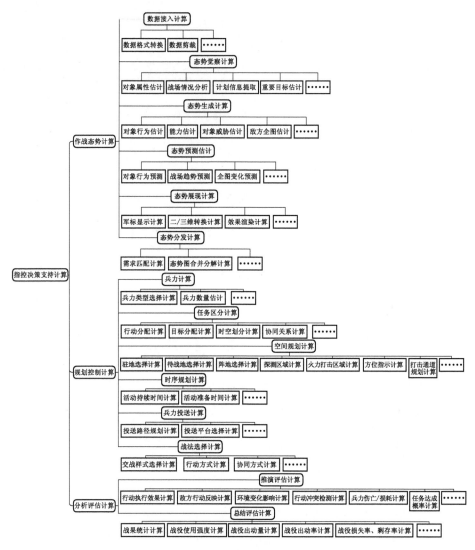

图 4-33　指控算法体系

择、探测区域计算、火力打击区域计算、方位指示计算、打击通道规划计算等小类。时序规划计算又包括活动持续时间计算、活动准备时间计算等小类。兵力投送计算又包括投送路径规划计算、投送平台选择计算等小类。战法选择计算又包括交战样式选择计算、行动方式计算、协同方式计算等小类。

推演评估类算法模型是辅助指挥员和作战参谋对作战方案进行推演评估和对作战效果及过程进行总结评估的计算,包括推演评估计算和总结评估计算两类。推演评估计算又包括行动执行效果计算、敌方行动反映计算、环境变化影响计算、行动冲突检测计算、兵力伤亡/损耗计算、任务达成概率计算等小类。

总结评估类计算又包括战果统计计算、战役使用强度计算、战役出动量计算、战役出动率计算、战役损失率计算等小类。

2. 模型形态

在联合作战指挥控制系统中,算法模型可以通过函数来描述,通过函数的接口定义输入/输出,通过函数的内部实现来定义算法模型本身。

函数的适用范围有限,通常用于本地调用。研究分析认为,未来的联合作战指挥控制系统将采用一种分布式、扁平化的结构。各种模型算法不再像过去那样,嵌入在各个应用系统中,与应用系统紧耦合连接,无法拆分开来为他人所用,而是根据其用途,分布在不同的指挥所中,通过无处不在的网络提供开放重用。因此,未来各种算法模型可以封装成服务的形态,基于 SOA 的一套技术体制,提供开放访问和重用。

3. 模型规范

指挥控制算法可以封装成服务对外提供开放访问和下载使用。因此算法本身的功能、性能等特征可以在服务模型中描述。指挥控制算法服务的描述主要是为了便于使用者对指挥控制算法服务的发现、理解、下载安装/远程调用、运行监控等操作,对指挥控制算法服务的关键属性特征的描述提出了指挥控制算法服务的描述规范(图 4-34),包括基本属性、服务状态、服务功能、服务性能、服务接口、服务用法 6 个方面的内容。

基本属性描述主要包含指挥控制算法服务的一些基本属性特征。具体包括服务的各种标识、提供者信息、访问位置信息、权限信息,以及对网络带宽、系统软硬件环境等资源的基本要求。这些信息主要是便于用户发现指挥控制算法服务。

服务状态描述主要包含指挥控制算法服务的各种状态属性特征。具体包括服务的可用性、可访问性及服务自身的一些运行状态特征参数,同时还包括服务的一些历史使用记录信息。这些信息主要是便于用户甄别服务的可用程度,为其决定是否使用该服务提供参考。

服务功能描述主要包含指挥控制算法服务功能方面的刻画。首先是对服务功能类型的界定,可以参照本课题提出的指挥控制算法服务分类体系;其次是对服务功能的具体描述,可以采用图文描述的形式,也可以采用机器能够理解的语义描述。这些信息主要是便于用户及系统理解指挥控制算法服务的功能,以便决定该服务是否能够满足功能需求。

服务性能描述主要包含服务的运行质量、效果等方面的特性。提供两种描述方式:一种是性能参数的方式,将服务的各种性能特征参数一一列出,以便于根据需求自动筛选;另一种是以评价的方式,给出其他用户对改服务的性能评

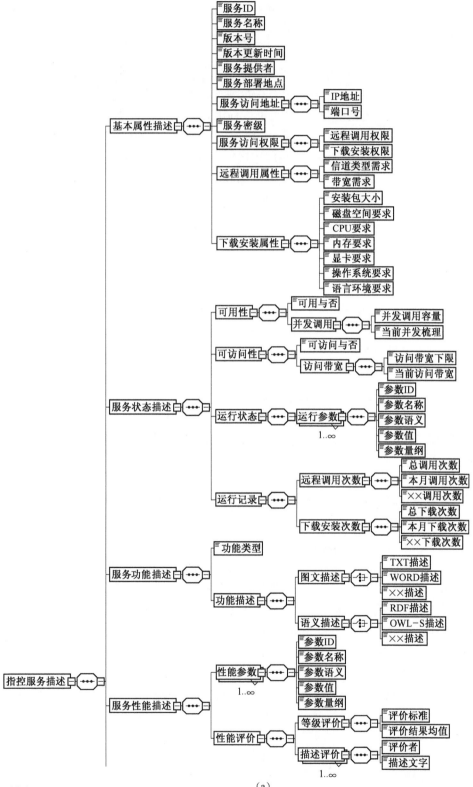

(a)

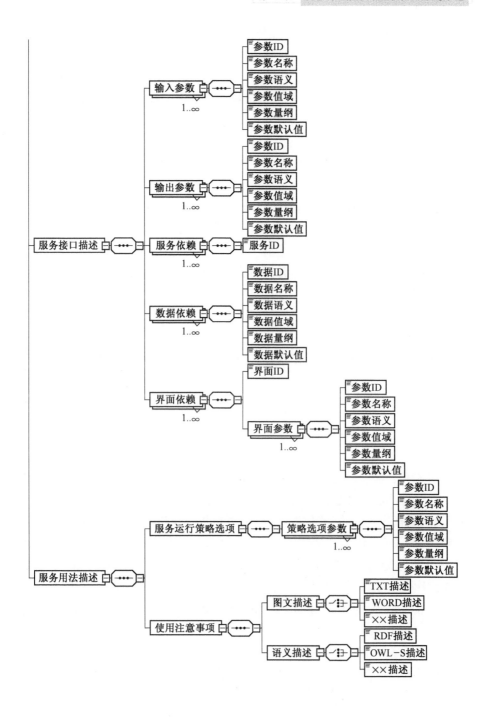

(b)

图 4-34　指挥控制算法服务模型

(a)指挥控制算法服务描述规范部分 1；(b)指挥控制算法描述规范部分 2。

价,以便于对相关服务进行排序和优选,具体又分等级评价和描述评价两种方式。这些信息主要是便于用户及系统对指控算法服务进行筛选。

服务接口描述主要包含服务调用所需要掌握的相关信息。输入/输出参数是传统的服务接口参数。此外,服务依赖参数指定了为满足该服务运行所需的前提条件,需要运行的其他服务;数据依赖参数指定了除指控业务流程(通用工具中的功能点)提供的输入参数外,该服务运行所依赖的其他数据,包括对象模型、活动模型中的相关数据;界面依赖指定了该服务对输入参数配置、输出参数显示及中间过程性人机交互等界面的依赖,可以指定具体的界面,以及要传给该界面的参数。这些信息主要是便于使用任务指挥所专用软件构造工具,按照功能点需求进行相关计算和数据的组织。

服务用法描述主要包含使用服务可以采用的策略及注意事项。服务运行策略选项包括该服务支持的各种运行方式,如计算航路可以有安全优先、时效优先、资源优先等可选策略。使用注意事项则包含对服务使用过程中各种需要注意的环节,如在不同环境下对服务运行效果的预期,在设置服务输入及依赖、查看和使用服务输出,以及中间过程性人机交互中需要注意的情况,不同的输入操作对结果的可能影响等。这些信息主要是便于用户更好地运用指控算法服务。

4.4.3 系统建模方法

指挥控制系统是一类庞大复杂的系统,其理论分析涉及控制论、人机系统、通信理论、运筹学等学科。对于这样的复杂系统,建立系统模型可以说是对其进行研究和分析的最有效的途径。随着指挥控制系统的发展,其建模理论和建模方法也在不断地改进,以能够全面而详尽地描述和分析指挥控制系统。

然而,指挥控制系统的建模方法根据对指挥控制系统研究目的、抽象层次及应用范围的不同,其内涵也不同。一般来讲,指挥控制系统建模可分为本征模型和派生模型。其中,本征模型侧重于对指挥控制系统本质的抽象,一般为概念层次的模型,常被用于系统总体设计及分析等方面。比较有代表性的模型如 Lawson 的 Process 模型、Hollnagel 的 Contextual 模型、Rasmussen 和 Vicente 的 Decision 模型等。

本节所说的指挥控制系统模型主要是派生模型。派生模型可理解为用各种描述语言、工具对系统的重新描述,便于工程实现的模型。派生模型常用于指挥控制系统的仿真、系统分析及效能评估等方面,也是目前最为广泛的研究内容。

4.4.3.1 传统的指挥控制系统建模方法

1. 基于 Petri 网的建模方法

指挥控制系统是受事件驱动的,而且具有并发、同步和分布的特点。Petri

网是一种描述指挥控制系统的强有力的方法,它尤其擅长描述并发和同步问题。Petri 网自 1962 年 Petri CA 创立以来,已广泛应用于计算机、通信等各个领域,并取得了许多成果。由于 Petri 网在描述和分析离散事件动态系统方面的优势,使其在指挥控制系统建模及分析中得到了广泛的应用。

1) 基本 Petri 网理论

基本 Petri 网理论在指挥控制系统决策组织、指挥控制系统信息处理容量、指控系统结构性能等模型构建上都发挥了作用。同时,基本的 Petri 网模型在描述指挥控制系统时存在着很多缺陷,主要表现在以下几个方面。

(1) 基本 Petri 网本身完全用结构描述问题,没有数据的概念,致使某些问题的工程实现非常困难。

(2) 基本 Petri 网中没有层次化的思想,建立的系统模型层次性差,模型的重用性差,建立大规模系统模型非常困难。

(3) 基本 Petri 网没有描述系统的时序行为,在基于时间的仿真中应用困难。

(4) 用基本 Petri 网对大型、复杂系统进行建模时,会导致模型非常复杂,特别是系统的可达状态增加时,模型的复杂性将呈指数增长。

基于以上不足,人们又在基本 Petri 网基础上进行了扩充,即谓词/转移网、着色 Petri 网、对象 Petri 网等。

2) 对象 Petri 网理论

国防科技大学的科研人员最早提出了将面向对象的技术引入 Petri 网理论,建立了面向对象的 Petri 网(OPN)理论,解决了 Petri 网在描述具有复杂层次结构的指挥控制系统时的局限性,并且引入时间、动作、谓词等概念,对令牌(Token)设置了类型和属性。OPN 方法在指挥控制系统建模理论中得到了较为广泛的应用。

3) 着色 Petri 网理论

为弥补一般 Petri 网理论没有数据概念的缺点,着色 Petri 网(CPN)理论被人们提了出来,CPN 可以在不影响原始 Petri 网的情况下,把数据结构和层次分解很好地结合起来。CPN 实际上是把 Petri 网和程序语言相结合,Petri 网提供了可以描述并发过程中同步的图元,而程序语言提供了定义数据类型和数据值操作的基本单元。这种结合使得传统的 Petri 网理论具有了一些新的重要的性质,在描述指挥控制系统的能力方面得到了很大的提升。

4) 存在的问题

Petri 网可以说是传统的指挥控制系统建模理论中应用最为广泛的方法,在很长的时间内一直作为指挥控制系统模型描述的主要工具。但 Petri 网在分析信息条件下的复杂指挥控制系统时表现出了一些不足:(1)没有体现系统内部复杂的非线性相互作用关系,从而对于系统内部由于子系统之间相互作用而产生的涌现行为的描述显得无能为力。(2)从其建模过程来看,仍是采用了自顶向下的建模方法,把整个系统分解为子系统然后对子系统进行建模,基本上延续了还原论的建模思想,而网络中心战条件下的指挥控制系统基本上很难分解。(3)Petri网对大系统建模和分析时,系统Petri网模型的状态/变迁和触发集合规模比较大,不能有效控制系统的状态集合的增长,会造成组合爆炸问题。

2. 基于兰彻斯特方程的建模方法

兰彻斯特方程(Lanchester Equation,LE)是一种半经验半理论地描述战争的微分方程,是在高技术武器装备出现之前提出的,它基于一些假设,如双方兵力相互暴露等条件,并且忽略不可量化因素。

兰彻斯特方程不能描述人的因素与指挥控制系统所提供的信息。为了能对指挥控制系统有所描述,目前很多学者着力于改进兰彻斯特方程,如加入指挥控制因素的平方律方程、可变交战律方程、多武器协调作战方程、斯赖伯模型和Moose模型等。但这种改进往往局限于修正兰彻斯特方程损耗系数或更改右边的损耗项,因而只能在局部意义上反映有关指挥控制的影响。

基于兰彻斯特方程对指挥控制系统的描述仅是在兰彻斯特方程的损耗系数上增加了描述指挥控制影响的影响因子,也有学者基于问题导向的原则,把指挥控制系统与兰彻斯特方程有机地结合起来,形成指挥控制系统的微分方程作战模型,但仅局限在指挥控制系统对战争中发挥作用的大小即指挥控制系统的作战效能评估方面,并没有描述指挥控制系统的动态变化过程,而且兰彻斯特方程讨论的只是比较理想的情况,而现代战争却具有众多的不确定性因素,从某种意义上说,现代战争系统是一个"复杂系统",难以用数学方程精确描述。显然兰彻斯特方程不能全面地描述现代战争过程,并且对于指挥控制系统在现代战争中的效能评估功能也十分有限。

3. 基于影响图的建模方法

影响图建模方法是美国麻省理工学院的James R. Burns提出的一种建模方法。这种方法首先通过分析要研究的系统,找出表征系统运行过程中所必需的系统参量;然后通过分析系统各参量之间的相互影响关系画出系统的影响图,根据影响图与系统参量的实际物理意义,运用一定的建模算法;最后得到系统的状态方程。

基于影响图理论对指挥控制系统的研究主要采用的研究方法是把指挥控制系统放到具体的想定任务之中,研究指挥控制系统中各类性能指标的变化引起的体系对抗形式的变化,从而反映出指挥控制系统对战场态势的影响,由此来评估指挥控制系统的作战性能。另外,影响图理论还主要应用于指挥控制系统中决策子系统模型的构建。

对于大规模的复杂系统,例如一体化联合作战之中的指挥控制系统,分析并总结系统的各项性能指标有时显得不太现实或者工作量巨大,而且从不同的角度分析其性能指标体系可能并不相同。并且有时系统内部各子系统之间的相互作用关系并不是通过简单的正负关系(+1,-1)等所能描述的,其联系可能异常复杂和具有非线性。所以影响图理论只能从一定程度上用来描述复杂信息条件下的指挥控制系统,而不能完整全面地分析该系统。

4.4.3.2 基于人工智能理论的建模方法

值得注意的是,在指挥控制系统中,人的行为是非常重要的。在指挥控制系统中,每个节点都是有人参与的,无论是决策者、任务执行者还是态势获取者。因此,人的行为建模应该成为指挥控制系统建模过程中必不可少的部分,而这方面传统的方法很少提及。

为此人工智能技术逐步被引入指挥控制建模之中。例如,美军的模块化半自动化兵力(ModSAF)系统采用有限状态机建模技术,进行了单兵及排、连级作战单位以及坦克、飞机、装甲车等武器系统的计算机生成兵力(CGF)建模,实现了行进、射击、感知、通信、态势评估等主要行为。而近战战术训练半自动化兵力系统(CCTTSAF)系统采用了基于规则的表示方法,实现了战斗实体的智能行为。

人工智能的方法仍然存在一定的不足,例如,单一的建模方法难以满足日趋复杂的指挥控制行为,并且不能满足指挥控制系统的适应性特征。在联合作战仿真的指挥控制建模过程中,随着仿真规模的扩大,仿真对象的模型也日趋复杂,需要描述的指挥控制实体不断增多,同时传统的人工智能技术很难表达作战实体的信念、愿望、意图等精神状态,难以满足真实仿真的需要。

4.4.3.3 基于复杂性理论的建模方法

信息时代的指挥控制系统与传统的指挥控制系统相比,在结构上已从传统的中心式结构(Centralized)转变为非中心式(Decentralized)结构,因此使得指挥控制系统的指挥权及战场行动的决定权被赋予更多的作战单元,即所说的权力边缘化原则(Power to the Edge),具有这种性质的指挥控制系统在组织形式上更加趋于灵活,在信息流通、态势感知、指挥决策等系统功能方面更为复杂,此时指挥控制系统已经具有复杂系统的全部特征,要对其进行建模和仿真,将遇到前所未有的挑战。因此,复杂性理论被人们用来研究信息化条件下的指挥控制系统。下面将介绍复杂性理论,如多智能体模拟(MAS)理论、复杂网络(Complex Networks)理论等在指挥控制系统建模方面的研究情况。

1. 基于 MAS 理论的建模方法

研究 Agent 理论是复杂系统建模理论中应用比较成熟的一种理论,在各个领域(如经济、社会、生物等)已经发挥了重要的作用。在战争复杂系统建模过程中,Agent 理论也得到了广泛的应用。但目前在指挥控制系统建模方面的应用还比较少。从最近的研究来看,指挥控制系统基于 Agent 的建模应用主要解决以下几个方面的问题。

1) 指挥控制过程及实体行为建模

此类应用是 Agent 建模在指挥控制系统中的主要应用方向。目的是针对指挥控制系统的态势感知、信息搜集与处理过程、指挥决策过程、信息的交互过程等指挥控制系统过程进行建模,以分析真实系统的部分或全部性能或对指挥控制系统进行效能评估。

在美军的 ModSAF 系统之中,利用 Agent 模型建立了基本作战单元的最优路径选择模型。Agent 模型能够根据敌人的状态自动地调整自己的行为,即多个 Agent 能够组合起来通过相互合作来完成特定的目标。

2) 指挥控制系统作战验证环境建模

基于 Agent 技术,可以建立了一个模拟仿真环境,结合离散事件仿真方法(DES)用来进行军事计划的有效性验证。模拟仿真环境实际上就是一个基于 Multi-agent 建立的敌方指挥控制系统。这个系统能够模拟对抗环境下的敌方力量及各种物理环境因素,使得可以对作战计划的有效性进行验证。

在此类应用中,基于 Agent 技术建立的模型不一定追求对敌方指挥控制系统的完整描述,目的在于提供一种被验证系统的实验环境,因此从严格意义上讲其属于环境建模的范畴。

3) 实体系统中的软件模型

Agent 技术被用于美军的未来作战系统(FCS)之中。因为未来作战系统打破了传统的中心化的指挥与控制结构,完全采用了网络化的指挥与控制体系结构(Networked Command and Control,NCC),网络化的指挥与控制结构需要的软件系统更为安全(Security),具有可移植性(Mobility)和可测量性(Scalability)。由于基于 Agent 的软件模型能够满足以上需求,因此通过利用 Agent 技术力求软件系统能够满足未来作战系统以上的要求。

4) 指挥控制系统设计的仿真环境建模

通过仿真手段对指挥控制系统中新技术的采用,可对指挥控制系统的影响进行评估。应用 Agent 建模仿真信息搜集、态势感知、决策制定等过程,以评估新的通信技术、新的指挥手段在城市反恐作战(Operations in Urban Terrain,OUT)中的应用效果。

这类模型一般应用于指挥控制系统的设计阶段,基于模型对指挥控制系统进行设计具有效率高、耗费低及应用灵活等优点。这种应用目前也是一种重要的研究方向。

2. 基于复杂网络理论的建模方法

复杂网络理论把复杂系统抽象为节点和边的集合,分别代表系统中的组成单元以及单元之间的相互作用关系。复杂网络理论为复杂系统的研究开辟了一个新的方向,同时也为信息化条件下的指挥控制系统的研究带来了一条新的途径。

网络中心战条件下的指挥控制系统具有网络化的拓扑结构。因此怎样利用复杂网络理论研究指挥控制系统是值得研究的课题。目前,指挥控制系统基于复杂网络理论的研究还处于初步阶段,相关的研究不多,国内外相关的文献还比较少。当前的主要研究方向集中在指挥控制系统的拓扑结构研究上,如利用复杂网络可靠性理论研究指挥控制系统的抗毁性以及指挥控制系统网络拓扑结构的演化特性等。

国内的研究以空军工程大学为代表。空军工程大学的朱涛博士发表了一系列以复杂网络的观点来研究指挥控制系统网络的论文。论文内容涉及指挥控制系统网络的复杂网络特性研究,即通过研究指挥控制系统网络的复杂网络特性,得到了指挥控制系统网络具有无标度网络和小世界网络特性,为以后的研究奠定了基础。他研究了指挥控制系统的信息协同模型,把随机演化和偏好演化应用到了指挥控制网络的演化中,对指挥控制网络的演化模型进行了初步探讨。此外,还基于复杂网络中网络的级联失效理论研究了指挥控制网络在受到打击后的级联失效情况,并基于复杂网络的"富人俱乐部"(Rich-Club)特性,研究了指挥控制网络的社团结构性质,为多视角观察网络化作战条件下的指挥控制行为提供了新的研究思路和分析方法。

以上研究对指挥控制系统的复杂网络特征进行了初步探讨,比较全面地对复杂网络理论在指挥控制系统建模及分析之中的应用进行了研究,但没有能够更深入地挖掘信息化条件下指挥控制系统特有的特征,即指挥控制系统网络与一般意义上的复杂网络的区别与联系体现得不够明显。另外,鉴于复杂网络主要是从系统结构的角度对指挥控制系统进行描述,因此复杂网络方法对系统内部实体之间的相互作用及实体本身的行为描述能力比较弱,因此结合其他的建模方法才能够更加全面地分析指挥控制系统。

3. 基于 SNA 理论的建模方法

社会网络分析(SNA)理论本质上是一种基于复杂网络的方法,此方法主要描述和分析社会中的人与人之间的关系,以及通过这些关系所流动的各种有形或无形的关系,如信息、资源等。近年来,社会网络分析的应用范围已从传统的社会学等领域拓展到管理学、经济学、医学和信息学等新的领域。

把社会网络分析方法应用到指挥控制系统之中,用于对指挥控制系统组织的分析、设计等是最近的一个研究方向。

国外最早将 SNA 引入指挥控制系统分析的是 A. H. Dekker。他提出在信息化条件下,指挥控制系统的结构已从传统的层级式转变为更为复杂的结构形式,并且提出了 FINC(Force, Intelligence, Networking and C^2)方法,基于此方法研究了指挥控制系统中的信息传播延时特性、指挥控制网络节点的中心性及系统的侦察性能等。

Il-Chul Moon 等人将社会网络分析方法应用于恐怖活动组织结构的分析,得到该类型组织的组织结构形式、关键节点等信息。

国内学者也展开了相关方面的研究,解放军理工大学和国防科技大学等在这方面处于研究的前沿。

解放军理工大学的常树春研究了构建 C^2 组织的指挥控制关系网络模型的基本方法,将组织的实体要素划分为侦察单元、决策单元和执行单元三类;从社会学的角度分析了 C^2 组织中指挥控制权力的"影响"和"支配"两个维度,并重新定义了指挥控制关系;将实体单元和单元之间的指挥控制关系抽象为网络模型的点和边。结合想定示例,具体说明了网络模型的构建方法,并以指挥控制关系的"点度中心性"为例对模型进行了实际的计算和分析。研究表明,基于社会网络分析方法的指挥控制关系建模与分析具有现实意义和实用价值。

国防科技大学汪海的硕士学位论文,深入研究了社会网络分析在指挥控制系统效能分析中的应用。论文针对 A. H. Dekker 所提出的 FINC 方法主要用于指挥控制系统组织的线性分析,而信息化条件下的指挥控制组织之间的关系往往表现为非线性的特点,因此论文对 FINC 方法进行了改进,使其能够描述复杂指挥控制系统的涌现行为,并应用改进的 FINC 方法对防空作战中指控组织的静态网络模型作了分析。

4.4.3.4 各方法的对比和分析

对本节所评述的指挥控制系统建模方法总结如表 4-13 所列。

表 4-13 各类指挥控制系统建模方法比较

建模方法	方法特点	应用范围	不足
Petri 网理论	擅长描述分布、并发、同步问题	时延分析、指挥决策过程建模等	组合爆炸问题、还原性理论
影响图理论	对系统运行过程中参量描述、关联具体环境	效能分析、决策子系统建模等	对系统的描述不够全面,难以描述复杂系统

(续)

建模方法	方法特点	应用范围	不足
兰彻斯特方程方法	一种解析的方法	效能分析、建模等	模型描述能力较差，不能描述复杂系统
人工智能方法	对系统智能行为的模拟	人的行为建模、系统对抗建模等	大规模行为的描述能力不足
MAS 理论	描述系统的适应性、自主性等复杂特性	指挥控制过程建模、效能分析、系统对抗建模等适于描述系统的整体性行为	系统微观描述能力较差
复杂网络理论	擅长描述系统内部各单元之间的关系特性	系统拓扑结构的可靠性、演化性建模等	对系统内部实体的行为描述能力较差
SNA 理论方法	描述系统内部的关系特性、系统的组织特性	指挥控制关系建模、组织建模等	对系统内部实体的行为描述能力较差

通过对目前国内外指挥控制系统建模方法研究总结可以发现：指挥控制系统的建模，从建模内容上经历了对武器装备平台结构和功能的模拟到人员思维、指挥控制过程模拟的过程；从建模的方法上来看也从传统的基于"还原论"思想的解构分析建模方式（如表 4-13 中的 Petri 网、影响图、兰彻斯特方程等理论方法），越来越多地转向基于复杂系统理论思想的整体性建模方式（如表 4-13 中的人工智能、MAS、复杂网络、SNA 等理论方法）。这种转变也是随着科学技术水平的进步，以及指挥控制系统本身的发展而发生的。本书中从实体对象、作战活动、目标价值、指挥控制算法四个方面对系统建模，本质上是从刻画战场上的活动和指挥信息系统中的活动出发，描述系统随时间动态变化的特性。而通过描述这些复杂的活动，能够模拟出战场上和指挥信息系统内随作战进程发生的各种微观变化，以及宏观上复杂巨系统的涌现特性。

指挥控制系统建模方法的发展是指挥控制系统日益复杂化、智能化的必然结果。这同时使得人们对指挥控制行为的模拟从单纯的战术行为仿真发展到能够对战役、战略级决策行为进行建模与仿真。同时也应看到，目前这些建模方法同样不能完全满足描述指挥控制系统的需求，而且某些技术的应用也处于起始阶段。

4.4.4 指挥控制系统模型的运用

实体对象模型、作战活动模型、目标价值模型、指挥控制算法模型构成了联合作战指挥控制系统领域的四大模型体系。其中，直接支撑联合作战指挥控制业务流程的是联合作战指挥控制算法模型，它为每一步指挥控制业务操作提供必要的辅助计算、决策建议以及优化功能，并直接被嵌入在业务流程中被调用运行，运用机理如图 4-35 所示。

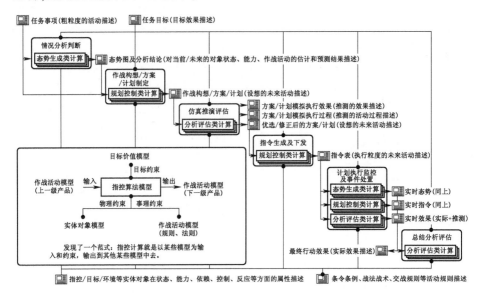

图 4-35　联合作战指控系统模型的运用机理

相对于指挥控制算法模型，其他三类模型主要扮演着输入/输出及各种约束的角色。从指控业务流程的角度来看，作战活动模型贯穿整个指控业务流程始末，体现为"作战任务→作战决心→作战方案→作战计划→行动指令→执行过程→执行记录"这样一种形态上的转换。如果将指挥控制业务流程看作为一个生产流水线，则作战活动模型可以视为流水线上加工的原材料及产品。一方面，指挥控制算法模型可以看作为加工作战活动模型的工具，作战活动模型既是它的输入，也是它的输出。指挥控制算法模型将作战活动模型由上一级产品，加工转换为下一级产品。另一方面，以各种规则、法则为形态的作战活动模型，作为指挥控制算法模型的一路约束条件，其描述的是"事理"，即事物相互作用的原理。而指挥控制算法模型的另一路约束条件则是实体对象模型，其描述的是"物理"，及各种事物自身的存在及演变原理。这两路输入是指控算法模型必须遵循的客观规律。此外，还有一路约束，是目标价值模型，其描述的是带有主观性的价值目标，是指挥控制算法模型最终实现作战活动模型价值提升的目标指引。

4.5　本章小结

本章主要介绍了联合作战指挥控制系统构建的过程。需求、体系结构、数据和模型四个部分密不可分。准确、完整、满足用户要求的系统需求，是牵引系统设计和作为整个系统构建的依据,并且是整个系统的最终目标。体系结构是整个系统构建的指导和框架,是确保用户需求能够实现的关键。数据是保证系统有效运行的根本,是整个系统的血液。模型则是构建最优化系统的基础,确保构建的系统在现有技术水平和项目可用人力及物力资源的条件下合理、可行、最优。

第 5 章
联合作战指挥控制系统关键技术

随着装备及科技水平的快速发展,联合作战指挥控制系统呈现出敏捷、精确、高效、灵活、智能、鲁棒、轻便等发展趋势。另外,云计算、大数据、人工智能、VR/AR、软件定义、穿戴式设备等新兴技术的蓬勃发展,也为联合作战指挥控制系统的能力提升起到了推动作用。为顺应上述趋势,则需充分利用新兴技术,发展联合作战指挥控制系统新技术,提升未来联合作战指挥控制系统的整体能力。

联合作战指挥控制系统涉及的关键技术如图 5-1 所示,包括指控系统构造生成、联合战场态势生成、联合作战任务规划、联合作战控制管理、指挥所人机交互、面向联合作战的网络作战指控六大方向。

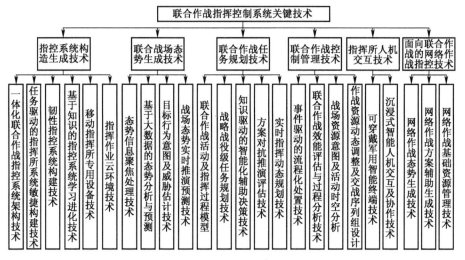

图 5-1 联合作战指挥控制系统关键技术体系

5.1 指挥控制系统构造生成技术

5.1.1 概 述

1. 定义内涵

指挥控制系统构造生成技术是解决联合作战指控系统如何架构、设计、开发实现、配置重构等问题涉及的相关技术。传统的指控系统大多是面向特定的需求定制设计开发建造的,未来的联合作战指挥控制系统要具备联合、敏捷、韧性、智能、移动、高效等特征,如何构造生成,不再仅仅是围绕特定需求的设计问题,而是需要一些关键技术支撑的。

2. 发展现状

在指控系统的构造生成方面,目前见诸公开报道的国内外相关技术研究工作较少。美军近年来研发的易部署联合指挥控制(DJC^2)系统,体现出了敏捷生成、韧性、移动等理念特征。

美军认为,为应对重大危机和突发事件,联合部队司令需要一种能快速反应和部署的联合指挥控制系统,使参谋人员能及时制订计划,从而有效指挥部队快速遂行作战行动。此类指挥控制系统在作战初期应当具备途中和早期进入的指挥控制能力;当联合特遣部队完全就位后,能提供设备、设施、指挥应用软件及服务等核心功能。为此,美军从2002年开始研制DJC^2系统——一种适用于各战区司令部和联合部队司令部的模块化、可扩展、可快速部署的联合指挥控制装备。

DJC^2是美国国防部的一项重大IT投资项目,被列为主要自动化信息系统(MAIS)项目,它也属于国家安全系统(NSS)之一。DJC^2由美国海军领导研发,项目的需求由联合部队司令部提出。

在伊拉克战争中,DJC^2得到首次实战应用,它被部署到中央司令部作战指挥中心,负责陆、海、空"三军"的联合指挥,有效发挥了快速部署和作战指挥的作用。后续该系统分别成功地应用于"卡特里娜"飓风救援行动、海地救援行动等,是一个适应作战和应急救灾、本土安全防御等多种使命的快速反应、网络化的联合指挥控制系统。

在指挥控制系统构造生成技术方面,未来应当大力发展一体化联合作战指挥控制系统架构、任务驱动的指挥所系统敏捷构建、韧性指控系统构建、基于知识的指挥控制系统学习进化、移动指挥所专用设备、指挥作业云环境等技术。

5.1.2 一体化联合作战指挥控制系统架构技术

一体化联合作战指挥控制系统架构技术,指的是在统一的技术体制上,灵活集成各军兵种的专业功能模块,实现基于统一平台的联合指控。

在联合作战成为现代化作战样式之前,传统的指挥控制系统大多是围绕各军兵种的各级各类指挥所定制设计的,系统内耦合性强,系统间异构性较强。面向联合作战的需求,采用"架桥"的方式实现系统间的互联互通,但集成程度较低,系统互操作能力弱。

真正一体化的指挥控制系统,应当在指挥控制业务功能层面上消除军兵种的差异,只在具体的模型计算上体现军兵种的不同。基于一套通用的指挥控制框架软件完成指挥控制业务流程,在涉及不同军兵种指挥控制对象的调度、计算、表现等处理时,可动态加载相应的模型、数据、算法模块。这样一套机制是一体化的,能够在一个平台上实现跨军兵种的筹划、指挥、评估作业,相比现有系统将显著提升联合作战指挥支持能力。

面向一体化联合作战需求,应梳理军兵种共性的指挥控制业务流程和产品体系,及军兵种专业计算服务体系,设计基于"通用流程+专用服务"的一体化系统架构。通过该项技术研究,能够为一体化联合作战指控系统的架构设计提供依据。

5.1.3 任务驱动的指挥所系统敏捷构建技术

任务驱动的指挥所系统敏捷构建技术指的是能够根据任务的不同,灵活调整内部的系统架构、功能组成、运作流程的配置及运行支撑技术。

未来的联合作战任务是多样化的,指挥所绝大部分是按任务开设的,根据不同的作战需求,可能采用机载、舰载、车载、帐篷、建筑物等多种可能的承载形态。一套功能全面、数据齐全的指控系统不可能用在所有的任务指挥所中。因此,未来的指挥所系统应当能够面向不同的作战任务按需裁剪,快速组装,灵活重构,从而敏捷地适应任务变化,实现指挥所的"随长开设"。

为适应联合作战多样化任务要求,灵活配置指挥所系统的结构组成关系,实现系统敏捷构建是关键。通过设计开发一套配置环境,让业务人员通过简单的配置操作,根据指挥所受领的任务,能将指挥所内每个人的工作环境都搭建起来,并使得这一套工作环境能够协同运作,实现简单、快速地指挥所开设部署。

5.1.4 韧性指挥控制系统构建技术

韧性指挥控制系统构建技术指的是自身具备一定的韧性,能够在受到外部攻击和内部时效的情况下快速恢复能力、保障任务完成的系统构建及运行支撑技术。

指挥所历来是战斗中被攻击的重点对象,在以精确打击模式为主的未来战争中尤其如此。当一个指挥所被毁掉时,剩余的指挥所能快速调整角色分工和信息关系,剩余的指挥控制系统资源能快速组织起来协同工作,实现指控能力的快速恢复,是指挥控制系统韧性能力的体现。而这种韧性指挥控制系统是未来联合作战中所需要的。

韧性(Resilience)源自于力学,指受力的材料发生形变但没有断裂的情况下,存储恢复势能的能力。20世纪70年代后,韧性概念逐渐引申为承受压力的系统恢复和回到初始状态的能力。1973年加拿大生物学家Holling发表了具有开创性的著作《生态系统的韧性和稳定性》(Resilience & Stability of Ecological Systems),第一次完整地描述了韧性这一概念,获得了学术界的广泛响应。随后,基于不同学科的韧性概念得到蓬勃发展。时至今日,韧性概念已经应用于多个领域,包括生态学、冶金学、个人和组织心理学、供应链管理、战略管理、安全工程、区域经济[21]。国内对韧性的研究范围大致集中在生态环境、灾害管理、武器装备、供应链网络、交通网络、互联网等领域。需要注意的是,研究者对韧性的研究领域不同,就会赋予其不同的内涵和特性。

1986年,美军准将 B. J. Stalcup 代表军方在美国可靠性与可维修性(Reliability & Maintainability,R&M)年会上向工程界首先提出了装备应设计有"战斗力韧性"(Combat Resilience,武器装备界称为"战斗力恢复"或"抢修性")观点,并由此形成了战斗力恢复理论。目前,战斗力恢复主要内容包括战斗力恢复基础、战斗力恢复设计、战斗力恢复实验和战斗力恢复管理四个方面。其含义是指通过 R&M 设计,使武器装备在战斗损伤时易于修复而迅速恢复战斗力。由于战场抢修强调时间性,通过抢修只要求恢复基本的战斗功能,并不一定需要恢复所有的功能。因此,"战斗恢复力"设计与一般的 R&M 设计还是存在区别的。并且,为使"战斗力恢复"作为一种装备特性,宜在设计时与其他性能同步进行考虑,外军先后研究了战斗力恢复设计要求和装备保障要求,探讨并提出了其设计途径和设计方法。1992年,美国国防部指南 DoDI 5000.2《国防采办系统运行》中将战场损伤修复(BDR)正式作为装备维修性设计必须考虑内容[22]。

2003年左右,韧性的概念被引入到基础设施领域,关注基础设施的灾害恢复等方面。其韧性研究的大致思路如下:来自外部的扰动出现后(通常为自然灾害,为一随机过程,如泊松过程),导致基础设施的品质或系统性能下降,然后恢复到扰动前的性能水平,由此产生"韧性三角"的概念,基于"韧性三角"就可以定义相关的指标度量方法,其中,最具代表性的是韧性的 R^4 指标框架:鲁棒性(Robustness)、冗余度(Redundancy)、资源准备度(Resourcefulness)和快速性(Rapidity)。

面向未来指挥所系统保障能力提升的需求,指挥控制系统应具备抵御外界攻击和内部失效的能力,具有韧性特征的系统构建机理、方法和架构模式,是未来韧性联合作战指挥控制系统构建的关键技术之一。

5.1.5 基于知识的指挥控制系统学习进化技术

基于知识的指挥控制系统学习进化技术指的是能够基于人工定义的或自动学习的领域知识,实现指挥控制系统在结构优化、功能扩展、性能提升等方面的学习进化的支撑技术。

知识是人类在社会实践活动中所获得认识和经验的总和，从哲学认识论的角度来看，知识是客观世界的主观反映，是对事物属性与联系的认识；从信息的角度看，知识是同类信息的累积，是为了有助于实现特定目的而抽象化和一般化的信息。

知识工程（Knowledge Engineering, KE）一词最早是由斯坦福大学的E. Feigenbaum教授提出的：" 知识工程是应用人工智能的原理和力法，对那些需要专家知识才能解决的应用难题提供求解的手段。恰当地运用专家知识的获取、表达和推理过程的构成与解释，是设计基于知识的系统的重要技术问题。"[23]

知识管理（Knowledge Management, KM）是指在组织中建构一个量化与质化的知识系统，让组织中的资讯与知识透过获得、创造、分享、整合、记录、存取、更新、创新等过程，不断地回馈到知识系统内，累积个人与组织的知识成为组织智慧，形成永不间断的循环，在企业组织中成为管理与应用的智慧资本，有助于企业做出正确的决策，以适应市场的变迁。知识管理涉及人、知识管理技术和组织三个维度，通过一定的知识管理过程实现知识创新，提高组织竞争力。

随着智能化技术的发展，未来指挥控制系统应当具备自主认知和进化的能力，体现在指控系统能够自动适应任务的变化调整自身的能力重点，能够根据环境的变化自主调整自身的资源配置，能够在使用过程中积累数据、发现规律、不断优化自身的功能和配置，以提升自身的能力。

2004年美国空军提出了"知识中心战"（KCW）概念。美国空军驻欧司令部司令Tom Hobbins将军认为，解决该问题的办法在于实现从"网络中心战"向"知识中心战"的转型，实现更好地理解和使用信息。2006年，美军正式出台了《知识中心战》白皮书。2007年，比利时布鲁塞尔第六届战场空间信息年度会议上，Tom Hobbins将军将实现"知识中心战"作为其报告的核心，认为信息优势虽然能够促进优势的产生，但信息优势并不能自动地转换为决策优势，在决策优势的形成过程中编制和条令的调整、相关的训练和经验、恰当的指挥控制手段选择与运用等同样重要。而其中的"编制、条令、经验，恰当的指挥控制手段运用"等都是"知识"，而这些"知识"的形成和应用主要是靠人。与"网络中心战"相比，"知识中心战"关注的重点不只是"信息的获取"，而在于对多元化来源的海量信息的高效处理，以形成对战场态势的快速准确感知，有力地保障指挥员决策和部队行动需要，从而弥补信息优势与决策优势的鸿沟[24]。2008年，Tom Hobbins将军正式明确"知识中心战"的概念，旨在确立和保持航空、航天和网络空间的优势。

基于自主认知的指挥控制系统动态进化软件技术，包括自主认知体系、系统动态进化软件技术、作战任务协同规划、作战计划自适应生成及推演深度评估技术、面向联合指挥控制的认知协同支撑环境等,是构建动态进化的指挥控制系统原型和体系,未来实现指控系统的自主演化能力的关键技术。

5.1.6　移动指挥所专用设备技术

移动指挥所专用设备技术指的是在移动环境下能够有效运行、高效保障指挥需要的指挥所专用设备的设计开发及研制支撑技术。

美军在"奈特勇士"计划中,为每一个单兵配备了手持移动终端,能够保证单兵与指挥所以及单兵与单兵之间的通信,同时具备了一定的指挥和协同功能。在未来战术级联合作战中,部署在移动环境中的指挥所系统将越来越普遍,指挥所中的各种专用设备应当适应这样的移动环境。

另外,随着微电子(微处理器、大容量存储器)、显示技术(数字墙、真三维)、通信技术(移动宽带通信、量子通信)、智能体、微型终端以及各类信息输入输出(触摸材料、声光气味手势输入、意念输入等)、综合防御等新技术在指挥信息系统中的广泛应用,指挥所专用设备的架构也产生了变化,包括泛在化、智能化、无线化、小型化、硬件模块化、接口标准化等。这些变化也将驱动指挥所专用设备的发展。

未来移动环境下指挥所专用设备相关技术,能够为未来联合作战指挥所设备的研制提供技术支撑。

5.1.7　指挥作业云环境技术

指挥作业云环境技术指的是利用云计算技术,基于云计算环境,能够为指挥作业提供高性能的计算支撑,提高指挥作业辅助决策能力的环境支撑技术。

云计算按服务资源所在的层次,分为基础设施即服务(IaaS)、平台即服务(PaaS)和SaaS(软件即服务)。IaaS将云中的"硬件"资源以服务方式提供给用户。服务提供商以虚拟服务器的方式向用户交付IaaS,它的技术实现本质是在云操作系统层将下层的云基础资源以虚拟机的方式进行组织[25]。支撑该服务的技术体系主要包括虚拟化技术和相关的资源动态管理与调度技术;PaaS为用户提供应用软件的开发、测试、部署和运行环境的服务,支撑该服务的技术体系既包括分布式系统等基础架构技术,也包括应用开发和运行支撑技术;SaaS是通过网络将在云中运行的软件和应用的功能交给用户的服务,它的交付依赖云计算架构中下层技术的必要支持。SaaS技术的本质是在云计算系统架构的应用软件层进行面向服务的软件设计和开发。支撑该服务的技术体系主要包括用于服务交付体验的多租户技术和Web技术等。

云计算的主要特点包括云计算系统提供的是服务、用冗余方式提供可靠性、高可用性、高层次的编程模型、经济性、服务多样性。

2012年8月,美国国防部信息基础局发布了顶层文件《全球信息栅格整合总体规划(GCMP)》第3版,阐明了未来GIG的技术战略和目标技术架构是一种以云计算为基础的模式。这是美国国防部对云计算技术是否能够用于全球信息栅格这一问题的官方确认,也是其体系结构又一次重大调整,明确指出将采用云计算技术建立国防部联合信息环境。RACE是国防信息系统局于2008年开始投入运行的"私有云",是国防信息系统局实施的第一基础设施即服务解决方案,也被认为是联邦政府第一批尝试云计算的一个例子。Forge.mil是国防信息系统局于2008年9月启动的云计算项目,目的是建立一种可转换、可加速、可按需索取、灵活便捷的协作软件研发环境。即平台即服务,项目的最初版本是基于一种商用产品(CollabNet Team Forge,CTF)改造而来。

在态势分析、作战筹划、行动指挥控制、总结评估、仿真训练过程中,需要各种计算机的辅助决策。辅助决策能力的提升是未来指挥控制系统技术发展的重要方向。随着模型、算法的不断丰富完善,指控系统对计算的需求将持续增加。尤其像历史数据统计分析、作战方案兵棋推演这样的指挥作业环节,计算量特别大,对计算资源的需求特别显著。

云计算作为时下最为热门的新型技术之一,已被普遍认定为解决计算资源不足的有力支撑技术。因此,利用云计算技术扩展未来指挥控制系统的计算能力,填补未来指控系统的计算需求,同时确保安全、可靠、高效等,都是需要研究的关键问题。

5.1.8 小　　结

指挥控制系统构造生成技术是指导联合作战指挥控制系统构建的核心支撑技术,它为系统的构造生成提供标准、规范、方法、模型及工具的支撑,使得一个完全依靠人工设计的问题变为有一定技术方法支撑的问题,其对系统构造生成能力的提升作用体现在以下几个方面:

1) 实现军兵种指挥控制系统的深度融合,提升联合作战指控系统的运作效率

通过突破一体化指挥控制系统构建方法,可实现基于同一套框架软件集成军兵种的模型计算,从而实现军兵种指挥控制系统的深度融合。细粒度的功能模块实现在同一个框架上的集成运作,效率将显著提升。

2) 支撑系统敏捷重构,提升联合作战指挥控制系统的任务适应能力

通过打散指挥控制系统架构,将紧耦合的现有系统拆分成细粒度的可重用的功能模块,通过服务化技术实现标准化封装、发布和调用,从而支撑系统面向任务灵活重组,通过配置系统功能模块之间的组合关系,实现任务所需功能的动态生成。

3) 提升系统抵御外界攻击和内部失效的能力,提高联合作战指挥控制系统的生存能力

韧性指挥控制系统构建技术，能够有效提升指挥控制系统的快速恢复能力，使得指控系统在遭受物理或网络攻击时能够快速调整组织剩余资源形成能力的补充和接替，从而保证在关键节点受损时任务有效完成。

4）提升联合作战指挥控制系统的智能化水平，能够在学习中不断进化

通过突破基于知识的指挥控制系统学习进化技术，将有望实现系统的自学习能力，通过学习用户的使用规律和运行效果，不断改进自身的组成架构，提高自身的运作效率。

5）将联合作战指挥控制系统小型化、泛在化，提升对移动环境的适应性

未来联合作战指挥控制系统不一定构建在固定的建筑物中。随着战场向远海、远洋发展，联合作战指挥控制系统很有可能被架设到移动的舰船或飞机上。通过突破移动指挥所专用设备技术，可以将指挥控制系统的体积大幅缩减，将硬件设备分散嵌入到移动环境中去，从而实现基于移动环境的指控系统。

6）提高联合作战指挥控制系统的运算能力，提升决策效率

未来联合作战节奏加快，决策场景瞬息万变。然而精确打击、精确规划的要求也在不断提升。由此带来的庞大的计算工作对指挥控制系统的运算能力构成了挑战。通过指挥作业云环境技术，将大幅提升联合作战指挥控制系统的运算能力，从而有效提升决策效率，获得决策优势。

5.2 联合战场态势生成技术

5.2.1 概 述

1. 定义内涵

战场态势是战场环境与兵力分布的当前状态和发展变化趋势，是战场空间中构成兵力的所有作战要素以及自然环境要素的当前状态信息和要素之间的关联关系及演变趋势。联合作战的战场态势，简称联合战场态势，是涵盖陆、海、空、天、网、电等全作战域的战场态势。

联合战场态势生成是由联合战场的"态"向联合战场的"势"的转变过程。这里的"态"指的是联合战场上各要素的状态，"势"包括当前敌我兵力、行动优劣对比的形势，以及联合战场各要素状态和敌我兵力、行动优劣发展的趋势。联合战场态势生成，就是通过对各类战场组成要素状态信息的分析、认知得出宏观上的对战场状态的综合反映，不仅包括态势图上的静态军事标记，还包括它们之间的关联关系，即动态的态势信息描述。根据战场状态和已有的知识，可以推理出战场状态的未来发展趋势，以供指挥员参考做出决策。

2. 发展现状

从近五年来国际上各类研究机构公开发表的论文上来看,联合战场态势领域的研究主要集中在以下几个方面。

态势识别是指对战场要素的性质、属性、状态、行为、意图等客观特征的辨识。态势识别领域取得了不少研究成果。其成果覆盖范围广,既有宏观的、总体性的研究,如战术意图识别,也有针对不同军兵种的具体研究,比如空间领域、海战场领域、空战场领域以及网络安全领域。贝叶斯方法在态势识别中被广泛运用,对态势识别领域的发展起到了重要的推动作用。综合国内在态势识别领域最近一年的研究成果,可以得出态势识别领域研究成果显著,但也存在不少问题。首先,陆、海、空、天、网、电联合态势识别论文较少,这是未来重点突破的方向;其次,态势识别广泛使用了贝叶斯网络模型,如序列贝叶斯网络模型、动态贝叶斯网络模型等,如何改进算法、提高算法效果以及是否有其他新的建模方法可以替代贝叶斯模型,是有待进一步开展研究的问题。

态势分析是指对战场要素的存在及其行为可能对我方达成作战目标造成的影响和作用进行的分析。态势分析领域的研究主要集中在对具体军兵种的态势分析。综合上述研究可知,态势分析领域从天空到深海,从实体的导弹到无形的电磁、网络,都积累了一定的研究成果。从目前态势分析领域研究成果的分布情况可以得出,该领域对空海和电磁的研究论文较多,但联合战场态势分析研究论文较少,并多以战场状态分析为主,对战场形势及未来趋势等"势"的分析较少,未来这可能是态势分析领域的一个发展热点。

态势评估领域的研究成果主要分布在目标威胁评估、对抗效果评估、目标毁伤效果评估、作战效能评估、网络安全态势评估、战场态势一致性评估、电磁态势评估、反导战场态势评估和超视距空战态势评估等方面。其中,威胁评估是重中之重,也是研究成果最多,覆盖面最广,涉及不同战场态势种类最多,建模方法种类最齐全的子领域。从领域内的研究成果可以分析得出,目前威胁估计的研究一般都是针对具体的某种战场态势,如空中或空战目标、雷达辐射源、弹道导弹目标和反潜编队等。如按照使用的评估算法来分类,态势评估可以分为线性加权法和非线性推理法。态势评估需要建立态势评估模型,通过结合不同的理论和方法可以生成不同的威胁评估模型,如基于机会理论的模糊随机模型、多层次的风险评估模型等。针对特殊的战场态势,需要单独建立合适的态势评估模型,但这种情况是极少的,不具有普适性。目前的研究把建立态势评估模型作为重点的很少,主要还是研究态势评估的算法。

态势认知主要是指发生在认知域的态势生成行为,即最终在用户对战场态势的理解的过程。随着认知科学的快速发展,态势认知将成为未来态势生成技术研究的重要问题域。目前,态势认知领域的研究成果较少,且已有的研究成果多是宽泛的,对态势认知的宏观性研究,如协同认知、认知域、信息度量等,缺少针对于陆、海、空等具体军兵种的态势认知描述,需要作进一步的研究。

在联合战场态势生成方面,未来应当大力发展态势信息聚焦处理、基于大数据的态势分析与预测、目标行为意图及威胁估计、战场态势实时推演预测等技术。

5.2.2 态势信息聚焦处理技术

态势信息聚焦处理技术指的是能够动态感知用户变化的任务信息需求,自动从栅格网上搜集、汇聚相关信息,并生成围绕任务聚焦的战场态势图的技术。

随着信息获取能力的增强,可接入指挥所的信息越来越多。将所有可接入的信息全部接入指挥所,并展现在用户界面上,造成了"无用的信息太多,而针对特定需求的有用信息又不够"的不良体验。

未来系统要主动关心用户的信息需求,能够动态感知用户角色、作战任务、业务流程、战场时空等上下文,识别用户事务类型,基于学习得到的用户事务与信息之间相对固定映射关系,自动生成用户当前的信息需求,进而基于先进的信息过滤、筛选、推荐算法,准确筛选出用户最需要的信息,根据信息的内容及用户浏览习惯以最清晰直观的方式组织成态势图展现,并随着上下文的变化不断生成新的聚焦的态势图。所以,突破态势信息聚焦处理技术,可将指挥员从过载的信息中解放出来,将其注意力聚焦在最核心的态势信息上,提高指挥员理解联合战场态势的效率。

5.2.3 基于大数据的态势分析与预测技术

基于大数据的态势分析与预测技术指的是利用大数据的分析挖掘能力,对战场态势进行提炼分析和变化预测,将传感器获得的"态"转换为对指挥员决策起支撑作用的"势"的技术。

维基百科对大数据的定义是:"大数据,或称巨量数据、海量数据,指的是所涉及的数据量规模巨大到无法通过人工在合理时间内撷取、管理、处理,并整理成为人类所能解读的信息。"大数据的特点,比较有代表性的是3V,即认为大数据需满足规模性(Volume)、多样性(Variety)和高速性(Velocity)三个特点。除此之外,还有提出4V定义的,即尝试在3V的基础上增加一个新的特性。关于第4个V的说法并不统一,IDC认为大数据还应当具有价值性(Value),大数据的价值往往呈现出稀疏性的特点。而IBM认为大数据必然具有真实性(Veracity)。从"数据"到"大数据",不仅仅是数量上的差别,更是数据利用思维和能力的提升。传统意义上的数据处理方式包括数据挖掘、数据仓库、联机分析处理等,而在"大数据时代",数据已经不仅仅是需要分析处理的内容,更重要的是人们需要借助专用的思想和手段从大量看似杂乱、繁复的数据中收集、整理和分析数据足迹,以支撑社会生活的预测、规划和商业领域的决策支持等。

大数据技术一般分为大数据采集与预处理、大数据存储与管理、大数据计算处理、大数据搜索、大数据分析挖掘、大数据可视化等。

态势信息处理如果只是用在信息融合及综合展现上,则情报官要从大量的原始信息中提炼观点,难度和工作量都很大。大数据技术是在数据处理和挖掘方面的时下热点潮流技术的集合,其中很多可以用在态势的分析和预测上。

探明大数据技术在联合战场态势分析与预测中的应用,利用大数据技术解决具体态势分析与预测问题,可以推动联合战场态势分析与预测领域取得突破性进展。

5.2.4 目标行为意图及威胁估计技术

目标行为意图及威胁估计技术指的是通过研究建立目标的行为模型,实现对目标动态变化的意图以及完成任务的威胁程度估计的技术。

目标意图及威胁估计一直以来都是态势估计领域的难点。在实际作战过程中,目标的威胁是随着目标行为意图的变化而变化的。由于缺乏目标对象的行为模型,对目标的意图难以预测,从而导致威胁估计不可信,因此研究目标对象的行为模型显得极为重要。

5.2.5 战场态势实时推演预测技术

战场态势实时推演预测技术指的是通过建立平行仿真推演系统,实现在作战实施过程中对下一步可能的态势变化进行实时预测和动态分析的技术。

战场态势预测如果主要是在战前筹划阶段展开,由于战争迷雾这种预测的准确度很低。而作战实施过程中,动态预测未来较短时期内可能的态势变化相对更加有用,能够提前告诉指挥员下一步可能会发生什么,应当提前做好什么样的应对。

美国大力发展的"深绿"计划[26]中,就包含了这种技术,其通过"仿真之路"提供的推演能力,动态预测未来可能的态势变化空间,分析每种态势变化的可能性,以帮助指挥所提前做准备。因此,基于动态推演的态势实时预测技术是实现基于当前的实时战场态势,动态预测未来可能的战场态势变化空间,帮助指挥员有针对性地制定行动预案的关键技术之一。

5.2.6 小　　结

获取信息优势是获取决策优势的前提。联合战场态势生成技术支撑的是从传感器获得的原始状态信息到指挥员需要看到的战场形势、局势和趋势的提炼、上升过程,是辅助指挥员对联合战场态势进行总体把握和具备分析的必要工具。发展联合战场态势生成技术，从指挥业务流程各阶段而言，对联合作战指挥控制的支撑作用包括以下几个方面。

1) 实现联合作战各参战要素对战场态势的一致理解

为了实现各参战要素对战场态势的一致理解，联合战场态势共享技术主要提供各来源战场情况信息的接入、预处理、融合、整编及组织展现等处理，实现所有人看"一幅图"。

2) 针对各个指挥节点的需求，实现对任务无关的联合战场态势的有效屏蔽

为实现对任务无关的联合战场态势的有效屏蔽，联合战场态势共享技术主要提供基于"一幅图"的裁剪，包括对指挥员需求的动态感知，对态势要素的按需抽取、过滤和推荐，实现不同的人看"不同的图"。

3) 在战前准备阶段，提供制定战略方针、作战方案、行动计划的必要依据信息

战前准备阶段要做的事主要是制定战略方针、作战方案和行动计划。在制定战略方针环节，态势生成主要提供兵力部署等反映全局战场态势的信息，主要帮助指挥员了解整个形势背景；在作战方案和行动计划制定环节，态势生成主要提供武器装备能力、部队能力等具体信息，主要帮助参谋人员对方案的细节进行分析和设计。

4) 在战中指挥阶段，提供联合战场情况的实时感知和分析预测

战中指挥阶段，联合战场上的态势在实时变化。态势生成主要提供战场情况的实时接入显示、抽象提炼，以及对未来战场走向的分析预测，帮助指挥员实时把握最新的战场动态，和提前估计未来可能发生的变化，以便提前做好准备。

5.3 联合作战任务规划技术

5.3.1 概　　述

1. 定义内涵

联合作战任务规划是针对确定的联合作战样式及任务，解决作战资源的高效组织应用问题。信息化条件下的联合作战，是体系与体系的对抗，随着高科技武器装备的广泛应用，作战规划越来越复杂，作战的突然性、流动性、隐蔽性、对抗性进一步增强，传统"按部就班"式的作战规划方法已无法适应大规模联合作战的需要，必须向"即时精确化"发展。

联合部队指挥官的计划所关注的焦点是作战艺术与作战设计（谋划）。作战艺术是指挥官用于想象如何最佳有效运用军事能力来完成其使命任务的思

想过程。作战设计是作战艺术在实践过程中的延伸,二者最终把指挥官的创造力与设计分析的逻辑过程综合在一起。美军使用联合作战计划过程(JOPP)程序[27]为联合作战计划制定工作提供总体框架(图5-2),主要分为计划启动、任务分析、制定行动方案、行动方案分析、行动方案比较、批准行动方案、制定计划/命令7个步骤。JOPP完整地体现了美军决策的全过程,适用于各层级部队执行各类型的联合作战任务,是美军实施联合作战的基础。

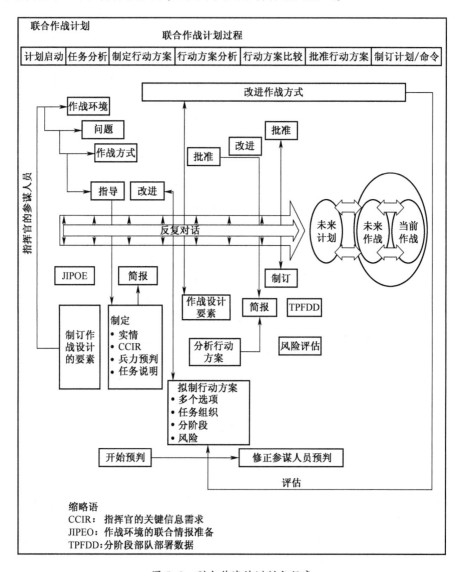

图5-2 联合作战计划制定程序

联合作战任务规划涵盖战略、战役和战术三个层次。任务规划过程从作战任务出发,从时间、空间和资源等维度进行作战设计,通过对思维过程的图形化表示形成作战方案(COA),并通过评估推演进行验证和优化,最后完成作战计划和任务指令的制定。整个规划过程涉及各种各样的约束,包括时间约束、空间约束和资源约束等,形成一个层次复杂和规模庞大的约束优化问题,整个规划过程如图 5-3 所示。

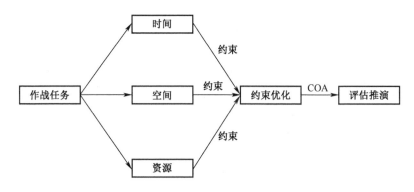

图 5-3　联合作战任务规划过程示意图

以美军为例,其战略级筹划由参联会主席同陆军、空军参谋长和海军作战部长协调共同制定,核心是确定此次战略的军事目的、任务以及完成这些任务所需的兵力和物资,避免过度用兵和过度消耗,并通过审核检查是否能够达到预期目的、作战投入的兵力资源是否既充分又不浪费、作战消耗和持续时间是否在可容忍的范围内,认为具备可行性之后,开始在战役层理解战略意图,制定作战计划,最终在战术层形成任务指令。

2. 发展现状

任务规划系统(MPS)[28]最初起源于空间探索,20 世纪 80 年代,外军开始研究军事领域飞行器的任务规划系统[29]。在现代战争中,任务规划系统已经成为 C^4ISR 系统中的重要组成部分,并且为各类战场信息的及时收集和整理、己方作战计划和协同方案的制定、作战资源的优化利用和配置、作战效果的分析和评估等提供支持。

联合作战规划系统,是面向大规模联合作战需求,贯穿作战全过程、全要素的标准化、流程化、信息化作战筹划与组织管理系统,是直接作用于战斗力生成模式转变、有效提升系统作战能力的关键所在。美国等军事强国十分重视作战规划系统建设,经过 30 多年的发展与实践检验,建成了面向各军兵种的联合作战规划系统,成为其筹划组织大规模联合作战的重要支撑。

美军任务规划系统在海湾战争期间首次使用,在阿富汗和伊拉克战争中更是被广泛使用,为快速行动奠定了基础。特别是在"斩首行动"中,美国空军第

8 远征队的两架 F-117 战斗机从制订计划、装载武器、飞往巴格达到轰炸萨达姆的住所总共才用了 4h，这可能是历次战争中执行最快的任务。美军联合作战规划系统不仅是一套作战决策的支持工具，更是美军作战思想和理论的具体物化，真实地反映了美军思考和组织作战的方式方法。

1) 联合作战计划与执行系统

美军的联合作战计划与执行系统（JOPES）[30]将各军种的专用军语和作战策略转化为通用的语言和标准作战程序，为各军种的演习、作战提供单一、标准化的联合计划和实施系统，是美军全球指挥控制系统（GCCS）的一个组成部分。

JOPES 包含 7 种相互关联的功能，为联合军事计划的制定与执行提供框架，如图 5-4 所示。

7 种功能中有 5 种是时序关联的作战功能（威胁识别和评估、战略决策、行动方案制定、详细计划与计划实施），它们按照一定的逻辑顺序进行；另两种则是支持功能（监控、仿真与分析），它们与所有的作战计划相关并对其中每种作战计划产生影响。

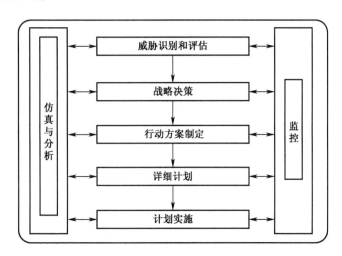

图 5-4　JOPES 的作战与支持功能

早期的 JOPES 使用 SUN Sparc 5 工作站/支持视窗和 HTML 浏览器的 IBM 兼容机和 X 终端，以及 Sparc 20 或 SUN 1000/2000 数据库服务器，包括 16 个独立管理的服务器套件，这些服务器套件使用基于客户机/服务器的应用程序。每个独立的服务器套件都有一系列不同的计划数据与常驻用户。

目前的 Block IV JOPES v4.0 版具有一种更加鲁棒的基础设施并为联合计划与执行委员会（JEPC）提供了一种能力更强的数据同步化方法；它针对长期存在的 JOPES 数据库问题提供了一种技术解决方案，并将基于 Web 的应用程序引入到 JOPES 中。Block V（v4.1、v4.2、v4.2.1）版持续对功能进行改善，进一步迁移到基于 Web 的应用程序与一种面向服务的体系结构(SOA)。JOPES v4.X 在应用程序集成、数据访问与同步化、数据复制、JOPES 核心数据库、面向服务的体系结构设计、用户负载能力、Web 技术等方面得到了改进。

GCCS-J JOPES 目前版本为 4.2.1,其软件的重点在于分阶段部队部署数据(TPFDD)。TPFDD 是总部司令或军兵种单元开发管理的数据库,包含作战计划的分阶段部队数据、与部队无关的物资和人员数据、输送数据,即作战计划需要什么兵力,兵力何时到达战区,在战区哪里驻扎,兵力调度指挥官负责哪个部队参与部署,运输指挥官决定兵力如何部署等[31]。

TPFDD 的开发基于兵力计划、支持计划和运输计划。TPFDD 开发过程生成兵力需求文件和优先运输调度文件。运输调度文件定义支持司令部对人员、燃料和设备的时序补给需求。在整个部署进程中,计划员不断地更新当前的部署信息,监视完成任务的进度和状态。动态 TPFDD 实时反映部署态势,从而大大地减少部署的开发时间。

2) 联合计划与执行服务系统

美国国防部于 2008 年在《自适应计划路线图Ⅱ》中要求由联合作战计划和执行系统(JOPES)向自适应计划与执行(APEX)系统的"迅速转变",自适应计划与执行是指能够根据情况需要,快速并系统地创建和修订计划的联合能力。自适应计划与执行系统后改名为联合计划与执行服务系统(JPES)。

JPES 将提供各种态势下解决不同问题的内置计划选项,它可快速适用于危机行动。JPES 将 JOPP 与周密行动计划和危机行动计划以及执行过程融合到一个通用框架中(图 5-5),从而能够快速、高质量地生成作战计划,有效支持美军全球作战。

JPES 在联网协作环境下运行,该环境有助于高层领导者之间的对话、并发和平行计划的制订以及在多个规划层面间的协作,有助于多个指挥层级间进行反复对话和协作开展计划的制订,以确保依据国家层面的优先级有效运用军事手段,并确保根据需要不断对计划进行审核和更新以及根据战略指导、资源或作战环境的变化进行修改。

国防部长和各作战指挥官之间的互动有助于总统和国防部长决定在何时、何地以及以何种方式运用美国军事力量。国家层面的互动和协作过程为整个武装部队中的计划和执行开展的方式提供了指导。通过一系列协作计划与执行工具在协作环境中运用网络使能的计划和执行技术,制订和维护"实时在线计划"(Living Plans),以及快速、动态地转换到作战计划的执行。

在联合作战任务规划方面,未来应当大力发展联合作战活动及指挥过程模型、战略战役级任务规划、知识驱动的智能化辅助决策、方案对抗推演评估、实

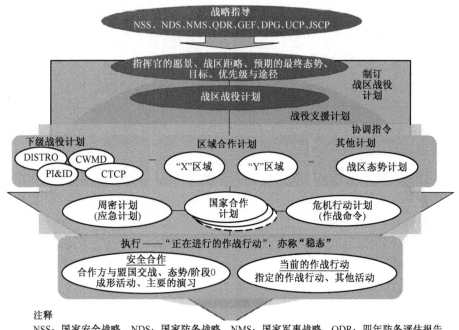

图 5-5　从战略指导至执行阶段的 JPES

时指挥动态规划等技术。

5.3.2　联合作战活动及指挥过程模型构建技术

联合作战活动及指挥过程模型指的是对联合作战部队的作战活动以及联合作战指挥所内部的指挥过程建立的表征模型。

联合作战活动如何开展以及配套的指挥作业过程如何进行，是联合作战筹划的核心工作内容，需要有规范的模型表达。各种筹划辅助决策所用的数据，都从联合作战活动及指挥过程模型中来，其输出的结果也都落到联合作战活动及指挥过程模型中去。

建立联合作战活动及指挥过程模型，可以为作战方案、指挥方案的快速生成提供基础，是实现高效联合作战筹划和指挥的必要前提。作战活动模型包括战场上的各种事件，以及指控对象行为、目标对象行为、战场环境要素之间的时空关系。指挥过程模型则包括指挥所席位上、席位间以及指挥所之间的信息处理行为、信息交互行为和关系。

5.3.3　战略战役级任务规划技术

战略战役级任务规划技术指的是从战略战役层面，为指挥员提供任务规划的业务流程执行工具,以及相关的辅助决策模型算法。战略、战役级任务规划主要考虑的是粗粒度的行动构想,包括执行哪些行动、针对哪些目标、投入多少兵力、分哪几个阶段、每个阶段做什么、可能出现什么情况及如何应对等,未来的联合作战,战略、战役级任务规划技术将凸显更大的作用。

5.3.4　知识驱动的智能化辅助决策技术

知识驱动的智能化辅助决策技术指的是利用知识工程与知识管理领域的先进技术,将指挥人员的作战经验和规程表达为机器能够理解的知识形式,并运用其实现智能化指挥决策建议和优化的技术。

知识化、智能化是指控辅助决策技术的发展趋势。随着作战训练的持续开展,各种知识的积累会不断丰富。包括训练过程中的各种统计数据、历史案例、计划方案、经验教训等都可以提炼为知识,纳入知识体系,存入知识库中。

未来智能化的辅助决策应当建立在这些知识的基础上:一方面在使用过程中能够动态地积累和构建知识;另一方面能够运用和转化知识用来改进已有的模型、算法,更新已有的基础数据。

5.3.5　方案对抗推演评估技术

方案对抗推演评估技术指的是能够模拟真实的敌我双方交战场景和对抗方式,开展对抗条件下的作战方案推演的机制,以及基于推演结果的方案可行性和效能评估的模型算法。

作为作战筹划的核心内容之一,方案的推演评估是确保行动方案可行有效的必要环节。方案推演评估的关键问题在于真实对抗环境的模拟上,只有对敌方的目标对象的行为、我方指控对象的行为、环境变化的影响等各方面战场因素进行全面的建模之后,才能够模拟出真实的对抗环境,只有在这样的环境下开展方案推演评估,才具有对实际作战的指导意义。

5.3.6　实时指挥动态规划技术

实时指挥动态规划技术指的是实现作战计划对战场上各种变化的灵活适应能力,并且支持根据战场情况动态生成应对方案的技术。

战争有很多不确定的因素,一旦战斗打响,战前生成的作战方案原先的计划往往派不上用场。因此,作战实施过程中的动态规划往往较之战前筹划更加管用、高效。

动态规划包括多种方式,如战前制定多套预案和选项,战时动态选择执行;战前制定方案模板,战时动态实例化;战前制定战略方针,战时动态细化措施;战前设计条令条规,战时自动求解方案等,是与不确定性做斗争的规划难题。但如果一旦突破,将大幅提升作战方案或计划的可用性,改变指挥决策完全靠人的弊端,提升指挥员临机应变的能力。

5.3.7 小　　结

联合作战任务规划是实现决策优势的直接驱动力,其对联合作战指挥控制的核心支撑作用包括以下两个方面。

(1) 在战前准备阶段,提供战略、战役、战术层面的方案生成决策支持战前准备过程中,联合作战任务规划主要是根据上级的意图,进行情况研判、筹划行动构想、制订行动计划,对行动构想/计划进行推演评估、确定行动计划,直至最终下达行动计划的整个过程。其中,系统主要提供一套任务规划作业工具,以及相应的计算/建议/优化支持和数据支持。

(2) 在战中指挥阶段,提供作战方案和行动计划的临机动态调整支持。战中指挥阶段,联合作战任务规划主要是按计划执行预设的动作,对突发情况进行处置,适时提交调整计划的申请。其中,系统主要提供相应的计算/建议/优化支持和数据支持。

5.4 联合作战控制管理技术

5.4.1 概　　述

1. 定义内涵

联合作战控制管理主要是在作战实施过程中,对作战行动执行情况的监视与控制,以及对战场资源管理。

作战管理(Battle Management)[32]一词最早出现在20世纪60年代:一是当时机载雷达探测范围相对较小,需要空军地面"作战管理员"基于地基雷达探测向战机进行远程目标指示和话音引导,确保先敌发现和准确火力打击;二是美军航母群感受到具有飞行速度快、飞行高度低、雷达反射截面小、交战反应时间短的反舰导弹巨大威胁,美国国防部于1967年批准研究和开发"全自动作战指挥与武器控制系统",即"宙斯盾"作战系统,其使用作战管理系统,实现相控阵雷达、指挥决策、武器控制等一体化集成,可对来自四面八方同时袭击的多枚导弹组织有效反击。

现代信息化战争中,随着作战使命任务的变化和武器装备性能的发展:一方面,战争实时性要求显著提高,作战时间窗口极度压缩,战场感知空间大幅扩大,作战任务不能只依靠对武器和部队的指挥控制完成,需要对各类战场资源综合管理;另一方面,各类军事作战系统规模扩大、功能衔接复杂,系统一体化集成与综合运用要求日益提高,需要作战管理系统综合集成作战任务相关的各类系统,统一对作战空间内传感器、武器、信息、时空以及力量等资源进行管理和控制,支撑高效、自动化的指挥决策。

虽然作战管理这个概念早已提出,但一直以来与指挥控制、任务规划等相关概念之间的界线模糊不清。近年来,作战管理的概念在各个领域中被较多的提及,但不同人有不同的理解。

2. 发展现状

关于作战管理的概念,主要是在美军的 C^2BMC 和 DBMC 两个项目中涉及较多。

1) 防空反导的作战管理——指挥控制交战管理与通信(C^2BMC)

尽管美军已经拥有多种导弹防御传感器系统和拦截武器系统,但在实际上没有任何一种传感系统或拦截导弹能有效应付所有导弹威胁,因此必须将单独的导弹防御系统集成为分层导弹防御系统,扩大防御区域,降低系统结构成本,提升防护性能。

为此美国导弹防御局积极发展以网络为中心的一体化防空反导指挥控制、C^2BMC)系统[33]。C^2BMC 系统通过网络把分布在世界各地的各种传感器、武器系统有效地集成到一起,形成一个协调的系统,为分散在各地的指挥人员提供综合的公共作战图像并协调武器部署的决策,使指挥人员能运用最有效的武器对各飞行阶段的来袭目标进行拦截,从而实现无缝分层的导弹防御。C^2BMC 系统将整个庞大的导弹防御系统进行综合集成,是美军导弹防御体系中链接美国国家指挥当局、侦察监视平台和武器平台的"中枢神经系统",如图 5-6 所示。

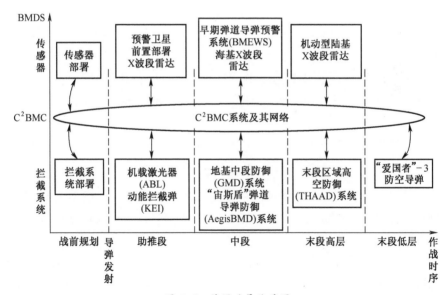

图 5-6 美军反导体系图

在反导作战过程中,C^2BMC 系统根据态势感知信息对已掌握的威胁目标情报进行比对更新,判别发射类型以及目标数目、攻击目标;启动任务规划建模分析等活动,制定导弹防御系统应对预案,明确武器-传感器的配对关系以及交战程序组,为防御行动提供支撑;并在交战过程中提供更新和调整。C^2BMC 主要可提供以下 9 种功能:制订弹道导弹防御计划、提供态势感知能力、传感器管理、管理 BMDS 目标跟踪数据、分发弹道导弹跟踪信息、协调弹道导弹防御、支持弹道导弹防御系统运行、提供网络通信、提供任务安全保证[34]。

2) 空对空和空对地作战的作战管理——分布式作战管理和通信技术(DBMC)

2014 年 2 月 14 日美军公开发布了一项"分布式作战管理和通信技术"(Distributed BMC),用以贯穿大系统杀伤链各个阶段(发现-定位-跟踪-识别-决策-交战-评估),该技术正在遍布各种平台组成的各个网络,试图探索以新技术和旧式系统相集成的新颖方式,提供更高的任务效能。

DBMC 针对由卫星和战术通信链路交互的有人和无人平台、武器、传感器和电子战系统来组成的"网络"(大系统),需要一种超越目前作战指挥系统的算法,包括大系统的航空作战管理站的作战管理控制算法和决策辅助软件,以及驾驶舱和作战管理站的先进人机一体化技术,其中作战管理控制算法和决策辅助软件包括分布式态势感知、自适应计划和控制。据报道该技术是美军研发的九大重点技术之一,通过新算法和辅助决策软件去开发分布式作战管理和通信系统,提升未来战争作战管理水平,目前已在空中对抗测试中取得较好效果。

分布式作战管理和通信技术研究内容主要包括:分布式态势理解的算法识别、改良和拓展;分布式自适应计划与控制的算法鉴别、提炼和拓展;对人机一体化研究及基于特定角色开发面向任务显示功能。具体内容包括分布式态势理解研究、分布式自适应规划与控制算法研究、人机一体化研究等。

在联合作战控制管理方面,未来应当大力发展事件驱动的流程化处置、联合作战效能评估与过程分析、战场资源意图及活动时空分析、作战资源动态调整及交战序列组设计等技术。

5.4.2 事件驱动的流程化处置技术

事件驱动的流程化处置技术指的是对战场上各个部队的行动情况进行动态监视和控制调整,以及能够动态检测事件发生并自动驱动处置流程高效执行的技术。

行动监控及处置应当是根据实际情况对计划的核对及校正,以及在预先授权基础上的临机调整。当实际战场态势与计划中的关键事件对应上,检测识别到事件的发生,系统能按计划自动触发相应的指挥动作,自动调起一连串的处置作业流程。其中,关键事件的建模、处置动作流程的编排、事件驱动的流程化运行机制等都是研究的重点。

5.4.3　联合作战效能评估与过程分析技术

联合作战效能评估与过程分析技术指的是在作战结束后以及作战过程中，对战场上的交战情况、战果、战损、消耗，以及作战行动执行过程的分析评估技术。

总结评估是任何作战行动指挥过程中不可或缺的一环，总结评估的内容包括在行动结束的状态下采集相应数据，对行动的总体效果进行总结分析，对行动完成后的战场态势进行总结分析，以及对下一步行动的建议。

分析评估不仅仅是在战后，而是贯穿整个作战过程的。在作战过程中，应动态记录和分析战场上各个武器装备、部队及敌方目标的状态，不仅是毁伤状态，还包括消耗状态、能力波动状态、任务执行状态等。通过动态评估分析，为指挥员下一步的决策提供数据支持。在战后，除了对整个作战效果的评估外，也包含对行动过程和指挥过程的分析评估，包括分析行动方案中存在的问题、行动执行不当和不力的情况、指挥出现问题的环节、目标未按预期执行的行动、环境未按预期发生的变化等，以及提出更好的行动方案并进行推演，加强某方面行动的训练，改进相应的指挥方式和流程，改进相应的算法和模型等。

5.4.4　战场资源意图及活动时空分析技术

战场资源意图及活动时空分析指的是对战场上的各类作战资源的意图的实时掌握和分析，以及对战场事件、空间、频谱等资源的实时掌握和分析技术。

战场资源意图分析技术主要是指战前、战时通过各类传感器和情报手段获取战场作战资源（交战对象、兵力部署、保卫目标以及保障设施等）状态和属性信息，以此综合分析这些信息来提取战场作战资源相关重要要素，掌握和监视作战资源实时状态，判定敌方作战意图和交战对象威胁等级。

如空天目标防御作战资源意图分析就是采用联合探测、目标综合识别、目标轨迹预测跟踪、目标威胁判定等方法，预测战场作战资源意图，包括来袭空天目标发射基地、数量、类型、飞行轨迹等，防御系统传感器、武器、指挥系统部署和运行状态，保卫目标分布、范围以及重要度等，为战前和战时作战资源优化部署和动态调度提供依据。

资源活动时空分析技术是作战管理系统中资源优化分配前提，是在给定武器和传感器的约束，包括目标的活动范围、威胁判定，传感器的视域、发现概率、跟踪精度和辐射源的躲避，武器机动能力和最大/最小射程、飞行时间、末制导高度与时间条件下，利用动态规划数学模型求解可能引战、接战以及交战的时空参数的最优解，建立时空分析模型，为打击决策提供可用的时间与空间窗口。

5.4.5 作战资源动态调整及交战序列组设计

作战资源动态调整及交战序列组设计技术指的是支持对各类作战资源进行动态规划调整,以及对其交战动作组合时序进行设计和优化的模型算法。

作战资源动态调整技术是动态规划作战资源的任务执行序列,提高作战资源在整个作战进程中整体性能,保证作战资源利用和作战效能取得最大化,如对战场传感器实时动态管控以保证对目标全程的覆盖和持续跟踪;对战场武器动态管控以实现对来袭目标进行协同和多次交战,取得最大杀伤效果。

作战资源交战序列是指针对某来袭的目标实现最大化交战而设计的交战武器与探测器以及指挥控制系统的组合,达到协同探测、持续跟踪和多次协同拦截敌方来袭目标,形成快捷的来袭目标交战杀伤链;交战序列组是为一组目标(多方向多批次)交战进行的战场所有作战武器与探测器以及指挥控制组合,并基于作战效果推演评估和优化而得到的交战序列组,有效避免多任务多方向作战时资源利用冲突和重叠浪费。

作战资源交战序列组是高机动目标作战指挥控制系统的核心能力,主要解决作战资源的高效快速敏捷的组织应用问题,能使信息系统、武器系统与各类作战资源配置得到最佳优化,并可根据潜在威胁,拟制作战预案集,为战时作战计划实时生成提供重要支持,实现体系作战效能最大化。

5.4.6 小 结

联合作战控制管理是实现联合战场资源的优化分配和高效协同运作的核心手段,其对联合作战指挥控制的核心支撑作用包括以下两个方面。

1) 提升对联合作战行动的情况实时掌握和实时控制能力

通过对联合作战行动的实时监控、动态的分析评估,以及流程化的高效处置,可有效提升指挥人员对联合作战行动的情况实时掌握和实时控制能力。

2) 提升对联合战场资源的全面管理和实时规划调度能力

通过对联合战场资源的意图及活动时空分析、动态调整及交战序列设计,可有效提升指挥及保障人员的联合战场资源的全面管理和实时规划调度能力。

5.5 指挥所人机交互技术

5.5.1 概 述

1. 定义内涵

指挥所人机交互技术主要是指面向指挥员及各类参谋、技术人员提供办公自动化、业务操作及辅助决策的人机交互工具和环境技术,包括鼠标、键盘、显示器、语音、手势、眼球、脑机等各种交互设备工具,和多维可视化、模式识别处理、虚拟现实、增强现实等软件技术。

目前,智能终端、虚拟现实(VR)等新型技术的出现,极大地丰富了指挥所人机交互技术的内涵,提升了指挥所人机协作的效率。智能终端是指具有支持音频、视频、数据等多媒体功能的智能化移动终端,拥有接入互联网的能力,通常搭载各种操作系统,可根据用户需求定制各种功能,包括智能手机、PAD智能终端、平板电脑、车载智能终端、可穿戴设备等。运用智能终端技术,可改变未来指挥所的形态,实现指挥所的泛在化。虚拟现实技术,是利用计算机模拟产生一个三维空间的虚拟世界,提供使用者关于视觉、听觉、触觉等感官的模拟,生成一个以视觉感受为主,听觉、触觉为辅的综合可感知的人工环境,在视觉上产生一种沉浸于这个环境的感觉,可以及时、无限制地观察三维空间内的事物,并能与之发生"交互"作用[35]。运用虚拟现实技术,可实现指挥人员对战场态势身临其境般的感受,提升指挥人员之间的无缝交互效率。

2. 发展现状

有国外媒体报道,美国军方将于近期为军人配备高科技含量的全彩三维头盔,功能类似谷歌眼镜。这并非第一款军用可穿戴装备。可穿戴装备的理念早在20世纪70年代就已提出,不过,其大规模发展却是在近几年以信息技术为核心的高新技术大规模应用之后。

2012年7月,雷声公司已开始为美国陆军研制一种陆航机组人员使用的头盔,以提高其生存能力,增强战场态势感知能力,并提供综合控制能力,以便士兵更好地操控直升机。与此同时,另一家公司也在为美国空军特战人员开发一种以防弹背心和夜视镜为主体的可穿戴装备。它能兼容通用战术显示器、外接测距仪等设备,为在战场上完成准确定位目标、控制无人机作战、呼唤火力支援、排爆破障等任务发挥作用。

士兵是战斗系统的一部分,在现代作战条件下,越来越多的装备物品经常要由士兵自己携带。装备各组成部分的重要性、数量和价格迅速增长。经济和技术发达的北约国家正在积极开发未来士兵战斗系统。规模最大、成效最显著、充分体现了步兵战斗装备研发领域总趋势和主要发展方向的计划包括美国的"陆地勇士"和"车载勇士"、德国的 IdZ、英国的 FIST、西班牙的 COMFUT、瑞典的 IMESS、法国的 FELIN。未来10年将按照综合原则将装备的各组成部分整合为一个统一的模块化未来战斗系统。这种系统的使用将显著提高士兵的作战能力。

在作战模拟方面,美军主要进行的是基于多维空间的一体化联合作战模拟。他们把该计划称为"千年挑战"。这项作战模拟参演人员约1.35万人,共涉及1000多个模拟训练基地,范围遍及美国全境。为了尽可能涵盖更为翔实的作战效能因子,美军的实验中心做了大量的努力。①在充分考虑未来联合作战复杂性的情况下,积极听取美军高级将领的意见,经过反复实验,现在已经取得了一定的突破。目前,美军对外公布在该计划中可以将约42个作战模型在一体化联合作战条件下实现互通。这极大提高了它在未来一体化联合作战中的指挥幅度与信息流通的效率。②一体化联合作战的战场空间呈现多维化,作战力量表象多元化,这需要在作战模拟实验中消耗大量的人力、物力、财力。然而,通过实验中心人员的努力,它已把参演人员的数量控制在最少的范围内。目前,在该项作战模拟中参演力量的20%是实兵实弹,80%是虚拟力量。这极大提高了虚拟现实技术与作战实际的拟合度,为一体化联合作战的实施创造了良好的实践条件。

在作战仿真方面,与虚拟现实技术相结合,美军应用范围主要包括无人机、自动车辆系统、远程摄像系统、远程遥控系统和便携式信息导航系统等。其主要目的是提高其一体化联合作战环境下情报信息的获取能力。采取的主要手段包括以下几点:一是利用红外摄像仪对一些敏感地带(如两国交界、争端与热点地区等)进行全天候侦察、监视,而后把图像转化成情报信息进行上传;二是在自行车辆上安装红外成像仪(如机器人)来完成一些危险的任务,如排爆、核生化武器的处理等;三是针孔摄像机的使用,主要进行一些特殊的间谍与情报搜集工作;四是远程的遥控系统,这主要应用在海岸线的警卫工作中,如美军利用海底机器人对一些重要的港口、码头进行海底的巡视或进行海上营救和海底石油探测等;五是远程信息导航定位系统,主要是为了应付特种作战时,当士兵遇到陌生环境时能够迅速了解情况,掌握主动。

美军建立"战斗实验室""作战模拟实验室"和"作战仿真实验中心",并要求各军种建立健全系统配套的各种实验室和训练基地,如美国陆军建立的机动战斗实验室、海军建立的海上战斗中心、空中远征部队实验室、空间战斗实验室、部队防护实验室、指挥与控制战斗实验室和无人机战斗实验室。

美军认为,未来反恐作战的不确定性因素增多,呈现出攻击手段多样化,受攻击目标多元化的特点。为能有效遏制并打击恐怖分子,必须要对士兵进行各种环境下的训练,以此来提高他们的反恐作战能力。将虚拟现实技术应用于反恐作战中,就是依托计算机技术构造的虚拟环境,提高士兵对各种突发事件的反应速度,如面临大规模武器杀伤和生化武器袭击等。

伊拉克战争结束以后,美军的许多士兵都因为受到战争残酷性的影响而患上了抑郁症、心理压抑等多种心理疾病。据2006年在美军中的一项调查表明,在返回美国本土的士兵中有1/6的人有战后心理压力失调、焦虑等症状,这引起了美军的高度重视。为了进一步预防并锻炼士兵的心理承受能力,美军开始依托多媒体技术,并把它与虚拟现实技术相结合,构造战场景象,逐步对士兵的心理反馈进行调控,以期能有效缓解他们的心理压力,增强其心理承受力。

目前,把虚拟现实技术引入心理治疗的场所主要分布在美国的三个地点:其中两个在加利福尼亚的海军医疗中心和海军医院,这两所医院大概能容纳180名病人;第三个在夏威夷的军队医疗中心,大约能容纳75名患者。这种高技术的治疗手段相对于传统的心理咨询而言对士兵更具吸引力。

在指挥所人机交互方面,未来应当大力发展可穿戴军用智能终端、沉浸式智能人机交互及协作等技术。

5.5.2　可穿戴军用智能终端技术

可穿戴军用智能终端技术指的是利用各种智能终端与可穿戴设备,提升指挥员及士兵的态势联合感知和行动联合控制能力,实现指挥所设备小型化、泛在化发展的支撑技术。

当前互联网的发展已经进入到移动互联网和穿戴互联网时代,以智能手机为代表的智能终端已经普及,可穿戴设备也蓬勃发展,各大公司相继推出自己的可穿戴设备,从眼镜到手环再到手表。早在20世纪90年代,美国国防部高级研究计划局(DARPA)就开始了旨在开发装备于士兵的可穿戴计算机的"数字士兵计划",后来升级为"奈特勇士"系统。该系统通过智能终端与可穿戴设备,使士兵可以实时掌握自己和敌人的位置信息,并且操作灵活、轻便易携带,成为美军2014年的十大优先采办项目之一。

这些可穿戴设备成为指战人员对战场的外界感知、认知和决策的重要辅助手段,扩大其感知和认知的能力范围,使得战场中的指挥控制成为一种随时随地都可以进行的过程,而不再是局限于指挥所或者战场等有限物理空间中。

5.5.3　沉浸式智能人机交互及协作技术

沉浸式智能人机交互及协作技术指的是通过虚拟显示、增强显示等新型技术手段,实现指挥员对战场态势身临其境的感受,实现指挥人员之间无缝交互和高效协作的支撑技术。

为指挥控制人员提供高效自然的人机交互手段和方式一直是指挥控制人机交互研究的重点之一。目前,以多点触摸和语音交互为代表的多模态人机交互为指挥控制系统带来了新的人机交互手段。在多点触摸中,指挥人员可以通过手势触摸来直接操控电子沙盘,进行任务筹划和研讨。使用语音交互,更可以通过语音直接进行指挥控制命令的发布。借助体感交互,指挥员还可以进行远距离操控。

通过引入虚拟/增强实现技术,将复杂战场环境中的敌我双方作战活动、事件、时间、位置和兵力组织形式等多要素信息进行融合、理解、预测,并生成战场综合态势图,使不同指挥层级的作战人员能更好地感知和理解战场态势。

5.5.4 小　　结

未来的指挥系统是人与机器高效协作和智能融合的系统,其对联合作战指挥控制的核心支撑作用包括以下几个方面。

1) 智能终端促使指挥控制系统的架构从平台化、网络化向扁平化、泛在化发展

指挥控制系统的发展是随着计算机技术的发展而不断发展的,特别是以网络为中心的架构是以互联网的发展而兴起的。智能终端的特点是体积小,便携性强,数量大。将来若指挥员和士兵人手一个,则会是无处不在的计算机。因此,指控系统的架构也应该适应这种扁平化、泛在化的发展。

2) 智能终端是实现未来联合作战指挥控制系统的最佳手段

在未来联合作战中,不同军兵种需要在同一个战场中协作作战,相互配合。智能终端配备在士兵上,则使得士兵们可以无时无刻不与战友联系,而且战友之间的消息、态势、协同情况可以实时分发和共享,是战场上作战协同的最近手段。

3) 智能终端极大提高了指挥控制系统的信息传递的效率

由于人人都有终端,人人就是整个指挥网中的节点,节点之间相互联系,不用所有的信息都要传回最高级别指挥所,再一级一级下达才能到达战场最前线,而是直接点对点送达,极大提高了信息的传递效率。最新的战地情况也可以实时返回到指挥中心,效率极大提高。

4) 虚拟现实为指挥控制系统提供了完全沉浸式的指挥体验

虚拟现实使得指挥员在沉浸的环境下进行指挥,特别是对于新型装备使用的指挥。另外,对于战场态势的展现更加逼真,传达的信息更多。

5) 虚拟现实为联合作战提供了真实有效的模拟环境

在模拟作战方面,虚拟现实的假设战场环境是基于一体化联合作战的。因此,对于联合作战中出现的各种情况,都可以使用虚拟现实技术进行逼真有效的呈现,针对士兵的特点和作战的特点进行事前模拟训练,大大提高了指挥作战的效能。

5.6 面向联合作战的网络作战指控技术

5.6.1 概　　述

1. 定义内涵

网络(Cyber)源于希腊语,是希腊哲学家柏拉图在《法律学》中"研究自治"首先使用,表示人民统治。1834年,法国物理学家安培将其翻译为法语"Cybernetigue"(控制论),被编入19世纪许多著名词典中。美国控制论专家维纳在1948年出版的《控制论:或关于在动物与机器中控制盒通信的科学》一书中,首先使用了以词根"Cyber"为字头的英语"Cybernetics"(控制论)一词。1954年,钱学森出版的《工业控制论》中也使用了该词。在微芯片、计算机、网络、机器人等蓬勃发展的年代里,"Cyber"一词有了新的发展和创意,表示微芯片、计算机、网络、机器人等将是现代管理、控制、统治和主宰世界的最新手段。1984年,加拿大幻想小说作家吉布森在《神经漫游者》一书中,提出了"Cyberspace"一词。吉布森把微芯片、计算机、网络、黑客和机器人等组合成"Cyberspace"。"Cyber"和"Cyberspace"等为美国广泛采用。美国国防部2009年6月发布命令成立美国网络司令部(U.S. Cyber Command)。美国人认为"Cyberspace"是基于网络运作的空间,也是网络作战的空间。美国国防部的《军事及相关术语词典》2008年版(JP1-02)定义"Cyberspace"是由信息技术基础设施互相关联网络组成的全球范围的信息环境,包括互联网、电信网、计算机系统以及嵌入式处理器和控制器等。《维基百科全书》把"Cyberspace"定义为通过覆盖规定网络的电磁能的调制而进行的通信和控制的全球范围电磁及电子媒体。

面向联合作战的网络作战指控是解决如何有效组织、调度网络作战资源和力量以支援联合作战的相关技术。网络作战指挥控制,首先通过对网络侦察、监视等获取的多源异构数据进行融合处理,生成直观形象、全方位的网络作战综合态势图;在此基础上,针对联合作战背景下网络攻击支援任务,协助网络指挥员完成任务分析、作战方案生成与计划拟制、作战行动监控等筹划业务,实现对网络作战资源与力量的统一指挥与调度,将网络作战样式、作战行动、作战手段、作战资源融入传统物理空间作战活动中。

2. 发展现状

美军在网络作战力量建设方面开始已经走在了世界各国前面。美军网络作战指挥关系如图5-7所示。其中,美军网络司令部下设联合网络作战指挥中心作为其总部指挥所,直接对J33网络作战联合任务部队实施指挥。J33网络作战联合任务部队则通过该指挥中心,实施对战场活动的计划生成、对军兵种的情报/监视/侦察行动的指挥、对战斗行动的战略指挥。

在网络作战指挥控制技术研究方面,自2013年开始,美国国防高级研究计划局的"X计划"网络作战项目研究团队开始建立必要的研究基础,旨在为网络空间作战部队打造首套通用作战性作战计划,已于2017年正式移交给美国国防部与美国网络司令部。"X计划"涉及情报处理与态势生成、作战任务规划与方案推演、计划生成与力量编成、任务执行与指挥控制和人机交互五个方面,美军期望将来在执行网络作战行动时,可以在攻击目标选择、攻击路径规划、作

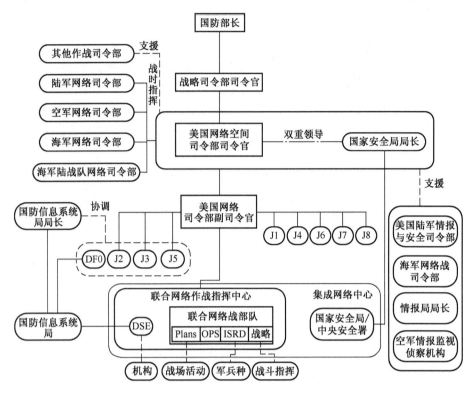

图 5-7 美军联合网络作战指挥中心关系

平台部署、通信路径选择等方面形成一系列有效方法,极大地提高网络作战行动的效率和科学性。"X 计划"下设多个技术研究专题,其中,藏宝图项目"Treasure Map"将实现对互联网的测量,建成逻辑层的网络基础地图,为开展网络空间作战任务筹划和目标分析提供基础数据,从而实现平时行动和战时攻击的快速转换。

目前,"X 计划"已取得如下主要研究成果如下:

(1) 绘制了由上千节点组成的网络拓扑图,这些节点源自数百万量级的 IP 地址;

(2) 产生并确认了规模和速度均达到战役级别水平的网络作战任务规划;

(3) 创建了网络域特殊语言,并将其与现有的战役工具和网络作战任务规划接口绑定;

(4) 建立了初步的靶场基础设施,可测试有数百个节点的动态拓扑网络,体现美军已具备网络作战态势要素的辨识处理以及作战态势图的动态生成等能力。

5.6.2 网络作战态势生成技术

网络作战态势生成技术是指基于网络侦察、监视等获取的多源异构态势源数据,通过融合处理,实现网络战场环境、目标、行为事件等要素的当前状态及未来变化趋势的研判,并生成直观形象、全方位的网络态势图,为网络空间作战决策提供支撑。

网络空间作战态势要素类型多、属性维度高、关联性显性度低、动态变化且数据海量,具有典型的大数据特征。因此,如何从海量的、不完全的、有噪声的、模糊的、随机的且类型复杂的"大数据"中准确、高效地进行对抗目标及行为的识别、定位、跟踪及意图/影响分析,以及如何根据不同用户需求形成多层次、多视图的网络态势图产品,这些是亟需研究的重点和难点问题。

网络空间作战态势生成涵盖态势估计、预测和表征等方面。网络态势要素辨识技术,是通过网络对抗目标识别、对抗行为关联分析、对抗影响估计等及时、准确地理解当前发生事件及其影响。网络态势大数据处理技术,是深度挖掘网络目标实体特征,综合分析对抗行动的攻击源、目标、类型等的分布规律与关联关系,增强态势理解支持态势预测。网络态势图技术,是建立态势表征框架和要素表征方法,形成清晰、全面、可直接用于作战筹划的态势图。

利用网络空间作战态势生成技术,可增强网络战场的可见性,实现对网络战场敌情我情的及时全面掌握,辅助指挥员下定决心提供支撑。

5.6.3 网络作战方案辅助生成技术

网络作战方案辅助生成技术是指依托网络作战态势图,协助网络指挥员选择重要作战目标、分配作战资源与作战力量,进行网络作战任务流程编排、作战任务与预案的自动匹配,完成网络作战方案的拟制,对方案进行冲突检测和优选评估,为网络作战指挥员提供决策依据。

由于网络作战目标对象动态变化、目标情报不全面,致使网络作战态势迷雾大、预置的网络作战资源状态不明确(是否被发现,是否能激活难以预知)、网络攻击效果呈现非线性连锁效应,且网络作战呈现高速性、作战方式隐蔽、作战过程突发等特点,对网络作战方案与作战计划生成、作战方案快速匹配与临机调整等提出了全新的技术挑战。因此,如何在不确定作战态势信息条件下辅助网络作战人员制定方案,以及在联合作战背景下如何确保网络作战行动与传统物理作战行动保持统一协调,是网络作战指挥控制研究迫切需要解决的难题。

网络作战方案辅助生成涵盖网络作战重要目标挖掘、网络作战行动规划、网络作战方案分析评估等方面。网络作战重要目标挖掘技术,是综合运用网络作战态势中目标网络拓扑结构、电磁频谱特征、通信信号特征等信息,借鉴复杂网络理论、社会网络分析等方法,准确识别与网络作战任务相关联的重要目标,辅助网络作战人员确定作战目标列表清单。网络作战行动规划技术,是依据作战目标重要度排序,选择网络作战目标清单,确定网络作战手段,优化分配网络作战资源,编排网络作战任务流程,规划网络作战行动时序,实现网络作战方案的动态高效生成。网络作战方案分析评估技术,是进行网络作战行动去冲突检测,建立网络作战方案的度量评估准则,优选作战效益最优的行动方案,为网络作战指挥员选择方案提供决策依据。

网络作战方案辅助生成技术可应用于网络空间作战任务筹划系统的研制,提升网络作战指挥控制的效率与科学性,实现对网络作战资源和作战力量的统一指挥与调度。

5.6.4　网络作战基础资源管理技术

网络作战基础资源管理是针对网络作战武器、作战人员、目标漏洞、目标情报、战例等作战基础资源,建立全网统一的作战资源管理框架,提供对作战基础资源的申请、调配、使用情况、装备入库与维护的全程一体化管理功能,增强作战资源的管理与优化配置,实现在"一个调度"下提供资源保障。

网络作战基础资源涉及网络侦攻防武器资源、可利用目标漏洞、目标情报信息、作战人员与作战预案库等资源,资源类型多样且功能各异,而现有网络作战资源的选择很大程度上取决于个人的经验、知识,难以适应网络对抗的规模化和体系化发展要求,导致难以形成体系作战能力。同时,由于病毒、木马等网络作战资源需平时通过移动介质植入、抵近接入等方式预先植入于敌方目标网络中,因无法与网络作战资源建立通信通道,导致作战资源攻击状态不可控。因此,网络作战基础资源的综合管理成为当前亟需解决的重要问题,即实现将网络武器、作战人员、情报信息等资源进行有效管理和统一调度,可以使得当前各自为战的网络作战模式发生根本改变,有利于网络作战任务的有序执行以及作战资源的高效利用。

网络作战基础资源管理涵盖作战资源动态授权、作战人员权限管理和任务驱动的作战资源推荐等核心技术。作战资源动态授权技术,是建立作战资源的统一授权方法和调度流程,为网络作战资源的合理、有效使用提供技术支撑。作战人员权限管理技术,提出作战人员的身份认证、基于权限和密级等分级、分域管理等方法,实现网络作战资源的可控管理。任务驱动的资源推荐技术,是建立网络作战资源与任务间关联关系,实现作战资源和作战任务的自动匹配,实现为授权作战人员在任务周期内按需调配优势装备。

网络作战基础资源管理技术的应用,将增强作战资源的管理与优化配置,实现对网络作战资源进行统一调度和部署,为网络作战任务高效、有序执行提供保障。

5.6.5 小　　结

面向联合作战的网络作战指挥控制技术能够为打通战略决策、联合作战指挥与网络空间作战手段之间的鸿沟提供支撑，形成"二统一融"的能力，从而充分发挥网络空间作战效能。具体体现在以下三个方面。

（1）统一规范网络作战指挥的信息流程和功能业务活动，支撑网络作战指挥能力建设。通过建立统一的网络作战指挥控制架构与基础模型，形成规范化的网络作战态势生成、网络作战任务筹划、网络作战行动控制等业务处理流程，支撑各级各类网络作战指挥活动。

（2）统一管控网络作战力量和作战资源，支撑网络体系作战能力建设。网络作战资源概念不同于传统作战，涉及网络作战武器资源、目标网络漏洞资源、已控制的恶意代码资源等，通过对这些异构的作战资源进行规范管理，在统一的作战资源调配流程和业务活动的基础上，可实现面向任务的作战资源按需编成，为作战任务高效、有序执行提供保障。

（3）融入联合作战指挥体系，支撑网络作战力量成为联合作战能力建设的一部分，支援联合作战。在遵循联合作战指挥技术体制的基础上，扩充网络作战态势生成、网络作战任务筹划专用功能服务与作战基础资源库，联合海上、空中、陆上等作战力量进行协同作战，达到通过传统作战手段难以达成或必须付出重大代价的作战效果，有效支持联合作战取得作战优势。

5.7　本 章 小 结

本章对联合作战指挥控制系统发展中必须突破的关键技术进行了阐述，具体包括关键支撑技术和关键使能技术两方面。随着联合作战指挥控制需求的演变、武器装备的发展，以及使能技术的日新月异，联合作战指挥控制系统的关键技术也将随之变化更新。

第 6 章
联合作战指挥控制系统能力评估

能力评估是验证和优化联合作战指挥控制系统的重要手段。联合作战指挥控制系统能力评估的过程一般包括建立能力评估指标,确定能力指标的数据需求,建立试验评估环境,采集试验数据,进行系统能力指标评估,最后完成系统能力的综合评估。本章重点介绍了联合作战指挥控制系统能力评估指标体系的构建,以及系统能力评估主要采用的数学方法,这也是能力评估的重点和难点。

6.1 系统能力评估指标体系

联合作战指挥控制系统能力可以从战场态势生成与共享能力、联合作战筹划能力、战场临机规划能力、一体化指挥控制能力、多要素火力协同控制能力、信息分发共享能力、指挥保障以及安全保密抗毁顽存能力 8 个方面进行分析评价,其能力评估指标如图 6-1 所示。

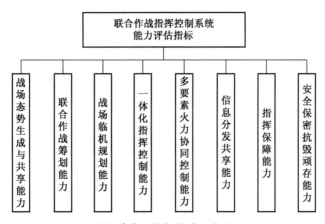

图 6-1 联合作战指挥控制系统能力评估指标

6.1.1 战场态势生成与共享能力评估指标

对战场态势生成与共享能力的评估涉及对战场感知各子系统的评估。依据战场感知系统的系统构成及处理流程,战场态势生成与共享能力评估指标体系主要包括态势要素获取能力、态势处理能力、态势显示能力以及态势分发能力四个二级指标[36-39]，如图6-2所示。

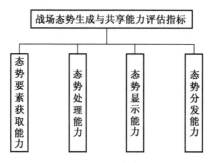

图6-2 战场态势生成与共享能力评估指标

6.1.1.1 态势要素获取能力

态势要素获取能力是指通过各类预警探测与情报侦察手段(雷达、电抗、图像、谍报等多种情报源)，汇聚陆上情报、空中情报、海上情报、通信支援保障系统、水文气象支援保障系统等，获得敌方和第三方各类实时/非实时动向、目标、态势等多源信息。主要评估指标包括引接情报信源的覆盖率、战场情报信源引接时效性等。

6.1.1.2 态势处理能力

态势信息处理是指根据作战任务对各类情报资源进行优化组织、融合处理和态势评估，形成精确一致、要素齐全的战场态势。主要评估指标包括战场态势信息完整性、准确性、整编态势信息耗费时间，态势情报分析产品的准确性、态势情报分析产品新颖性、态势情报分析耗费时间等。

6.1.1.3 态势显示能力

将各类与作战相关的各种军事情况态势信息转化成可视化信息，按照二维与三维图像相结合、静态与动态显示相结合的要求，围绕保障指挥员实时掌握局部战场(作战行动)情况需要，依据作战进程和当前作战任务等，分类显示与作战任务相关联的战场态势，支持指挥员以可视化的方法进行战场规划、指挥决策和行动控制等活动。主要评估指标包括态势显示要素的完整性、态势要素显示的准确性、态势显示要素刷新频率等。

6.1.1.4 态势分发能力

联合作战指挥控制系统以按需获取和指定分发的方式，为参与联合作战的各级指挥机构、作战部队和其他授权用户提供作战态势。联合作战指挥控制系统需保证指挥机构、作战部队间战场态势的一致性。主要评估指标包括态势分发策略的完备性，设置态势分发策略的便捷性、用户定制态势的响应率、响应时间及用户对共享态势的满意度等。

6.1.2 联合作战筹划能力评估指标

对联合作战筹划系统是一个网络化协同决策支持环境，它通过动态共享各类基础数据、作战规则和计算模型，支持各级各类指挥机构共同理解上级意图，综合研判战场情况，细化分解作战任务，研究形成作战构想，拟制优选作战方案，制定作战计划，生成作战指令。依据联合作战筹划系统的系统构成，联合作战筹划能力评估指标体系[40-42]包括辅助分析作战信息能力、辅助研究作战决心能力、辅助制定作战方案能力以及辅助生成格式化作战文书能力四个二级指标，如图 6-3 所示。

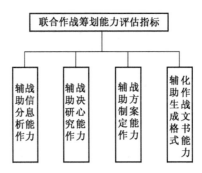

图 6-3 联合作战筹划能力评估指标

6.1.2.1 辅助分析作战信息能力

通过敌、我、地情况分析，辅助指挥员进行情况研判，形成情况研判结论，为指挥员设计战役构想和确定战役决心提供支持。辅助分析判断作战信息分为三项子功能，即敌方作战能力分析、战场环境影响分析、我方作战能力分析。

1. 敌方作战能力分析

敌方作战能力分析是指系统辅助指挥人员查询敌方各作战平台及其武器装备的状态、性能及动态信息，自动生成相关辅助资料列表，并对敌方作战平台状态、能力进行评估。主要评估指标包括作战单位类型覆盖率、敌方作战能力分析容量、敌方作战单位作战能力分析准确度、敌方作战单位作战能力分析时间等。

2. 战场环境影响分析

战场环境影响分析是指根据作战海区的大气、海洋和电磁等战场环境情况，计算分析其对我兵力行动可能产生的影响，包括大气环境影响分析、海洋环境影响分析及电磁环境影响分析。主要评估指标包括战场环境分析容量、大气环境影响分析准确度、大气环境影响分析时间、海洋环境影响分析准确度、海洋环境影响分析时间、电磁环境影响分析准确度、电磁环境影响分析时间等。

3. 我方作战能力分析

我方作战能力分析是指根据敌我双方作战体系构成、兵力组成、部署和武器装备战术技术性能、遂行作战任务的性质和要求，分析作战平台能力。主要评估指标包括我方作战能力分析类型覆盖率、我方作战能力分析容量、我方作战平台作战能力分析准确度、我方作战平台作战能力分析时间、我方任务兵力完成任务概率分析准确度、我方任务兵力完成任务概率分析时间等。

6.1.2.2 辅助研究作战决心能力

辅助研究作战决心主要围绕作战确定作战决心各环节要素，为战役指挥所提供全过程的决策辅助支持，主要包括辅助兵力需求分析、辅助作战计算、兵力行动方案冲突检测、辅助确定作战决心。

1. 辅助兵力需求分析

辅助兵力需求分析是指依托综合态势图，在指定区域按照设定的条件，以直观的形式显示出兵力能否出动、与目标的距离、到达所需时间等执行任务相关信息，分析提出完成作战任务所需要的作战兵力使用需求和主战武器装备使用需求。主要评估指标包括辅助兵力需求分析方案容量、辅助兵力需求分析准确度、辅助兵力需求分析时间等。

2. 辅助作战计算

辅助作战计算是指在态势图上根据敌我兵力的位置、属性及运动要素，完成兵力机动、目标威胁、拦截计算和战役战术计算。主要评估指标包括目标威胁与拦截计算目标类型覆盖率、目标威胁与拦截计算容量、目标威胁与拦截计算准确度、目标威胁与拦截计算时间、基本战斗行动计算容量、基本战斗行动计算准确度、基本战斗行动计算时间、战役作战概算准确度、战役作战概算计算时间等。

3. 兵力行动方案冲突检测

兵力行动方案冲突监测是指对数字化兵力行动计划的可行性进行初步检测，从空间冲突、时间冲突、资源冲突、多方向攻击时攻击夹角冲突、电磁兼容等角度，分析计算多批兵力的行动计划，发现冲突情况后自动告警并给出具体的冲突提示信息。主要评估指标包括兵力行动方案冲突检测容量、兵力行动方案冲突检测虚警与漏警率、兵力行动方案冲突检测时间等。

4. 辅助确定作战决心

辅助确定作战决心是指基于统一的战场态势图，根据目标平台的自身作战能力、作战区域位置及战场环境情况、我方作战任务的预期目标，结合我方作战兵力体系的编成和部署情况及武器装备的技战术性能，辅助指挥员在最短时间内定下作战决心。主要评估指标包括辅助建议数目与辅助建议管理最大数目、辅助建议有效性、辅助建议生成时间等。

6.1.2.3 辅助制定作战方案能力

在作战决心的基础上,根据作战要求和相关信息,快速生成兵力行动方案和协同方案。在方案制定过程中,能够辅助制定各种数据化的作战方案,并提出最优方案选择建议,确保兵力行动方案制定工作准确高效。同时,能够对各方案进行统一管理,确保整体一致、同步联动。主要指标包括辅助拟制作战方案时间、作战方案推演容量、作战方案推演时间、作战方案推荐有效率、作战方案管理容量、作战方案冲突检测虚警与漏警率等。

6.1.2.4 辅助生成格式化作战文书能力

从作战计划中自动抽取相关数据要求,辅助生成格式化作战文书,并下发至任务部队和武器平台。主要指标包括辅助生成格式化作战文书类型覆盖率、辅助生成格式化作战文书容量等。

6.1.3 战场临机规划能力评估指标

临机规划是指在未曾预料、来不及预先规划的条件下,指挥员运用作战指挥控制系统进行快速决策,以便依靠现有作战力量临机应战、取得战场主动权的一种作战任务规划的形式,具有事发突然、节奏短促等特点。战场临机规划能力,就是评估指挥控制系统对上述各个步骤中的相关能力支持程度[43-44],包括事件告警能力、作战规则响应能力、作战计划生成能力以及指令生成与下达能力四个二级指标,如图6-4所示。

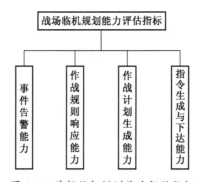

图6-4 战场临机规划能力评估指标

6.1.3.1 事件告警能力

事件告警能力是指挥员依赖作战态势,对作战实施阶段发生的态势变化的一种判断,是进行临机规划动作的基础。主要评估指标包括告警事件类型的完备性、告警时机的时效性及告警事件判断的准确性。

6.1.3.2 作战规则响应能力

作战规则响应能力是指挥员在事发突然、节奏短促的情况下,遂行临机规划、快速处置告警事件、做出可行处置对策的能力。主要评估指标包括掌握信息的完备性、准确性及掌握信息所需时间,构建的作战规则可行性、适应性,以及作战规则构建效率等。

6.1.3.3 作战计划生成能力

计划生成是临机规划的结果形成环节,是组织作战行动的一项重要内容。指挥员在告警事件发生后,运用系统提供的作战规则形成作战行动决策后,通过生成兵力行动和火力打击计划来贯彻实施。主要评估指标包括兵力行动计划的可行性、适应性及生成兵力行动计划所用时间,火力打击计划的可行性、适应性及生成火力打击计划所用时间等。

6.1.3.4 指令生成与下达能力

指令生成与下达能力,是临机规划的最后环节,也是指挥员有序实施指挥控制的基础。衡量系统的指令生成与下达能力要素,主要评估指标包括生成指令的完整性、生成指令的指令有序性、生成指令的指令适应性、生成指令所用时间。

6.1.4 一体化指挥控制能力评估指标

一体化指挥控制是联合作战指挥员依托一体化的无缝链接的战场信息系统,对一体化联合作战力量实施精确、高效地指挥与控制,是形成整体作战能力的一种高级指挥控制形式。

从指挥与控制活动运行机理上看,基于信息系统的一体化指挥控制能充分发挥信息的广域性、实时性、共享性和决定性四大特性的作用,通过对体系作战中各要素能力的综合集成和对作战行动各时节的协调控制,实现作战能力的高效聚合和精确释放。因此,一体化指挥控制能力评估指标主要包括综合分析判断能力、控制协调能力以及指挥信息系统运用能力三个二级指标[45-47],如图 6-5 所示。

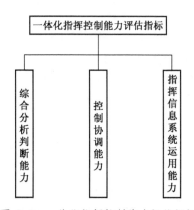

图 6-5　一体化指挥控制能力评估指标

6.1.4.1 综合分析判断能力

综合分析判断能力是指指挥员和指挥机关对敌情、我情和战场环境进行分析判断的能力,主要包括敌情分析判断能力、我情分析判断能力和战场环境分析能力三个方面。

1. 敌情分析判断能力

敌情分析判断能力是指对获取的敌方的各种情报信息进行分析判断并得出结论的能力,主要包括敌兵力部署分析能力、敌探测能力分析能力、敌防御火力分析能力和敌进攻能力分析能力等。主要评估指标包括敌情分析(兵力部署、敌探测能力、防御火力、进攻能力)分析内容的全面性、敌情分析结果的准确率、敌情分析过程的时效性等。

2. 我情分析判断能力

我情分析判断能力是指对己方各方面情况进行及时、准确掌握的能力,主要包括武器平台性能分析能力、武器平台作战能力分析等。主要评估指标包括我情(武器平台性能、武器平台作战能力、电子对抗能力)分析内容的全面性、我情分析结果的准确率、我情分析过程的时效性等。

3. 战场环境分析能力

战场环境分析能力是指对战场环境的全面掌握能力,主要包括海洋地理影响分析能力、水文气象影响分析能力、地形地貌影响分析能力和电磁环境影响分析能力等。主要评估指标包括战场环境(海洋地理、水文气象、地形地貌和电磁环境)分析要素的覆盖率、战场环境分析结果的准确率、战场环境分析过程的时效性等。

6.1.4.2 控制协调能力

控制协调能力是指指挥员和指挥机关对部队作战行动进行控制协调的能力,主要包括掌握战场情况、组织计划和精确控制三个方面。

1. 掌握战场情况

掌握战场情况是指对各项作战任务和情况的掌握能力,主要包括作战任务进程监视能力、协同任务进程监视能力和战场情况综合分析能力。主要评估指标包括掌握战场情况(作战任务进程、协同任务进程、战场综合情况)要素的覆盖率、战场情况分析结果的准确率、战场情况分析过程的时效性等。

2. 组织计划

组织计划是指挥机关按照首长意图组织制定各种作战行动和保障计划的能力。主要包括各级指挥机关能够依托指挥信息系统迅速组织计划工作,周密计划各种作战力量、信息化武器系统的作战运用,保持各种行动计划的高度衔接和相互支撑。主要评估指标包括计划内容的完整性、可行性、新奇性、计划适应性,制定计划的耗费时间等。

3. 精确控制

精确控制是指挥机关通过运用信息系统达到对各种作战行动、武器系统的精确指挥、精确控制的能力，包括通过信息系统精确获取目标信息、精确处理信息、精确分发信息、精确控制部队行动、精确控制武器系统等能力。主要评估指标包括目标位置精度、目标属性准确率、信息处理时效性、信息分发准确性、部队行动控制准确性、武器控制精确性等。

6.1.4.3 指挥信息系统运用能力

指挥信息系统运用能力是指指挥员和指挥机关运用指挥信息系统进行谋划决策和控制部队行动的能力。主要评估指标包括指挥信息系统的筹划决策支持能力和行动控制支撑能力，指挥信息系统的可靠性、维修性、可测性、保障性、安全性、环境适应性以及系统操控的便捷性等。

6.1.5 多要素火力协同控制能力评估指标

火力协同控制的核心在于控制各作战平台火力的战术协同和打击效果协同。对需要打击的目标，通过信息系统将各个分散的火力单元进行全面整合，将传感器网、火力网和通信网等火力打击体系进行高效地组织与实时控制，有效消除落地环节，纵向缩短从发现目标到火力打击的时间，横向实现各火力单元作战能力的效能集成。火力控制内容包括各种打击火力的兵力火力数量、弹型种类、制导方式、任务分配、突击顺序、时间间隔、导弹航路规划、目标指示信息获取手段和传输通道等。多要素火力协同控制能力评估的二级指标主要包括协同打击火力组织决策能力、武器系统的信息化铰链能力、武器协同系统火力组网能力、目标指示传感器组网能力、目标单一合成图生成能力以及目标指示信息共享能力等，如图6-6所示。

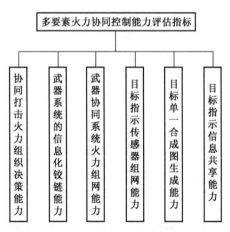

图6-6 多要素火力协同控制能力评估指标

6.1.5.1 协同打击火力组织决策能力

它主要是为形成协同火力打击,对火力网、情报保障网的组织能力进行评估。主要评估指标包括对软硬火力的组织决策的时效性、信息的组织决策的时效性、相关要素的协同性、信火一体联合打击效果的战果战损比。

6.1.5.2 武器系统的信息化铰链能力

多要素火力协同控制的核心,是对信息保障要素、控制要素和火力要素的一体化控制,要达成联合火力打击的协同效果,需要对武器系统的信息化铰链能力进行评估。主要评估指标包括武器系统信息铰链的全程性、组网性和可铰链信息的完整性。其中全程性是指信息铰链是否可以满足武器从发射到落点的全程铰链;组网性是指武器系统与指控系统、其他武器系统和信息保障系统的网络化铰链程度;铰链信息的完整性是指通过信息铰链来充分发挥武器的打击效能,如水文气象、导弹航路、打击目标、周边目标等的铰链程度等。

6.1.5.3 武器协同系统火力组网能力

武器系统的火力组网能力,是火力协同控制能力的重要因素,决定了参与联合火力打击的各个武器系统,是否可以临时调整打击火力,以适应战场形势的快速变化,达到火力的整体打击效果。主要评估指标包括武器协同系统火力网的连通度、武器协同系统火力网临机调整的灵活性、武器协同系统火力网的抗毁性等。

6.1.5.4 目标指示传感器组网能力

目标指示传感器组网能力主要是指目标指示传感器的组网能力,包括专门的目标跟踪传感器和武器系统自身的跟踪器等,决定各个武器系统能否看得更远、更准确,是否可以进行打击效果的实时交互,以充分发挥各个武器打击范围及对打击目标的持续跟踪能力、抗干扰能力和对打击目标的自调整能力。主要评估指标包括传感网的探测距离、传感网的探测目标精度、传感网的探测概率、传感网的信号类型、传感网的抗干扰能力等。

6.1.5.5 目标单一合成图生成能力

目标单一合成图主要用于武器系统对打击目标的一致理解和组网的武器系统对目标的统一分配。主要评估指标包括单一合成图生成的时效性、一致性、准确性等。

6.1.5.6 目标指示信息共享能力

对武器协同打击来说,目标指示信息的共享能力是关键:一是能简化武器系统;二是能加强武器系统的协同性;三是能提高武器系统体系的使用效率。主要指标包括共享的目标数量、信息通道传输能力以及对通道切换时间等。

6.1.6 信息分发共享能力评估指标

信息分发共享服务提供分布式服务框架,对全网各用户共享的各类信息资源进行统一管理,实现信息资源网络化接入和发现、分布式搜索和汇聚、个性化按需分发等功能,提供结构化信息和非结构化信息的信息资源共享手段,实现信息资源的一体化集成和按需共享。

信息分发共享能力评估指标体系主要包括信息引接能力、信息搜索能力、信息聚合能力、信息目录与发布能力以及信息订阅投送能力五个二级指标,如图 6-7 所示。

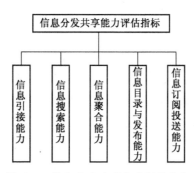

图 6-7　信息分发共享能力评估指标

6.1.6.1　信息引接能力

信息引接能力是指按照统一的信息资源服务化技术体制,提供对作战基础数据、测绘导航、气象水文、侦察情报、技侦情报、电子对抗情报、政治工作、后勤保障、装备保障、海情、空情、陆情等业务以及国防数据词典、外网信息等不同来源信息资源的接入功能,完成信息资源的通信适配、协议适配和格式转换。主要评估指标包括可引接的信息源种类、数量,信息引接的时效性、吞吐量,信息引接的完整性和准确性,接口(含通信接口、传输协议)适配的种类,信息格式转换效率等。

6.1.6.2　信息搜索能力

信息搜索能力是指能够对注册的信息资源进行精确搜索和模糊搜索,包括基于关键词、同义词的搜索,基于主题和语义的智能模糊搜索,支持集中搜索和分布式联合搜索,支持对搜索结果的分类、筛选,并能够根据相关度、搜索历史、个人偏好等信息对搜索结果进行综合排序。主要评估指标包括信息搜索的时效性,搜索结果的完整性、准确性,搜索结果排序的有效性等。

6.1.6.3　信息聚合能力

信息聚合能力是指能够按照联合作战指挥决策需要,面向特定任务与主题快速汇聚、重组和关联不同来源的信息,提供专题信息整合、编报和关联信息查询,满足作战指挥人员聚焦保障与综合信息分析的需要。主要评估指标包括信息聚合的时效性、完整性、有效性,信息冗余度,并发访问支持能力,支持的信息组织方式(如树状、网状)等。

6.1.6.4 信息目录与发布能力

信息目录与发布能力是指能够提供各类信息资源的目录管理,包括注册、查看、修改、审批、注销等操作,并提供信息目录的统计、导入导出、备份、同步、访问权限控制等能力,基于元数据对信息资源属性进行规范化描述,支持结构化、非结构化、流媒体和实时信息等各类信息资源的发布和服务化访问,支撑实现全网信息资源的组织、整合与快速发现。主要评估指标包括信息目录容量、同步时延、注册时延、访问时延,并发访问支持能力,信息目录数据可用性、完整性、一致性、安全性等。

6.1.6.5 信息订阅投送能力

信息订阅投送能力是指能够支持用户订阅特定类型或主题的信息资源,并根据用户的订阅请求组织相关信息资源,提供基于投送策略的信息投送分发手段,支持结构化数据、大文件、流媒体、实时信息等不同信息类型,支持可靠、实时等不同信息分发质量,满足用户对信息资源的使用需求。主要评估指标包括信息订阅的时延,可投送信息的容量,信息投送的精准度、时效性、可靠性,是否支持大容量信息断点续传等。

6.1.7 指挥保障能力评估指标

指挥保障是指为保持正常、稳定不间断指挥而组织实施的保障。依据指挥保障的内容,指挥保障能力包括测绘导航保障能力、通信保障能力、气象水文保障能力、频谱管控能力以及机要保障能力等五个二级指标,如图 6-8 所示。

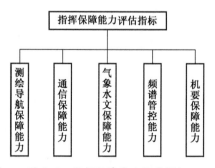

图 6-8 指挥保障能力评估指标

6.1.7.1 测绘导航保障能力

测绘导航保障能力是指接入多源地理信息数据和导航卫星信息数据,进行测绘导航和地理信息态势融合分析,形成专题测绘导航地理信息成果产品,为各类指挥应用提供地理图形环境平台,支撑构建统一的战场地理环境。主要评估指标包括测绘地理数据的接入容量,各类数据接入过程的便捷性,地形分析内容的覆盖度、分析过程的时效性及分析结果的准确性,地理图形服务的可用性及服务响应时间,地理图形显示要素的覆盖率及显示实时性,导航定位精度,授时与守时精度,时间全域统一度以及导航定位服务的可用性等。

6.1.7.2 通信保障能力

通信保障能力是指引接短波、卫星、光纤、指挥专网、数据链等各网系资源信息,通过综合分析处理,形成通信网络态势,辅助通信人员拟制通信保障计划的能力。主要评估指标包括通信资源信息接入容量及准确性、资源信息处理过程的时效性、处理结果的正确性、通信网络态势更新频率、通信态势的服务响应率及响应时间、通信保障计划的可行性与适应性以及规划通信计划所用时间等。

6.1.7.3 气象水文保障能力

气象水文保障能力是指引接相关单位提供的气象水文实况、气象水文预测及相关情报保障产品,通过气象水文实时资料处理、气候水文分析、气象水文信息综合分析、气象水文预报制作发布等综合处理过程,形成气象水文类态势产品和相关措施建议,为作战、训练等提供保障。主要评估指标包括引接气象水文信息的种类和数量、气象水文信息的处理时间、气象水文态势信息的刷新频率、气象水文预报的准确率以及气象水文信息服务的可用性等。

6.1.7.4 频谱管控能力

频谱管控能力是指汇集接入网电空间信息、电磁信号分布情况、频谱资源分布情况、电离层临界频率、大气层波导分布等信息,结合作战行动和频管行动信息,综合处理生成电磁频谱环境情况、装备用频活动情况、频谱辅助决策态势和电磁频谱管控态势的能力。主要评估指标包括接入频谱感知信息的覆盖率及时效性、频谱态势信息处理的时效性、电磁频谱态势的更新频率以及电磁频谱态势的用户满意度等。

6.1.7.5 机要保障能力

机要保障能力是指汇总、整理和掌握所属单位的机要战备情况,基于标准化密码基础数据,快速、全面、精确生成密码保障态势,支持对所属任务部队的机要密码保障行动进行组织指导的能力。主要评估指标包括汇集机要战备数据的覆盖率、密码保障态势的时效性、密码保障态势的更新频率以及机要保障方案的可行性及适应性等。

6.1.8 安全保密抗毁顽存能力评估指标

安全保密抗毁顽存是保证联合作战指挥控制系统高效可靠运行的基本要求,是遂行一体化联合作战的基本保障。安全保密抗毁顽存能力评估指标主要包括多维度安全防护能力、加密认证能力和安全监管能力三个二级指标。如图6-9所示。

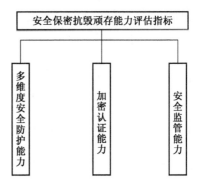

图 6-9 安全保密抗毁顽存能力评估指标

6.1.8.1 多维度安全防护能力

多维度安全防护能力是联合作战指挥控制系统的自我防护、防攻击、抗干扰、抗打击的能力,具备网络防窃听、截获、篡改、伪造,提供存储、传输的关键信息加密保护的能力,支持认证、鉴权、属性和审计服务等功能,实现网络、数据、业务应用、服务器和终端多维度的安全防护。主要评估指标包括隔离度,线路干扰仪干扰频段、干扰强度,安全防护网关支持的并发数、吞吐率,漏洞扫描系统扫描速度,性能影响比率,网络带宽占有量等。

6.1.8.2 加密认证能力

加密认证能力是指系统防止网络内的数据、文件受到窃听、篡改等攻击以及网络被非法用户入侵的能力,提供密钥管理、密码设备管理、密码应用管理、综合管理等密码密钥管理服务,支持网络、文件、磁盘存储和数据表加密保护,具备保密传输、安全隔离交换、电子认证、网络信任等功能。主要评估指标包括算法类型、加密性能损耗、支持算法类型、计算效率,密钥容量,电子签名效率,身份认证、证书验证等最大并发数,响应时间等。

6.1.8.3 安全监管能力

监督管理能力是指系统实时监控自身的安全状态、保证系统的安全可靠运行的能力,具备从战场态势生成与共享、联合作战筹划、战场临机规划、一体化指挥控制、多要素火力协同控制、信息分发共享、安全保密抗毁顽存等方面对整个网络进行实时监管功能,提供安全及密码基础设施实现证书、权限、策略和配置集中管理的功能,支持安全密码设备管理、安全策略管理、安全事件管理、安全监测预警、安全密码态势呈现和应急响应保障。其主要包括采集数据能力、采集带宽占比、日志存储容量、事件告警延时以及响应监管时间并发数等。

6.2 系统能力评估方法

联合指挥控制系统的评估问题是一个十分复杂的问题。当评估者对体系的结构、特性等没有足够理解时,经常采用综合评估方法评估系统效能。所谓综合评估法,是一种定性与定量相结合方法,它把复杂问题分解为各个组成要素,按关系将要素分组形成递阶层次结构,并确定总的排序。综合评估方法主要有云重心评估法、模糊综合评判法、灰色系统效能分析法、基于最优熵权-逼近理想解排序法(TOPSIS)法等。另外,近年来,随着作战仿真实验技术的飞速发展,基于仿真实验的评估方法也日趋活跃。下面具体介绍这几种方法。

6.2.1 云重心评估法

云理论是我国李德毅院士在概率论和模糊数学的基础上提出的,其主要特点是将模糊性和随机性特征集成在一起,解决了系统定性概念与定量数值之间的不确定性转换问题。

6.2.1.1 基本原理

云重心评估法的基本原理是用云模型表示各个指标,并用一个多维综合云表示待评估系统状态,然后求得综合云重心与系统理想状态时云重心的加权偏离程度,并将其输入评估云发生器,激活相应云对象并输出定性评价结果。

6.2.1.2 应用步骤

云可用期望值 E_x、熵 E_n 和超熵 H_e 这三个数字特征刻画,其中期望值 E_x 是云重心位置,熵 E_n 反映了在论域中可被模糊概念接受的元素数,即表征了概念模糊度的度量;超熵 H_e 是云厚度的度量,反映了云的离散程度,表示定性概念的随机性。基本步骤如下。

1. 建立评价指标体系

设 $U = \{U_1, U_2, \cdots, U_n\}$ 表示系统指标集,$U_i (1 \leq i \leq n)$ 是系统的一级指标;$U_{ij} = \{U_{i1}, U_{i2}, \cdots, U_{im}\} (1 \leq j \leq m)$ 表示一级指标 i 的二级指标集;一级指标 i 的二级指标 j 的下一级指标集记为 $U_{ijk} = \{U_{ij1}, U_{ij2}, \cdots, U_{ijs}\} (1 \leq k \leq s)$。以此类推,可以建立多层评价指标体系。

2. 建立评语集的云模型

假设专家建立的评语集为 $V = \{优秀, 良好, 一般, 较差\}$,其对应的数域如表6-1所列。

表6-1 评语集对应的数域

评语集 V	较差	一般	良好	优秀
数域变化区间	$(0, c_1]$	$(c_1, c_2]$	$(c_2, c_3]$	$(c_3, 1]$

对于中间存在双边约束的区段 $[c_{\inf}, c_{\sup}]$ 的评语集,其云模型采用对称云模型计算,即

$$\begin{cases} E_{xi} = \dfrac{(c_{\inf} + c_{\mathrm{suf}})}{2} \\ E_{ni} = \dfrac{(c_{\inf} + c_{\mathrm{suf}})}{6} \end{cases} \quad (6.1)$$

对于左、右两端的评语分别取左、右约束为期望值,取相应对称云模型熵值的 1/2 为各自熵值。

3. 求各指标的云模型表示

1) 定量指标的云模型

若 n 位评判专家给出的系统性能指标体系是定量指标,分别为 $E_{x1}, E_{x2}, \cdots E_{xn}$,那么这 n 个定量数值型指标的云模型为

$$\begin{cases} E_x = \dfrac{(E_{x1} + E_{x2} + \cdots + E_{xn})}{n} \\ E_{ni} = \dfrac{(\max(E_{x1}, E_{x2}, \cdots, E_{xn}) - \min(E_{x1}, E_{x2}, \cdots, E_{xn}))}{6} \end{cases} \quad (6.2)$$

2) 定性指标的云模型

若 n 位专家给出的系统性能指标是定性评语集,则系统可用一个 n 维综合云模型来表示,其数字特征如下。

期望值为

$$E_x = \frac{E_{x1}E_{n1} + E_{x2}E_{n2} + \cdots + E_{xn}E_{nn}}{E_{n1} + E_{n2} + \cdots + E_{nn}} \quad (6.3)$$

熵为

$$E_n = E_{n1} + E_{n2} + \cdots + E_{nn} \quad (6.4)$$

式中: $E_{xi}(1 \leqslant i \leqslant n)$ 为各指标云模型的期望; $E_{nj}(1 \leqslant j \leqslant n)$ 为各指标云模型的熵。

4. 确定各指标的权重分配

各指标在整个系统中所占的比例即指标的权重。指标权重的确定大致可分为主观赋权法、客观赋权法和综合赋权法三类,具体有专家调查打分法、德塔菲法和层次分析法等。

5. 用加权偏离度来衡量云重心的改变

设待评价系统用一个 N 维综合云向量来表示,其云重心记为

$$\boldsymbol{G} = (G_1, G_2, \cdots, G_N) \quad (6.5)$$

式中: $G_i = g_i \cdot h_i (i = 1, 2, \cdots, N)$, $g_i = (E_{x1}, E_{x2}, \cdots, E_{xN})$ 代表云重心的位置, $h_i(1 \leqslant i \leqslant N)$ 代表云重心的高度。理想状态下的云重心向量 $\boldsymbol{G}^0 = (G_1^0, G_2^0, \cdots, G_N^0)$。将云重心向量 $\boldsymbol{G}$ 按下式归一化得到向量 $\boldsymbol{G}^{\mathrm{T}} = (G_1^{\mathrm{T}}, G_2^{\mathrm{T}}, \cdots, G_N^{\mathrm{T}})$:

$$G_i^{\mathrm{T}} = \begin{cases} \dfrac{G_i^0 - G_i}{G_i^0}, G_i < G_i^0 \\ \dfrac{G_i - G_i^0}{G_i^0}, G_i \geqslant G_i^0 \end{cases} \quad (i = 1, 2, \cdots, N) \tag{6.6}$$

则加权偏离度为

$$\theta = \sum_{j=1}^{N} (G_j^{\mathrm{T}} \cdot W_j) \tag{6.7}$$

6. 综合评估

将加权偏离度 θ 输入云发生器，计算得出综合评价值，由于将系统的理想状态作为最佳标准，因此 θ 值越小，则表示系统在某状态下与理想状态越接近，即性能也越好。

6.2.2 灰色聚类评价方法

6.2.2.1 基本原理

当系统的参数、结构和特征部分未知时，这就是"灰色系统"[48]。灰色系统理论研究"小样本不确定性"问题，它利用已知信息来确定系统的未知信息，使系统由"灰"变"白"。灰色层次评价法最大的特点是对样本量没有严格的要求，不要求服从任何分布，且运算简捷方便。灰色系统理论在部分工程领域已经获得广泛应用[49]。

联合作战指挥控制系统效能评价涉及因素多，而且部分因素存在信息不完全和不确定的问题，评估计算极其复杂，而灰色系统理论是处理这类问题的有力工具。

假设某联合作战指挥控制系统的效能评价指标体系已经建立。下面结合该指标体系介绍基于灰色聚类的系统效能评估模型。

6.2.2.2 应用步骤

灰色聚类方法的应用步骤如下[50]。

1. 建立评价样本矩阵

设邀请 n 位专家 $\{E_1, E_2, \cdots, E_n\}$ 对该指挥自动化系统进行评价，共有 m 个评价指标，第 i 位专家对第 j 个指标给出的评价数据记为 x_{ij}，由此得到评价矩阵 $\boldsymbol{X} = (x_{ij})_{n \times m}$。

2. 确定评价灰类

确定评价灰类就是要确定评价灰类的等级 s，一般与待评价对象的等级划分相一致。根据实际问题的要求确定等级划分点 $a_k(k = 1, 2, \cdots, s)$，将各个指标的取值范围划分为 s 个灰类。例如，将指标 j 的取值范围 $[a_1, a_{s+1}]$ 划分为 s

个区间 $[a_1,a_2],\cdots,[a_k,a_{k+1}],\cdots,[a_s,a_{s+1}]$。

指标 j 关于 k 灰类的三角白化权函数 $f_j^k(\cdot)$ 可表示为

$$f_j^k(x) = \begin{cases} (x - a_{k-1})/(a_k - a_{k-1}), & a_{k-1} \leq x \leq a_k \\ (a_{k+1} - x)/(a_{k+1} - a_k), & a_k \leq x \leq a_{k+1} \\ 0, & 其他 \end{cases} \quad (6.8)$$

由此计算出指标得分 x_{ij} 属于灰类 $k(k = 1,2,\cdots,s)$ 的隶属度 $f_j^k(x)$，如图 6-10 所示。

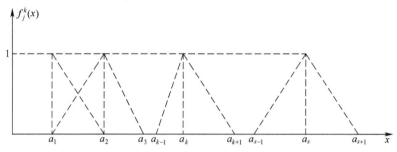

图 6-10 三角白化权函

3. 计算综合聚类系数

将指标评分值代入各灰类的白化权函数，求得指标属于各灰类的灰色统计数 T_k：

$$T_k = \sum_{j=1}^m f_j^k(x_{ij}) \quad (6.9)$$

通过某种算法（如层次分析法（AHP））计算得到各指标相对于目标层的权重 w_j，由此得到评价对象各项效能指标关于灰类 $k(k = 1,2,\cdots,s)$ 的综合聚类系数 σ_i^k：

$$\sigma_k^k = \sum_{j=1}^m f_j^k(x_{ij}) \times w_j \quad (6.10)$$

4. 效能综合评价

由 $\max\limits_{1 \leq k \leq s}(\sigma_i^k) = \sigma_i^{k^*}$，可判断对象 i 属于灰类 k^*。当有多个对象同属于 k^* 灰类时，还可进一步根据综合聚类系数的大小确定同属于 k^* 灰类中各个对象的优劣或位次，由此对该联合作战指挥控制系统的效能进行综合评价，判断出效能较低的方面，并做出改进。

6.2.3 模糊评价方法

模糊评价及其数学模型模糊评价是对不确定事件进行综合评价的方法，将某种定性描述和人的主观判断用量级的形式表达，通过模糊运算，用隶属度的方式确定其等级。该方法的优点在于不会忽略因素在程度上的差异,可减少人的主观影响,使评价更科学合理。

6.2.3.1 基本原理

对于模糊评价,需要建立评价因素集 $U=\{u_1,u_2,\cdots,u_m\}$、评价集 $V=\{v_1,v_2,\cdots,v_m\}$ 和从 U 到 $F(V)$ 的模糊映射 $\gamma:U\to F(V)$;由 γ 导出模糊评价矩阵 R;确定各因素的权重,并选择合适的函数进行综合;最后做出评判。具体的模型为 $B=A\cdot R, S=B\cdot F^T$,其中 B 为评价矩阵,A 为模糊评估因素权重集合,R 为从 U 到 V 的一个模糊关系,S 为系统得分,F^T 为系统风险得分[51]。

6.2.3.2 应用步骤

(1)确定评价因素集,即建立被评价系统的指标体系。要对联合作战指挥控制系统能力进行评价,必须有一个科学的评价指标体系,该指标体系必须具备完备性、独立性和一致性三个特性[52]。

(2)确定评价集:一般评判集可根据实际需要由评判专家给出。

(3)确定权重集合:确定权重有专家打分法、频数统计法、层次分析法和先验知识法等。若采用专家打分定权法来确定权重,首先向专家提供被评价系统的详细信息并发出问卷调查表,请专家参考对指标体系中的指标进行评价,给出风险指标的权重,然后对一个风险指标的多个权值取算术平均。

(4)建立模糊评价矩阵 R:利用公式 $B=A\cdot R$ 求出每个准则的隶属度向量,并进行归一化处理。

(5)求系统的风险得分。

(6)评价结果及建议。

6.2.4 基于最优熵权-TOPSIS 综合评价方法

权重在综合评判过程中至关重要,它反映了各因素在评判和决策过程中的地位和作用。权重确定方法一直是决策和综合评价领域研究的热点[53]。评价指标的选取和指标权重的确定(依赖于排序模型)仍是国内外有关学者研究网站评测的重点。文献[54]在研究并借鉴现有成果的基础上,综合了最优权法[55]与熵权法[56],提出最优熵权法确定各指标的权重,并结合层次分析法提出改进的 TOPSIS 综合评价模型。

6.2.4.1 基本原理

1. 综合评价系统模型

对于复杂的综合评价问题,在对其本质、影响因素及其内在关系等进行深入分析之后,可以构建一个层次结构模型,然后利用较少的定量信息,把评价的思维过程数学化,从而为求解复杂评价问题提供一种简便的评价方法。借鉴层次分析法的思想,将综合评价问题的有关元素分解成目标、准则、指标等层次,具体结构如图 6-11 所示。

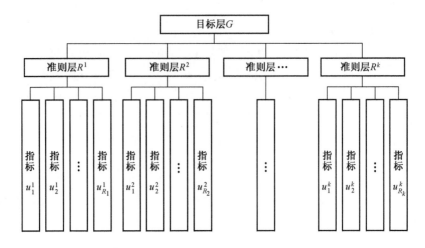

图 6-11　综合评价系统模型

在图 6-11 中,处于最上层的为目标层 G,然后是反映目标特征的准则层 $R^l(l=1,2,\cdots,k)$,底层是反映各准则因素层 R^l 的指标层 $u_j^l(j=1,2,\cdots,R_l)$。

2. 最优熵权法确定各指标的权值

最优熵权法确定各指标权值的基本原理是:采用最优权法确定各指标相对其准则的权重,采用信息熵法确定各准则相对于目标层的权值,最后进行综合得出各指标相对于目标层的权值。

1) 形成决策矩阵

设参与评价方案集为 $O=\{o_1,o_2,\cdots,o_m\}$,评价指标集为 $U=\{u_1^1,u_2^1,\cdots,u_{R_1}^1,u_1^2,u_2^2,\cdots,u_{R_2}^2,\cdots,u_1^k,u_2^k,\cdots,u_{R_k}^k\}$,$\sum_{l}^{k}R_l=n$,评价方案 o_i 的准则 R_l 相应各指标值记为 $x_{ij}(i=1,2,\cdots,m;j=1,2,\cdots,R_l)$,则形成的决策矩阵为

$$X_l=\begin{bmatrix} x_{11} & x_2 & \cdots & x_{1Rl} \\ x_{21} & x_{22} & \cdots & x_{2Rl} \\ \vdots & \vdots & & \vdots \\ x_{m1} & x_{m2} & \cdots & x_{mRl} \end{bmatrix}, l=1,2,\cdots,k \quad (6.11)$$

为了消除各指标量纲不同对方案决策带来的影响,同时处理一些指标值为负的决策问题,需要对决策矩阵 X_l 进行标准化处理,从而形成无量纲化矩阵 $V_l=(v_{ij})_{m\times R_l}$。根据指标的性质,可分为越大越优型指标(效益型指标)和越小越优型指标(成本型指标)。无量纲化处理时根据指示性质,采用相应的无量纲化形式。

对于越大越优型指标：

$$v_{ij} = \frac{x_{ij} - \min(x_j)}{\max(x_j) - \min(x_j)} \tag{6.12}$$

对于越小越优型指标：

$$v_{ij} = \frac{\max(x_j) - x_{ij}}{\max(x_j) - \min(x_j)} \tag{6.13}$$

式中：v_{ij}是x_{ij}归一化后的值；$\max(x_j)$、$\min(x_j)$分别为第j个指标的最大值和最小值。

2）最优权法确定准则下各指标的相对权重

对无量纲化方案$o_i(i=1,2,\cdots,m)$的准则$R^l(l=1,2,\cdots,k)$构造线性函数：

$$y_i = \sum_{j=1}^{R_l} w_j^l v_{ij}, \quad i = 1,2,\cdots,n \tag{6.14}$$

式中：$\boldsymbol{w}^l = (w_1^l, w_2^l, \cdots, w_{R_l}^l)^T$为准则$R^l$的各指标相对于准则$R^l$的权重。计算样本方差：

$$s^2 = \frac{1}{m-1} \sum_{i=1}^{m} (y_i - \overline{y})^2 \tag{6.15}$$

其中

$$\overline{y} = \frac{1}{m} \sum_{i=1}^{m} y_i \tag{6.16}$$

将式(6.14)和式(6.16)代入式(6.15)，经整理后可得

$$s^2 = \sum_{j=1}^{R_l} \sum_{q=1}^{R_l} w_j^l w_q^l v_{jq} = (\boldsymbol{w}^l)^T \boldsymbol{C}(\boldsymbol{w}^l) \tag{6.17}$$

其中

$$\boldsymbol{C} = [c_{jq}]_{R_l \times R_l}, \overline{v}_q = \frac{1}{m} \sum_{i=1}^{m} v_{iq}$$

$$c_{iq} = \frac{1}{m-1} \sum_{i=1}^{m} (v_{ij} - \overline{v}_j)(v_{iq} - \overline{v}_q), j,q = 1,2,\cdots,m \tag{6.18}$$

式中：c_{jq}为所有被评价方案在准则R_l下的各无量纲化指标的协方差阵。

最优权法的基本思想是求解如下的等式约束极值问题：

$$\begin{cases} \max \quad s^2 = (\boldsymbol{w}^l)^T \boldsymbol{C}(\boldsymbol{w}^l) \\ \text{s.t.} \quad (\boldsymbol{w}^l)^T(\boldsymbol{w}^l) = 1 \end{cases} \tag{6.19}$$

可以证明，最优权向量$(\boldsymbol{w}^l)^*$为评价方案协方差阵$\boldsymbol{C}$的最大特征值$\boldsymbol{\lambda}_1$所对应的单位特征向量，且对于任意初始向量$\boldsymbol{b} \neq 0$，迭代

$$\boldsymbol{b}_q = \frac{\boldsymbol{C}\boldsymbol{b}_{q-1}}{\sqrt{\boldsymbol{b}_{q-1}^T \boldsymbol{b}_{q-1}}}, \quad q = 1,2,\cdots \tag{6.20}$$

必收敛,且 b_q 收敛于最大特征值 λ_1 乘以对应的单位特征向量[71]。

按照式(6.20)迭代求解即可求得准则 $R^l(l=1,2,\cdots,k)$ 下各指标相对于该准则的权重 $\boldsymbol{w}_i^l(i=1,2,\cdots,R_l)$。当然,也可采用 MATLAB 中的 eig 函数求解到 $\boldsymbol{w}_i^l$。

3) 各准则节点相对于目标权值计算方法

熵(Entropy)是信息论中标度不确定性的量,是系统无序程度的度量,是一个无量纲量。由于信息的不断获得意味着不确定性的不断减少或消除,故信息量越大时,不确定性就越小,信息熵就越小,信息的无序程度就越小,相应信息的效用值也就越大;反之,信息量越小时,不确定性就越大,信息熵就越大,信息的无序程度就越高,相应信息的效用值也就越小。

据此将信息熵对应到系统评价中来。对于准则 $R^l(l=1,2,\cdots,k)$ 的指标 $u_{R_l}^l$ 而言,所有评价方案的指标值的差异越大,该指标提供的信息量就越大,其信息熵就越小,相应该指标对评价结果的贡献就越大,越应给予较大的指标权重;反之,若某项指标的所有评价方案的指标值全部相等,则可以认为该指标在综合评价中不起作用。因此,可根据各个指标的指标值差异程度,利用数学特性很好的信息熵这一工具计算各个准则的权重值。具体计算步骤表述如下。

(1) 计算准则 $R^l(l=1,2,\cdots,k)$ 的第 $j=1,2,\cdots,R_l$ 项指标下,第 i 个评价方案的特征比例。

对于某一个指标 j,v_{ij} 的值差异越大,表明该项指标对于被评价方案的作用越大,即该项指标提供给被评价方案的有用信息越多。根据熵的概念,信息的增加意味着熵的减少,熵可以用来度量这种信息量的大小。记第 j 项指标下,第 i 个评价方案的特征比重为 p_{ij},则

$$p_{ij} = \frac{v_{ij}}{\sum_{i=1}^{m} v_{ij}} \quad (6.21)$$

(2) 计算第 j 项指标的熵值:

$$e_j = -\frac{1}{\ln(m)} \sum_{i=1}^{m} p_{ij} \ln(p_{ij}) \quad (6.22)$$

(3) 计算第 j 项指标的差异性系数。

观察熵值的计算公式,对于某一项指标 u_j、v_{ij} 的差异越小,e_j 越大。当各被评价方案第 j 项指标值全部相等时,$e_j = e_{\max} = 1$。根据熵的概念,各被评价方案第 j 项指标值差异越大,表明该指标反应的信息量越大。因此,定义差异系数 d_j:

$$d_j = 1 - e_j \quad (6.23)$$

d_j 越大,该指标提供的信息量越大,越应给予较大的指标权重。

(4) 计算准则 $R^l(l=1,2,\cdots,k)$ 相对于目标层的权值。

准则 $R^l(l=1,2,\cdots,k)$ 的差异系数为 $D_l = \sum_{j=1}^{R_l} d_j$,准则 R^l 相对于目标层的权值为

$$w_{R^l} = \frac{D_l}{\sum_{l=1}^{k} D_l} \tag{6.24}$$

(5) 计算准则 $R^l(l=1,2,\cdots,k)$ 的指标 $u_i^l(i=1,2,\cdots,R_l)$ 相对于目标的权值:

$$w_i^{g_l} = w_{R^l} \times w_i^l \tag{6.25}$$

这样可以得到所有评价指标的权值,记为

$$\begin{aligned} \boldsymbol{w}^g &= (w_1^{g_1}, w_2^{g_1}, \cdots, w_{R_1}^{g_1}, \cdots, w_1^{g_k}, w_2^{g_k}, \cdots, w_{R_k}^{g_k}) \\ &\hat{=} (w_1, w_2, \cdots, w_n) \end{aligned} \tag{6.26}$$

3. TOPSIS 简化模型介绍

TOPSIS 是一种根据相对接近度的大小来权衡评价方案总体价值的评估方法。它通过构造"正理想解"与"负理想解",然后计算各被评价方案与正、负理想解之间的加权欧几里得距离,得出被评价方案与正理想解的接近程度,并以此作为评价各方案优劣的依据。其基本过程如下。

所谓"正理想解",是一种设想的最好解(或方案),它的各个属性值都达到各候选方案中的最好值。所谓"负理想解",是一种设想的最坏解(或方案),它的各个属性值都达到各候选方案中的最坏值。

利用最优熵权法得到的各指标总权重 $\boldsymbol{w}^g$ 对无量纲化矩阵 $\boldsymbol{V} = [\boldsymbol{V}_1, \boldsymbol{V}_2, \cdots, \boldsymbol{V}_k]_{m \times n}$ 进行加权:

$$z_{ij} = w_j \times v_{ij} \tag{6.27}$$

式中: $i=1,2,\cdots,m;j=1,2,\cdots,n$,得到加权规范化评价矩阵:

$$\boldsymbol{Z} = \begin{bmatrix} \boldsymbol{z}_1^T \\ \boldsymbol{z}_2^T \\ \vdots \\ \boldsymbol{z}_m^T \end{bmatrix} = \begin{bmatrix} z_{11} & z_{12} & \cdots & z_{1n} \\ z_{21} & z_{22} & \cdots & z_{2n} \\ \vdots & \vdots & & \vdots \\ z_{m1} & z_{m2} & \cdots & z_{mn} \end{bmatrix} \tag{6.28}$$

将矩阵 $\boldsymbol{Z}$ 中的各行向量视为 n 维线性空间中的 m 个向量或者点。将矩阵 $\boldsymbol{Z}$ 中由每列取最大值元素组成的向量定义为最大理想点 $\boldsymbol{z}^+$;将矩阵 $\boldsymbol{Z}$ 中由每列取最小值元素组成的向量定义为最小理想点 $\boldsymbol{z}^-$,即

$$z^+ = (z_1^+, z_2^+, \cdots, z_n^+)^T z_j^+ = \max_{1 \leq i \leq m} \{z_{ij}\} \quad (6.29)$$

$$z^+ = (z_1^-, z_2^-, \cdots, z_n^-)^T z_j^- = \max_{1 \leq i \leq m} \{z_{ij}\} \quad (6.30)$$

式中:$j=1,2,\cdots,n$,定义行向量 z_i 对最小理想点 z^- 的相对接近度为

$$d_i = \frac{[\Delta z_i \Delta z]}{\sqrt{\sum_{j=1}^{n}(z_j^+ - z_j^-)^2}} \quad (6.31)$$

式中:$[\Delta z_i \Delta z]$ 是 Δz_i 和 Δz 的内积,$\Delta z = z^+ - z^-$,$\Delta z_i = z_i - z^-$($i=1,2,\cdots,m$);$d_i \in [0,1]$,d_i 值越大,该方案的综合效益越好。因此,可根据相对接近度 d_i 的大小,对各待选方案进行评价排序。

6.2.4.2 应用案例分析

为加深读者对基于最优熵权-TOPSIS综合评价方法的理解,这里以航空兵综合保障能力评估为例进行说明。保障能力的评估是保障能力研究中很重要的一个环节,通过能力的评估可以掌握航空兵综合保障系统的总体状况,查找存在的不足,通过优化组织结构,合理配置资源,实现保障能力的提升。建立航空兵综合保障能力评估指标体系如表6-2所列。

表6-2 航空兵综合保障能力评估指标体系

准则	指标	准则	指标
组织指挥	组织指挥体制合理性	保障人员	思想状态
	指挥员的指挥决策能力		满编率
	保障方案的合理有效性		业务水平
保障设备	完好率	保障物资	健康状况
	配套率		齐备率
	可靠性		完好率
	保障效率		物资质量
	机动能力		供应时效性
	战场适应性		物资利用率

由五名经验丰富的装备维修保障专家对某型舰船装备的三种航空兵飞行保障方案进行评分,求得评分的平均值,具体分数如下:

$$x_1 = \begin{bmatrix} 7 & 7 & 7 & 7 & 6 & 7 & 8 & 7 \\ 7 & 8 & 6 & 6 & 7 & 7 & 6 & 6 & 7 \end{bmatrix}^T$$

$$x_2 = \begin{bmatrix} 8 & 8 & 7 & 8 & 7 & 8 & 8 & 9 & 8 \\ 9 & 9 & 7 & 7 & 8 & 8 & 7 & 7 & 8 \end{bmatrix}^T$$

$$x_3 = [6\ 7\ 6\ 6\ 6\ 6\ 5\ 6\ 6$$
$$6\ 7\ 5\ 6\ 6\ 6\ 6\ 5\ 6]^T$$

采用 MATLAB 中的 eig 函数求解到各准则下各指标间的相对权重如下：

$w^1 = [0.5774\ 0.5774\ 0.5774]$

$w^2 = [0.4078\ 0.4159\ 0.4078\ 0.4051\ 0.4051\ 0.4078]$

$w^3 = [0.4995\ 0.4807\ 0.4807\ 0.5371]$

$w^4 = [0.4408\ 0.4408\ 0.4719\ 0.4408\ 0.4408]$

利用式(6.21)~式(6.24)可得各准则相对目标的权重为

$$[0.1819\ 0.3087\ 0.2368\ 0.2727]$$

利用式(6.25)和式(6.26)可得

$w^g = [0.1050\ 0.1050\ 0.1050\ 0.1259\ 0.1284\ 0.1259\ 0.1250\ 0.1250\ 0.1259$ $0.1183\ 0.1138\ 0.1138\ 0.1272\ 0.1202\ 0.1202\ 0.1287\ 0.1202\ 0.1202]$

利用式(6.27)可得

$z_1 = [0.0525\ 0\ 0.1050\ 0.0629\ 0\ 0.0629\ 0.0834\ 0.0834\ 0.0629\ 0.0394$ $0.0569\ 0.0569\ 0\ 0.0601\ 0.0601\ 0\ 0.0601\ 0.0601]$

$z_2 = [0.1050\ 0.1050\ 0.1050\ 0.1259\ 0.1284\ 0.1259\ 0.1250\ 0.1250\ 0.1259$ $0.1183\ 0.1138\ 0.1138\ 0.1272\ 0.1202\ 0.1202\ 0.1287\ 0.1202\ 0.1202]$

$z_3 = [0\ 0\ 0\ 0\ 0\ 0\ 0\ 0\ 0\ 0\ 0\ 0\ 0\ 0\ 0\ 0\ 0\ 0]$

利用式(6.29)可得

$z^+ = [0.1050\ 0.1050\ 0.1050\ 0.1259\ 0.1284\ 0.1259\ 0.1250\ 0.1250\ 0.1259$ $0.1183\ 0.1138\ 0.1138\ 0.1272\ 0.1202\ 0.1202\ 0.1287\ 0.1202\ 0.1202]$

利用式(6.30)可得

$z^- = [0\ 0\ 0\ 0\ 0\ 0\ 0\ 0\ 0\ 0\ 0\ 0\ 0\ 0\ 0\ 0\ 0\ 0]$

利用式(6.31)分别计算出行向量 z_1、z_2、z_3 对最小理想点 z^- 的相对接近度 $d_1 = 0.4340, d_2 = 1, d_3 = 0$。评估结果表明，方案2的装备维修保障能力最强，方案1的能力次之，方案3的能力最差。

6.2.5 仿真实验法

6.2.5.1 基本原理

仿真实验评估方法是指利用仿真实验技术对实际的或设想的联合作战指挥控制系统进行分析与评价，通过建立仿真模型、构建实验环境、设计实验方案、仿真实验运行和采集实验数据等，对系统能力指标进行测试和评估，它具有可控制、可复现、经济、无破坏性等特点。下面分别描述每个阶段的任务和要求。

6.2.5.2 实验评估法的应用步骤

1. 确定实验需求

实验需求包括确定实验评估对象、评估内容、实验模式等，进而确定对实验环境的需求。这里实验评估对象为联合作战指挥控制系统,实验评估的内容是以能力指标为核心,确定指标概念内涵、评估模型和数据需求,规划实验数据采集需求和方式,实验模式需要根据试验对象和内容进行选择,一般实验模式包括计算机仿真实验模式、嵌入式实验模式、系统在回路的实验模式等。

2. 实验环境构建

实验环境构建是对联合作战指挥控制系统进行能力评估的基础和前提。首先根据联合作战指挥控制系统的功能组成、评估内容和实验模式,确定支撑实验评估任务的环境需求(包括实验环境的主要功能、指标和使用要求);然后进行相应的设计、开发和集成,建立支撑实验任务的环境(包括硬件平台、仿真软件、仿真管理与控制设备、仿真数据库、数据采集与处理软件等)。

当采用系统在回路中的实验模式时,实验评估环境组成如图 6-12 所示。图中情报、监视和侦察(ISR)模拟包括路基或机动平台上的雷达、卫星等;指控系统模拟包括上级和军兵种指控系统等;武器平台模拟包括飞机、舰艇、防空火力单元等。

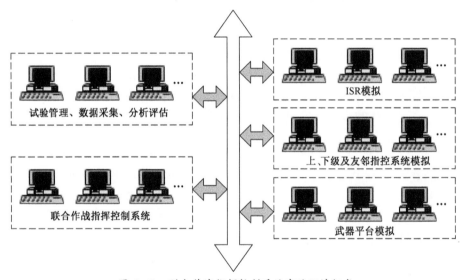

图 6-12 联合作战指挥控制系统实验环境组成

3. 实验规划

联合作战指挥控制系统实验评估环境构建好后,需要对实验内容进行实验规划,主要工作包括实验环境配置、联合战场实验想定设计和基础数据准备。实验想定是一类激励仿真实验系统运行的数据,它是仿真模型应用的条件和环境,是一类全局性的模型输入参数,对仿真实验结果会产生重大的影响。因此,实验想定中的作战想定部分最好让军事专家进行把关和评审。设计实验方案需要考虑情报获取、作战平台等仿真模型的参数配置、实验运行次数和随机因素等。支撑实验规划工作的工具和软件包括仿真配置工具、剧情产生软件、仿真数据库等。

4. 仿真运行

实验仿真运行的主要目的是采集实验过程中系统运行原始数据,包括剧情数据、联合作战指挥控制系统的输入/输出情报、态势、指令和协同等数据以及运行状态数据等。根据实验规划,利用剧情驱动配置好的实验评估环境,使联合作战指挥控制系统与外围仿真环境形成一体,有序地生成信息、处理信息、应用信息。在实验运行过程中,由数据采集设备记录实验运行数据,通过实验监控、导调等工具在实验过程中实施人机交互,使实验过程和态势可控。

5. 分析评估

分析评估是对采集的实验数据进行分析处理,完成联合作战指挥控制系统能力评估。主要工作包括四个部分:①对记录的原始实验数据进行汇总和预处理,剔除异常数据;②根据记录数据对单个系统评估指标进行统计计算,获得单个指标的评估结果,并在此基础上进行综合评估;③评估结果处理,包括评估结果的显示、分析和归档等;④判断实验数据及评估结果是否达到要求和目的,以此判断是否需要调整实验环境、实验方案等。实验评估通常由专门的评估软件和工具支撑,涉及系统评估的方法和数据、数据处理的方法和技术、评估结果的可信度和灵敏度分析等方面。

6.3 本章小结

本章根据联合作战指挥控制系统的功能组成和能力特征,按照全面性、独立性和可操作性的原则,建立了系统能力评估指标体系,提出了系统能力指标的实验评估方法,并给出了系统能力综合评估方法。系统能力指标的选取是系统评估的关键所在,每个指标的提出需要有理有据且数据可获取或可计算。为了提高评估的可信性,在实验设计方案,数据采集与统计处理分析方面,均有较多的工作要做。

第 7 章
联合作战指挥控制系统的发展趋势

未来信息化条件下的联合作战战场，将是由陆战场、海战场、空战场、太空战场、电磁战场、心理和网络战场等共同构成的多维战场，作战节奏加快，战场环境日趋复杂，对联合作战指挥控制系统提出了更高要求。本章从军事需求、作战理论和技术发展等方面，分析了推动联合作战指挥控制系统不断向前发展的动因，并从速度、精度、韧性等多个维度提出了联合作战指挥控制信息系统的发展目标。

7.1 系统发展的动因

7.1.1 军事需求发展

在新的历史时期，全球地区冲突愈演愈烈，宗教、民族、国家利益错综复杂，军事斗争方式远远超出了传统的国与国对抗的范畴，作战空间的维度更为扩展，作战要素涉及更为全面，作战精确性与敏捷性要求更高，从而催生出网络中心战、混合战争、多域战等新的作战理论，引入了人工智能、大数据、云计算、物联网等信息技术手段。为适应新时期信息化战争特点，满足未来联合作战指挥需求，促使作战指挥信息系统向联合化、网络化发展。

7.1.1.1 国际安全形势日益严峻

自 21 世纪以来，欧美反恐战争、东欧颜色革命、中东战事频发、朝核危机不断，东海、南海争端不断。尤其是近年来，乌克兰争端愈演愈烈，俄罗斯与欧美剑拔弩张；南海问题，美军"自由航行"挑战中国南海主权；尤其是在美国总统特朗普上台后，奉行强硬的单边主义，激化了叙利亚冲突、朝核问题和伊核问题，爆发地区性区域冲突的可能性大增。

美国为遏制中国和俄罗斯在西太平洋和中东的影响力，期望通过"第三次抵消战略"通过"改变竞技规则"（Game-Changing），使美军在未来几十年内保持技术优势。美军认为，中国的军事现代化建设对美国在西太平洋地区的海上霸权构成了威胁，认为中国军事战略的目标就是阻止美国进入中国的近海地区，美军因此发明了"反介入/区域封锁"（Anti-Access/Area-Denial, A^2/AD）概念，开发了"空海一体战"作战构想，包括"水面行动大队"的"分布式杀伤"概念。为实现这一战略，美军深化了军事技术创新和机制革命。

军事技术及能力建设重点放在集成、自主、隐身、远程、电磁这五大领域,提出了诸如人机协作、机器辅助人员作战、自主"深度学习"机器与系统、高级人机编队等关键技术,以及攻击机器人、可穿戴电子设备、电磁轨道炮、激光武器等高新技术武器平台。利用快速和远程打击"反介入/区域拒止"能力以及全维战场的体系对抗,以快速、远程、无人的技术集约式作战为特色,大力发展的无人作战、远程空中作战、隐身空中作战、水下作战和复杂系统工程集成与运用等领域,形成新的体系化武器装备,并将空间、陆地、海上、太空和网络空间形成联网,催生新的作战形态,呈现出令人瞠目结舌的作战效能。

定向能武器、动能武器、高超声速武器、次声武器、环境武器、基因武器、网络武器等新概念武器,可以用于反导、反卫、电磁攻击、网络攻击等,是未来争夺"制天权""制网权"的重要装备,将极大地改变未来战争的样式。与传统武器相比,新概念武器在原理上、杀伤破坏机制上和作战方式上有显著不同,对目标捕获、连续跟踪和精确识别,以及人在环路的指挥控制模式等都提出了巨大挑战,也必将引起未来军事电子信息系统的组成、结构、信息交互方式、运行模式等发生重大变化。

7.1.1.2 几场高技术局部战争推动

中东和东欧的局部战争是正在进行一次未来战争的小规模预演。下一场战争将非常激烈,这将在战争的旋涡中测试各国的军事能力。现行体制修正主义和日益好战的行动者正在努力削弱冷战后发展起来的以美国为主导的全球政治和经济体系,并在21世纪达到一个高峰。在试图重建全球秩序时,这些行动者正在开发和运用新的技术和战术,以不可阻挡的强劲动力加速推进新一轮全球军事变革。统领20世纪战争舞台的机械化战争,在经历了非凡的世纪辉煌之后,将转向以信息技术为主导、强调体系对抗的信息化战争。

1. 战场从"私域"转向"公域"

作战域由传统的领土、领海、领空等向太空、远洋和网络空间等公域拓展。全球公域是没有界碑的"虚拟领土",谁控制了全球公域,谁就控制了整个世界。一是从有形到无形。网络空间成为发展最快、影响程度最广的新型作战空间,网络军事化已成定局,网络军备竞赛正在悄然打响,争夺制网权的斗争加速发展。二是从近海到远洋。军事强国的触角向极地、深海和海上战略通道延伸,深海远洋已成为未来信息化战争角逐的又一高地。三是从近空到深空。争夺制天权已经成为不争的事实,大国间围绕进入空间、利用空间、控制空间的竞争日趋激烈,拥有深空活动能力优势的一方,将获得在地球及其周围空间的军事经济优势。为了从海、陆、空、天、网、电全域发起协同攻击,对指控系统全面整合资产、快速收集数据、准确分析数据,支撑多域指挥控制提出了更高的要求。

2. 作战样式和作战手段向网络中心、信息主导转变

在信息化战争中,作战样式已由传统以火力平台为中心、依靠平台能量的简单叠加增强作战效能,逐步向以网络为中心转变。通过网络信息将各种作战单元连接在一起,形成信息共享、联合协同的一体化作战体系,使作战效能得到倍增。较之传统的作战样式,联合更广、协同更强、行动更快、打击更准。作战方式也由火力主导逐步向信息主导转变。由于信息成为战争的主导因素,使作战方式由机械化条件下火力主导的浅纵深、接触式局部对抗,向信息化条件下信息主导的全纵深、非接触式体系对抗演变。作战指挥系统也从传统的军兵种独立发展的"烟囱型"专业指控系统,向着多军兵种联合,多军兵种联合作战的栅格化、网络化指控系统转变。

3. 适应三军一体化联合作战

一体化联合作战的本质特征是体系与体系的对抗,表现在战场空间多维一体对抗、作战要素功能组合对抗和指挥体系高效协同对抗。一体化联合作战从战略、战役向战术层、火力层延伸发展,要求军兵种各级作战单元间信息能共享、行动能同步、火力能协同,要求将各级各类指挥机构、感知装备、武器系统和作战人员无缝交联为一个有机整体,达成联合战场感知、联合行动指挥、联合火力打击的目的,从而实现战略、战役、战术以及武器打击环节的横向交联与信息共享,形成强大的联合作战能力。实施一体化联合作战的基础就是以军事电子信息系统为主要支撑的联合作战体系,这对军事电子信息系统的发展提出了更高的要求。

7.1.1.3 联合作战指挥体制改革

联合作战指挥体制,是指军队为指挥联合作战而建立的组织体系及相应制度。它包括指挥机构的设置、职能划分和指挥关系等。联合作战指挥体制改革,实际上就是以联合作战为根本导向,以提高指挥效能为核心目标,对作战指挥体制进行的改革。

战争实践始终是催生联合作战指挥体制改革的强大动力。世界主要军事强国的联合作战指挥体制改革,大体上是从第二次世界大战结束后开始的,推进过程几经曲折,一直延续到今天。究其时代背景和根本动因,是工业文明快速发展、信息化技术日新月异、战争形态深刻演变的必然结果,也是军队组织体系化、作战力量多元化、军事行动全域化的内在要求。归根结底,联合是现代战争制胜的基本规律。

1. 美军:三轮改革涉及三大内容

美军联合作战指挥体制改革起步最早、主动性最强。经过近 70 年的三轮改革发展,美军联合作战指挥体制已日臻成熟。

第一轮改革是1947—1949年。美军总结第二次世界大战盟军联合作战指挥经验,创立了以国防部为主体的领导指挥体制,设立了参谋长联席会议主席和联合参谋部,在战略层级上解决了作战指挥权不统一的问题,形成了现代联合作战指挥体制的雏形。

第二轮改革是1953—1958年,通过《1958年国防部改组法》,从根本上实现了作战指挥权与建设管理权相对分开的体制性突破。建立了总统和国防部长对作战司令部的直接指挥关系,把军种排除在作战指挥链之外。强化了国防部长和参联会主席的职权,明确了战区联合司令部在军事上的联合指挥权。

第三轮改革是1986年至今,主要是确立了当前的联合作战指挥体制,赋予了参联会主席多个关键领域的权力,进一步强化了战区司令的权力和影响力。它彻底结束了军种干预作战指挥的局面,从法律和实际操作两个方面,实现了联合作战指挥体制改革的突破,建立起了"由国家指挥当局(总统和国防部长)到作战司令部(战区司令部和职能司令部),再到任务部队"的作战指挥链。

2. 俄军:双重压力推动三次变革

俄罗斯军事改革是在20世纪90年代初整个国家全面转轨的大动荡背景下开始的,经历了三轮大的改革。

第一轮是1992—1999年,依托军区搞联合,把军区领率机关变成战区的联合作战指挥机构。

第二轮是2004—2007年,理顺了国防部长与总参谋长的关系,真正确立了国防部长对总参谋长的领导地位,进行了组建地区司令部的试点。

第三轮是2008—2012年,在"新面貌"改革[56]中,坚决取消军种作战指挥权,把海军、空军中央指挥所并入到总参谋部中央指挥所。同时,依托军区成立联合战略司令部,形成了"由总统和国防部长,到总参谋长,再到联合战略司令部或职能司令部,最后到军兵种部队"的作战指挥链。

俄军联合作战指挥体制改革的特点也非常鲜明,既吸纳借鉴美军的经验,又充分考虑国情、军情和自身的特点,保留了自己的军事传统。

综合以上,可以得到外军联合作战指挥体制的一般规律:

随着网络中心战思想的发展,联合作战力量编组方式趋向于按兵种模块化编组,指挥体制可能采用"国家指挥当局(最高层级联合作战指挥部)-战区/区域联合指挥部联合战术部队指挥所/任务部队"三级体制。根据主要威胁方向和联合作战任务划定作战区域,并设立战区常设联合作战指挥机构,也可根据需要设立联合职能部队指挥部。联合作战指挥机构须具备对全域全维作战要素进行综合,对各种作战力量进行协调,针对不同作战规模与作战任务灵活裁减,快速开设的能力。

7.1.2 作战理论发展

作战理论伴随着战争的产生而产生,并随着战争的发展而发展。在长达数千年的人类战争史中,作战理论经历了由简单到复杂,由迷信到科学、由粗放到精细的漫长发展阶段。早在春秋战国时期,我国就有了《孙子兵法》这样的阐述作战理论的名著,而在西方古罗马时期也出现了《论军事》这样系统性总结作战经验的作战理论著述。到了近代,以约米尼的《战争艺术》、克劳维茨的《战争论》为开端,人类将科学性方法引入作战理论,逐步形成了现代作战理论。经历两次世界大战,伴随着工业革命和科技革命的爆发,铁路、无线电、飞机、原子能、计算机等技术的不断应用,作战规模不断扩大,作战手段日趋多样,作战理论也随之飞速发展。当今,美国作为世界上唯一的超级大国,凭借雄厚的科技实力和丰富的战争经验,在战争理论的发展方面具有重要的参考价值。

美军作战理论是美军对作战问题的理性认识和指示体系,反映美军对战争形态、战略环境、作战条件和使命任务的理解,以及在此条件下组织和实施作战的类型、样式、原则、方式和方法,是美国武装力量作战实践的重要依据。自冷战结束以来,根据作战对象、作战环境的变化和军事技术的发展,美军针对抑制中国、反恐战争、亚太再平衡等军事实践及战略要求,先后提出了网络中心战、混合战争、空海一体战、跨领域协同、空间攻防等作战理论,开展对适应协同交战、多域指控、网络战、太空战等新兴作战形式的指挥控制信息系统的研制,发展脉络如图7-1所示。

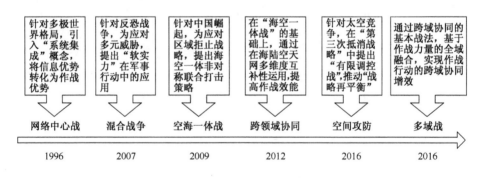

图7-1 美军作战理论演进示意图

7.1.2.1 网络中心战

1996年,海军上将威廉·欧文斯在他于美国空军国家安全研究所写的文章《系统中的新兴系统》中引入"系统集成"的概念。威廉·欧文斯描述了一组包含情境意识、目标评估及分散火力分配的情报监侦系统、指挥系统、精准导引弹药的系统如何发展出来。同年,美国参谋长联席会议发表《联合展望2010》,引入军事概念全谱优势,描述美国的军事能力——无论和平行动或武力行动,都可以资讯优势主宰战场。1998年,网络中心战的概念在美国海军研究所会议录文集阿瑟·塞布罗夫斯基海军中将(Vice Admiral Arthur Cebrowski)和约翰·加特斯卡(John Gartska)合著的一篇文章正式公开。2003年,CCRP出版《放权周边》(*Power to the Edge*),继续发展网络中心战理论。以其在军事行动的含义来说,《放权周边》是所有论著中最大胆、最革命者。它提到现代军事环境复杂到没有一个人,没有单一组织,甚至没有单一兵种可以完全明白。现代资讯分享技术快到足以令"周边单位"(行动人员)不用集中专业人员来估计他们将要做什么。

网络中心战是美军推进新军事革命的重要研究成果,其目的在于改进信息和指挥控制能力,以增强联合火力和对付目标所需要的能力。网络中心战是一种基于全新概念的战争,它与过去的消耗型战争有着本质上的不同,指挥行动的快速性和部队间的自同步使之成为快速有效的战争。通过战场各个作战单元的网络化,把信息优势变为作战优势,使各分散配置的部队共同感知战场态势,协调行动,从而发挥最大作战效能的作战样式。

网络中心战的实质是利用计算机信息网络对处于各地的部队或士兵实施一体化指挥和控制,其核心是利用网络让所有作战力量实现信息共享,实时掌握战场态势,缩短决策时间,提高打击速度与精度。在网络中心战中,各级指挥官甚至普通士兵都可利用网络交换大量图文信息,并及时、迅速地交换意见,制定作战计划,解决各种问题,从而对敌人实施快速、精确及连续的打击。网络中心战基本要点可概括为四个方面:一是强调作战的中心将由传统的平台转向网络;二是突出"信息就是战斗力,而且是战斗力的倍增器";三是明确作战单元的网络化可产出高效的协调,即自我协调;四是增强作战的灵活性和适应性,为指挥人员提供更多的指挥作战方式。

7.1.2.2 混合战争

2007年12月,美国海军陆战队退役中校弗兰克·霍夫曼在《21世纪冲突:混合战争的兴起》一书中,提出了"混合战争"新理论。美国联合部队司令部2008年12月发布的《联合作战环境》、美国参联会2009年1月发布的《联合作战顶层构想》、美国国防部2009年1月29日发布的《四年任务使命评估报告》均不同程度地吸收了"混合战争"理论的观点。美军已在2010年版《四年防务评估报告》中,将"混合战争"理论正式作为应对多元化安全威胁的战略指导。

"混合战争"是一种应对多种威胁(包括常规和非常规作战)的全新战争形态。"混合"主要体现在四个方面:一是在混合战争中,战争模式、作战人员以及所用技术模糊不清;二是"混合战争"将常规战争的致命性和非常规战的战术与宗教狂热结合起来;三是未来的混合型战争将在发展中国家"密集的城市丛林中"展开,其突出特点是将快速变化的战术和先进武器装备结合起来;四是混合对手综合运用各种能力,以获得非对称优势。通过对伊拉克战争和阿富汗战争的反思,未来美国军事力量将强化非常规战能力。为此,美军将加强非正规战教育训练,创造更全面、逼真的训练环境,建立大规模的城市战训练中心,使预先部署部队的稳定和支援行动训练正规化。突出"软实力"运用,将常规作战行动与民事行动相结合,以人道主义援助、战后重建、保护当地民众安全、医疗服务和自然灾害救援等手段,拉拢安抚民心,通过"软实力"效应达到国家安全战略目标。加强情报能力,具备能从更广泛的非传统资源中搜集必要信息的能力和专家型分析判断能力。

7.1.2.3 空海一体战

2009年9月,美国空军参谋长诺顿·施瓦茨上将和美国海军作战部长加里因拉夫黑德上将签署了一份机密性备忘录,启动由美国空军和海军共同开发一个新作战概念,即"空海一体战"[58]。2010年2月,美国国防部长罗伯特·盖茨发布的新版《四年防务评估报告》正式确认"空海一体战"这一联合作战新概念,并已授权美国空海军加紧研究制定相应的理论和计划。

空海一体战于旨在整合美国海空军战力并联合亚太地区盟友来共同遏制或击败潜在的区域性对手的海空联合作战的全新理论,特别是以中国军队的"挑战"为作战背景。美军认为,中国军队强大的"反介入/区域拒止"系统和作战方式,在可预见的将来对其至关重要的西太平洋地区的影响力和力量投送能力构成严峻并持久的"挑战"。美国国防部长罗伯特因盖茨指出,中国军队网络空间战、反卫星战、防空和反舰武器以及弹道导弹方面的投资,将会直接威胁美国在西太平洋地区投送力量行动、前沿空军基地、航母打击大队和水面战舰等安全,从而使西太平洋地区的美军遭受严重损失,使美军空海军部队不能进入西太平洋地区,指挥和控制系统陷入瘫痪,后勤补给遭受沉重打击,从而达到延缓美军进入作战地区的时间,不能有效保护美国关键盟国(日本、韩国)和伙伴的安全以及协防中国台湾地区的目的。未来美军"空海一体战",就要以空军、海军一体化作战力量为主,综合运用各种作战手段和方法,积极主动地在西太平洋地区的多维战场空间,对中国重要军事目标特别是"杀手锏"武器实施非对称性联合打击。

7.1.2.4 跨领域协同

美军于2012年1月17日正式颁布1.0版《联合作战进入概念》(*Joint Operational Access Concept*):首先提出"跨域协同"(Cross Domain Synergy,出现27次)作战思想,并称其为联合作战进入概念的"中心思想"(Central Idea);随后美军颁布了《美国陆军和海军陆战队的跨军种概念:实现并维持进入》《联合作战顶层概念；2020年联合部队》《海空一体战：军种协作应对反进入和区域拒止挑战》等文件，继续推广和发展"跨域协同"作战思想；威廉·O.奥多姆、克里斯托弗·D.海斯等作者在《联合部队季刊》等刊物发表"跨域协同：促进联合"等文章，深入探讨"跨域协同"作战思想。于是，"跨域协同"逐渐成为美军开发新作战概念、设计武器装备发展和推动部队建设的新目标。

"跨域协同"是指，在不同领域互补性地而不是简单地叠加性地运用多种能力，使各领域之间互补增效，从而在多个领域建立优势，获得完成任务所需要的行动自由。也就是说，美军将在陆、海、空、天、网五个领域互补性地运用军事力量，互相弥补脆弱性，共同提高有效性，不仅要在单个作战领域而且要在所有作战领域，建立整体作战优势，扫清敌方"反进入和区域拒止"能力形成的阻碍，确保美国能够不受影响地向全球任何地方投送力量，在主权领域和全球公域内自由行动，维护美国、盟国与伙伴国的国家利益。为了满足"跨域协同"作战的新要求，美军已着手从基础设施、武器装备等方面加强建设，明确提出开发"跨域协同"作战所需要的8类30种能力：联通和互操作、有效指挥控制、跨域整合、态势感知、任务式指挥5种指挥控制能力；探测与应对网络攻击、准确融合跨域全源情报、在任何必要领域开发所有类别情报3种情报能力；发现、定位、压制或瘫痪敌方"反进入和区域拒止"能力并限制附带损伤、延迟、破坏或摧毁敌方系统、实施电子和网络攻击、拦截敌方部队和物资4种火力打击能力；沿多条轴线进行战略机动、进入敌方数字网络、途中对部署部队进行演练和集结、实施强行进入行动、掩护联合机动分队前进路径5种机动能力；击败敌目标定位系统、防御远程导弹、防护和重组基地及其他基础设施、保护部队和补给、保护己方太空部队、进行网络防御6种防护能力；部署和保障部队、建立非标准保障机制、管理和整合承包商3种保障能力；分享确保进入和推进地区长期稳定、获得基地使用权和飞越领空权、为区域伙伴提供训练补给装备3种国际交流能力；向参战相关方通报情况和施加影响的信息能力。

7.1.2.5 第三次抵消战略

"抵消战略"(Offset Strategy)是美国五角大楼的独特术语，专指利用美军优势抵消对手的优势。实质是用创新提升军事优势，实现"不战而屈人之兵"，维护美国军事霸权地位。其中前两次"抵消战略"分别为1954年为了对抗苏联的优势，重点强化了核武器和投送系统的"新面貌"战略，以及20世纪70年代中期以先进信息技术、隐身技术在美军的应用为基础的第二次"抵消战略"。两次"抵消战略"的开展都为当时美军应对苏联军事威胁取得了决定性的军事技术优势。

2014年8月5日，美国国防部常务副部长罗伯特·沃克在美国国防大学演讲时首次在公开场合提出了"第三次抵消战略"概念,旨在重新占领新的军事制高点,以战胜各个已存在的和潜在的对手。美军的传统优势正在缩小,目前面临的四个关键性作战威胁:战场内或战场周边的基地越来越容易遭到袭击;大型水面舰艇和航空母舰更容易被发现、被跟踪,更容易遭到敌方远程岸基火力的打击;非隐身作战飞机在面对一体化现代防空体系时毫无胜算;太空不再是军事冲突的"净土",往日高枕无忧的导航、通信、侦察等卫星战时将面临被击落的危险。为扭转这种局面,美军必须在战略上做出重大方向性改变,发展新的"抵消战略"。通过强化自身在无人系统、自动化、超远程和低可探测飞行器系统、水下武器系统、系统工程集成等方面的"核心竞争力"。寻求在高超声速技术、电磁技术、定向能技术、网络技术等领域"确立新的游戏规则"。开发"全球侦察打击网",依靠海空力量特别是无人机深入对手控制区独立作战,"抵消"对手们在"反介入/区域拒止"技术方面的投入。美国国防部宣布将在2017财年投入120亿~170亿美元,支持第三次抵消战略,并明确五个关键技术领域:具有自主学习能力的机器;人机协助;人类作战行动辅助系统;先进有人/无人作战编组;针对网络(攻击)和电子战环境进行加固的网络赋能自主武器等。

7.1.2.6 空间攻防

2016年,美国立足复杂空间环境,密集推出"有限太空战""主动预防"等空间安全理念,引领空间作战理论体系创新发展。同年1月,新美国安全中心发布《从庇护区到战场:美国太空防御与威慑战略框架》报告,首次提出在太空威慑战略下实施有限冲突的构想,限制太空冲突的规模和范围,避免引发全面战争乃至核战争,即"有限太空战"战略。同年4月,力推"第三次抵消战略"的国防部副部长沃克在第32届太空研讨会上,首次就太空能力与"第三次抵消战略"的关系及如何实施太空领域的"抵消战略"进行阐述。同年6月,美国智库大西洋理事会发布《面向新国家安全空间战略:战略再平衡时机来临》报告,建议美国下一届政府基于当前的战略环境以及美国航天发展目标,推动"战略再平衡",发展以预防太空冲突为主的"主动预防"空间安全战略。

7.1.2.7 多域战

进入21世纪以来,潜在敌人通过研究美国的作战力量部署方式,发展了对抗美国优势、降低美国关键能力、利用美国弱点妨碍美国联合部队技术侦察/卫星通信/空海力量协调的军事能力;这些能力已经威胁到了美军联合部队的相互依存,将美军的长期优势变成了弱点。美军在未来可能的全程高度对抗战争环境下,美军担心其当前的联合作战行动"缝隙"可能恶化为能够被敌人利用并形成威胁的严重漏洞。面对这些问题,美军试图通过"多域战"构想[59-60]补齐当前联合作战行动暴露出的短板。

2016年4月左右,美国陆军提出"多域战"概念,描述了作为联合作战力量的一部分,美国陆军将如何开展军事行动,以适应未来作战需求。同年10月,该概念就得到所有四个军种的认可,并在美国陆军协会会议上,参会的前海军部女次长珍妮·戴维森、太平洋战区司令哈里斯正式同意支持"多域战"。2017年2月24日,美国陆军与海军陆战队于发布《多域战:21世纪合成兵种》白皮书,阐释了发展"多域战"的背景、必要性及具体落实方案;同年3月,美国空军提出"多域指挥与控制"计划,重点关注指挥、控制、通信与计算机能力,寻求构建全球网络,协调美军各军种及盟军的行动。可以看出,此次"多域战"新概念的提出得到了美国各军种的共鸣,使得美国陆、海、空、天四个军种,以至网络战和电磁波频谱(还未正式命名)部队比以往任何时候都能更紧密地相互配合。

"多域战"通过跨域协同的基本战法,基于作战力量的全域融合,实现作战行动的跨域协同增效。在美国陆军与海军陆战队发布的《多域战:21世纪合成兵种》白皮书中提出"多域战"的具体实施方案包括三个方面。①创建及利用临时优势窗口。实施"多域战"的美军将从有形和无形领域影响敌人,并制造敌人无法对抗的两难局面。"多域战"所涉合成兵种方法论不仅关注有形领域的能力,也更重视太空、网络空间以及电磁频谱、信息环境、认知范畴等其他无形对抗领域。在执行"多域战"概念的过程中,空中、地面与海上力量从空中、陆地、海上向其他领域及对抗空间投射力量,支持美军的行动自由。合成兵种集成能力的方式将达到以下效果:敌人若对抗其中一种能力,就必须变得更易受另一种能力攻击。②恢复能力平衡,并在联合部队内建立灵活、具有适应性的编队。在对抗性加剧的作战环境中,具备创建及利用临时优势窗口能力的部队可以进行分散式作战。实施"多域战"的联合部队将全面合成侦察、移动、火力等信息,来规避敌优势,并在整个战场甄别、创建及利用优势窗口,夺取越来越具有决定性的相对优势位置;同时利用识别信号特征控制、防御性系统、掩护火力等,为友军行动建立临时保护区。③改变部队部署态势以加强威慑。在冲突发生前部署可执行"多域战"的战备性及适应性编队,能慑止敌侵犯性行为,为决策者生成更好的选项,并降低作战风险。

7.1.3 技术发展动因

始于20世纪70年代的信息技术革命,至今已经走过40多年的发展历程。随着信息技术的迅猛发展,特别是移动互联网、物联网、大数据、云计算、智能芯片等关键技术不断取得突破,以态势灵敏感知、信息实时传输、数据高速处理、行动自动控制等为主要支撑,战争更加强调通过一系列紧密衔接的高技术链路操控武器作战,是技术的较量、体系的对抗。与此相应,战争胜负的标准不再以歼敌多少、占领对手地盘大小来衡量,破敌链路、毁其体系是更为关键的指标。

战场上,谁能在科学技术上走在前面,谁就能在军事竞争中占据战略主动。指挥控制信息系统的发展也要适应技术发展的趋势,建立起在智能化、感知处理、信息传输和网络攻防等领域的信息技术优势。

7.1.3.1 高速发展的智能化技术

信息智能处理技术的突破和发展,将促进战场信息智能分析处理能力的提升,为更加智能化的一体化武器协同和指挥控制提供前提和支撑[61,62]。人工智能、自然语言处理、人机交互、增强现实和脑机技术将带动指控技术向高度智能化方向发展。

1. 人工智能有望掀起信息科技领域新的发展浪潮

支撑机器人和模拟高级智能的机器智能软件技术发展迅速,有可能成为信息科技领域新的发展浪潮。在军事领域,美军无人机智能已具有较高的自主控制等级,已承担空中侦察、指挥控制、空中打击、空中加油等多种任务。美国空军《2009—2047年无人机飞行计划》预测,未来人机接口技术、任务规划软件、战术网络系统、指挥控制系统等信息技术的发展,将进一步提高新一代无人机的自主能力。在民用领域,美国卡内基·梅隆大学教授预测,2040年左右,机器人智能软件处理能力将达1亿MIPS,智能达到人类级。

2. 自然语言处理技术将使机器读懂人类的语言

大数据时代产生的情报信息依靠传统人工收集及处理几乎是不可能的,由于大部分情报信息体现在语言文字上,自然语言处理技术正是解决这一问题的有效途径。发达国家已投入大量资金进行自然语言处理方面的研究,主要包括机器自动翻译、跨语言情报侦测、情报抽取、情报摘要、特定事件追踪等。在伊拉克战场,美军开发出了一种话语反应翻译机,能够将英语翻译成15种语言。先进的自然语言处理技术能够加快对军事情报的搜集、处理和利用,必将在国防、军事部门得到广泛应用。

3. 人机交互技术促使人适应机器向机器满足人的时代转变

人机交互技术是21世纪信息领域的重大课题之一,美国国防部将人机交互列为软件技术发展的重要内容之一。美军在"21世纪部队旅及旅以下作战指挥系统"中,已经采用头戴式显示器、数据手套和运动跟踪系统等人机交互手段,目前还在进一步完善,以提高系统的便携性、稳定性。2008年,美军在F-35战斗机上装配了语音识别系统,该系统能"听"飞行员的口令。2010年,美国陆军向阿富汗步兵装备部属了"奈特勇士"系统,其核心便是一台便携计算机,另外带有一个显示目镜和一个手持输入设备。在2011年末的美军升级版"奈特勇士"更是将具有多模态交互能力的iPhone等智能手机用到了单兵系统中,通过多点触摸、基于GPS的位置服务、罗盘方向跟踪等交互手段,实时掌握敌我位置信息。

4. 增强现实技术将作为数字世界与现实世界无缝融合的桥梁

增强现实技术作为数字世界与现实世界无缝融合的桥梁,为人们提供了认知与体验周围事物的全新方式。20 世纪 90 年代初期,增强现实这个名词一经提出,美国就率先将其用于军事领域。美军提出未来城市作战的关键在于能提供单兵级的环境位置及协同信息,战场增强现实系统(BARS)的提出满足了这一需求。该项目包括穿戴式增强现实系统和三维交互命令环境。它已实现了指挥中心与各个战斗员之间的战略和战术信息传输。美国科尔摩根公司研制的新型"环视"成像系统采用增强现实技术获得有叠加图形的视频图像和标准的图形用户接口单元的屏幕场景,目前已应用于美军"弗吉尼亚"级潜艇的新一代成像系统中。

5. 脑机技术为用意念或思维控制外部设备提供了可行手段

伴随着认知计算和脑科技研发的突飞猛进,脑机技术从科幻走入现实,未来的军事变革或许将围绕"制脑权"展开。2008 年,美国陆军制定了运用脑机技术开发"多人协同决策系统"十年规划,旨在利用群体的智慧和经验对战场态势和威胁进行科学判断、快速决策。2008 年,美国陆军斥资 400 万美元,同来自加利福尼亚大学、卡内基·梅隆大学以及马里兰大学的科学家联盟签订为期五年的合约,共同研发帮助士兵在战场上用脑电波来进行安全便捷的通信交流。

7.1.3.2 全面提升信息的感知和综合处理能力

云计算、虚拟化、物联网和大数据技术以及信息感知、存储和计算技术的发展已颠覆了传统软件的架构和设计方法,将深刻影响一体化顶层设计的理念。而其全面提升信息感知和综合处理的能力,也必将引领共用信息基础设施和一体化运维的发展。

1. 云计算技术将促进软件运行环境进一步向开放网络拓展

在云计算等网络计算技术的推动下,更多的软件需求将体现在开放网络环境下提供信息互联、共享、传输和互操作等服务。美国国防部于 2008 年开始着手云计算应用研究,由惠普公司帮助美国防部建立庞大的云计算基础设施,构建快速存取计算环境(RACE)。目前,美国的指控系统、护卫系统、卫星程序等均开始在 RACE 上部属和测试。2011 年 2 月,美国国防部制定了云计算战略,计划在未来 5 年内完成对国防部所有信息基础设施的建设和整合,实现将国防部的业务和任务转移到云计算环境中。2013 年,美军全面落实云计算战略,持续整合数据中心,提高云计算基础设施建设优先级,向信息化建设转型发展迈进。

2. 虚拟化技术将提升现有信息基础设施的灵活性

虚拟化技术突破了传统 IT 基础设施构架和管理构架,它简化了 IT 基础设施的管理,使用户最大限度利用现有流程和资源,提高了资源利用率并确保业务连续性。2013年7月29日,美国海军部首席信息官公布了一份题为"服务器、系统及应用软件虚拟化"的备忘录,要求海军部必须将目前所有的服务器、基于服务器的系统及应用软件虚拟化,此举可以降低部署费用,提高现有信息技术基础设施的灵活性。此外,美军还将虚拟化技术大量应用于安全领域。应用层虚拟化可使用户能够通过单一的应用交付体系结构来简化信息技术环境,在提升能力、适应不断变化的任务需求的同时,实现系统与信息的安全。

3. 物联网技术将使虚拟网络与人类社会的融合不断加强

物联网将各种信息传感设备与互联网结合形成一个巨大网络,让所有的物品都与网络连接在一起,方便识别和管理。美国国家标准技术研究所曾在信息物理融合系统工作组第一次网络研讨会上宣布,在2015年夏季制定并使用一套新型的网络安全框架以辅助信息物理融合系统(又称"物联网")。该工作组在2015年初发布一套针对主要技术挑战寻求协作的路线图,并在2015年夏季完成路线图中的任务。此外,该工作组在2015年春季建立一套信息物理融合系统框架。目前,主要军事强国已逐步将传感器网络与C^4ISR系统融合形成C^4ISRT系统,更加强调战场态势的实时感知和信息的快速处理。

4. 大数据将支撑联合作战由战场感知主导转向为全维知识主导

伴随着科技的进步,作战理论的更新,巨量、多用途传感器的广泛分布,现代战争不可避免地陷入数据海洋,作战指挥的发展也面临着新的挑战。大数据推动了数据向知识、知识向行动的转变。在其推动下,未来的联合作战行动将由战场感知主导转向全维知识主导。全维知识主导下的联合作战行动是一种具有理解战场能力、高度智能化的行动,要求指挥员不但掌握敌军位置和移动形态等敌人的基本信息,还能够透彻了解敌军意图、能力和弱点等额外信息。

以美国为首的世界强国已经开展了相应的举措。美国国防部即将开展的项目包括:内部异常检测(ADAMS)计划,旨在解决大规模数据集的异常检测和特征化,目前多尺度异常检测应用程序能够进行内部威胁检测,以及在日常网络活动环境中检测单独的异常行动;网络内部威胁(CIMER)计划,旨在开发新的方法来检测军事计算机网络与网络间谍活动;Insight计划,主要解决现有情报、监视和侦察系统的不足,进行自动化和人机集成推理,使得能够提前对时间敏感的更大潜在威胁进行分析;Mission-oriented Resilient Clouds计划,主要构造一种抗攻击的云,用以检测、诊断和应对攻击,即使个别计算机宿主失效也无碍系统的运行;PROCEED计划,研制一种让用户在数据处于加密状态下进行全程处理的方法,那样就无须在用户端解密数据,因而使网络间谍难以下手;视频和图像检索分析工具(VIRAT)计划,开发视频和图像处理工具,从而可以对大规模的军事图像进行分析。

7.1.3.3 大幅提升的信息传输能力

随着认知无线电、软件无线电、软件定义网络、无线自组织网络和量子保密通信技术的发展,新一代的通信技术将实现信息利用分发能力的极大提升,从而为一体化的指挥控制、一体化的武器协同和联合情报侦察监视提供无缝隙的、安全可靠的、高效率的互联互通操作环境。

1. 认知无线电技术可赋予无线通信系统感知电磁环境的能力

认知无线电技术在基本不改变现有通信体系的情况下,可带来额外的网络和通信能力,将对满足军事作战行动中日益增长的带宽需求和克服干扰威胁发挥重要作用。美国国防高级研究计划局从2003年开始实施"下一代通信"计划,对认知无线电技术进行专门研究。2006年9月,该计划开发出了超灵敏检测器、干扰规避算法和基于通信策略的控制软件,其样机系统可在不干扰现有无线通信系统的情况下,在其使用的工作频段上运行。美国哈里斯公司于2008年3月开始对该计划开发的认知无线电软件进行评估,并打算将其集成到现役的"猎隼"Ⅲ军用电台中。按照美军的技术发展计划,认知无线电已于2015年在实用化方面取得重大进展,使目前军用无线通信的频谱利用率提高10~20倍。

2. 软件定义网络可提升网络的扩展能力和管理效率

通过控制平面与数据平面的分离,软件定义网络(SDN)将网络底层网络设施与网络应用抽象分离开来,从而实现构建可管理、可编程的、可动态改变的网络。一些商业机构已采用了大型的软件定义网络,但国防部门在这方面比较落后。Cisco ONE(Open Network Environment)——开放网络环境,是一系列工具,可以使传统网络成为可编程的和可集中管理的。Cisco ONE 已经在美国几个国防部机构里试行,但项目细节并未公布。

3. 无线自组织网络使作战人员聚焦于任务而非网络

移动Ad-hoc网络具有自组织、自修复的特点,使作战人员能够聚焦于任务而非网络。2006年,雷声公司对新的移动Ad-hoc网络(MANET)的能力成功地进行了演示论证。MANET在不需要卫星通信或固定基础设施的情况下,能为扩展域网络提供移动话音、数据和视频的视距无线电,能使战士在移动中或在荒芜之地进行通信。新的移动Ad-hoc网络将重点发展网络的自建能力、自我完善能力和与传统通信设备之间的充分集成能力。这三方面能力的提高将确保士兵的"无缝通信",可以很好地克服目前士兵所遭遇的远程移动网络通信以及协同使用传统无线电系统等方面的问题,从而更好地支持以网络为中心的军事行动。

4. 软件无线电技术拥有广阔的应用前景

软件无线电是一种实现无线通信的新理念和新体制,利用软件无线电技术可以灵活构建多种无线通信系统。软件无线电技术在军事通信系统中拥有广阔的应用前景。2009年,海军研究办公室与雷声公司签订了一份价值950万美元的研究合同,旨在利用2GHz或2GHz以上RF频率的软件无线电通信来改善移动高吞吐量组网的海军战术数据通信,从而实现在使用卫星或不使用卫星情况下平台与平台之间的军事通信。2012年,芬梅卡尼卡集团下属的DRS技术公司宣布,其DRS信号解决方案业务部门已推出了下一代高性能软件无线电——Picoflexor。Picoflexor是业界首个包含赛灵思Zynq-7000可扩展处理平台(EPP)的软件无线电。

5. 量子保密通信技术的实用化步伐不断加快

量子态发生器、量子通道和量子测量装置等量子保密通信关键技术的不断突破,促进了量子保密通信系统的实用化进程。2010年,日本东芝公司研究人员利用新研发的光电二极管,使量子保密通信速度大幅提升,采用该技术的量子通信系统的通信速率可达数兆比特/秒。2011年1月,瑞士完成历时22个月的野外环境下量子密钥分配网络实验,应用层能在10Gbit以太网链路上进行高速加密、光纤信道加密和IPSec加密。2012年2月,中国科学技术大学建设完成合肥城域量子通信实验示范网,成功搭建了46个节点的城域量子通信网络,提供量子安全下的实时语音通信、实时文本通信及文件传输等功能,实现了全球首个规模化量子通信网络。量子通信的超大信道容量、超高通信速率和保密性,将很好地满足军事信息系统对通信的高速率、大容量和安全性的要求。

7.1.3.4 日益重要的网络空间攻防能力

网络空间正在成为世界各国继陆地、海洋和太空之后争先抢占的新的战场空间,网络空间技术对于构建安全可信的网络信息基础设施和发展新一代的一体化指挥控制平台都具有重要的意义。

1. 网络空间态势感知技术向全程综合方向发展,侦察手段更为多样

随着网络渗透的深度和广度进一步拓展,针对大规模、分布式、异构网络的侦察"传感器"技术、网络攻防情报综合分析、开源情报利用和社会工程学等技术手段被大量采用。美军DARPA等机构加强多尺度异常检测、网络基因、IP声纳等新型网络空间侦察技术手段,从详尽的数据融合和深度行为分析层面发现潜在的攻击,以实现全面、实时和主动的预警监视。2010年1月,美国国防高级研究计划局发布了"网络基因"项目,将利用从计算机系统、存储介质和网络中收集的各种程序,通过研究"网络指纹""网络DNA"等表征恶意攻击特征、行为模式属性的分析提取及应用的相关技术,为安全防护、攻击方确定与定位提供技术支撑。

2. 网络空间攻击技术向网电一体方向发展,攻击发起更为灵活高效

网电一体化是未来针对战场环境中的无线军用网络和军事信息系统攻击

技术的重要发展方向。2013年以来,美国空军新修订的"网络空间战作战能力计划公告"和DARPA新资助的基础网络作战(Plan-X)、精确电子战(PREW)等计划,均突出了通过无线注入、频谱压制等方式对物理网络实施攻击。目前,美国正加强对已有的2000余种病毒进行收集评估,以实现对敌方关键设施破坏的最大化。2007年9月,美国开展"极光"(Aurora)试验,展示计算机网络攻击如何关闭美国国内电网内最常用的发电机。2012年1月,围绕"边界网关协议"(BGP)的缺陷,美国又提出"数字大炮"攻击技术,可攻击广域网核心交换设备,可造成大规模网络瘫痪,而且难以快速恢复。

3. 网络空间防御技术向可信接入、主动防御、协同响应、抗毁生存方向发展

网络安全防御技术为保护网络空间内所有网络基础设施及运行其上的信息系统免受敌方的网络攻击提供支撑。当前,主动身份认证、可信协议框架、可信密码机制等可信计算技术不断成熟,为解决网络系统可信问题奠定了基础。网络防护向综合化和协调化方向发展,多种网络防护手段间将进一步增强联动协同能力。美国网络空间司令部于2010年10月完成对网络战联合功能组成司令部(JFCC-NW)和全球网络部队联合任务部队(JTF-GNO)的整合,建立了美军协调网络作战的网络空间联合行动中心。网络系统部属方式及其安全防护系统构成将向异构多样方向发展,生存能力将进一步提升。美国DARPA正实施"自适应抗毁安全主程序重新设计计划",寻求可通过机器学习进行自我修复的网络防御计算系统。

7.2 发展目标

进入21世纪的信息时代,美军的作战方式发生了重大转变,作为这些转变的核心是一种新的作战理论——网络中心化。网络中心基础设施由网络、通信、信息管理和应用系统组成,确保信息"在恰当的时间、恰当的地点,将恰当的信息,以恰当的形式送给恰当的接收者"。在网络中心战中,网络将情报、指控、火力、后勤等作战要素连接成一个整体,统一优化组织探测资源、决策资源、武器资源,实现探测、决策、打击一体化作战组织及闭环控制的体系作战链条。网络中心战的基本原理是通过构建信息共享环境,实现信息在整个作战体系的高效共享,利用"信息"来控制"能量""物质"的流动,使得作战协同和自我同步成为可能,从而提高指挥控制的速度、准确度以及整体性,构建韧性、灵活、智能的网络中心作战体系,大大提升综合作战效率。

在网络中心战的基础上,美国等发达国家提出了知识中心战的概念。知识中心战关注的重点不仅是信息获取,更是在于对各种来源的海量信息进行有效处理,以形成对战场态势的快速准确感知,有力保障指挥员决策和部队行动需要,从而弥补信息优势与决策优势之间的鸿沟。美军《2020联合构想》中已将"谋求信息优势"的目标改为"谋求决策优势",研发既是网络中心、更是知识中心的作战指挥信息系统,推动未来系统向知识化、智能化发展。

近年来,随着深度学习、神经网络等技术的发展,人工智能已进入一个新的高速增长期,机器智能已经从计算智能和感知智能发展到认知智能,达到一个前所未有的高度。以美国为代表的世界军事强国预见到人工智能技术在指挥控制系统领域的广阔应用前景,认为未来的军备竞赛是智能化比拼,并已提前布局了"深绿"(Deep Blue)、"洞察"(Insight)、可视化数据分析(XDATA)、指挥官虚拟参谋(CVS)等研究计划,发布"第三次抵消战略",力求在智能化上与潜在对手拉开代差。未来战场上,在人工智能的能力加持下,指挥控制将扮演"智能大脑"角色,用智能化机器大脑延伸指挥员人脑,辅助战场态势认知和指挥决策制定,提升指挥员判断态势和制定决策的科学性和效率,以适应节奏显著加快、复杂性大幅提升、战法灵活多样的未来战争。

7.2.1 更快的指挥控制速度

为应对新时期的国际形势变化和安全威胁,更快的指挥控制速度是提升自身响应能力,快速贯彻指挥意图的重要保证。美军认为,指挥控制的基本测量标准之一就是指挥控制的速度,也就是从识别战场态势到选项评估、选择正确的行动方案,再到最后产生可实行的命令,整个过程所耗费的时间。随着高技术武器装备的广泛运用,战争节奏加快,战场情况变化迅速,这些都对指挥控制系统的时效性提出了更高的要求。

美军从发现目标、经过定位、跟踪、制导、攻击到评估火力毁伤效果,整条打击链已由海湾战争的80~101分钟、科索沃战争的30~45分钟、阿富汗战争的10~19分钟缩短到伊拉克战争的10分钟,充分展现了指控系统的速度随信息技术发展,越来越快。在这几十年里,美军不遗余力建设"网络中心战"体系[31]。在该体系中,"网络化"的传感器网络能够聚合海、陆、空、天不同类型的传感器平台,提供对战场实时的、全天候、全频域的侦察监视;通信网络能够高速安全的传输和交换信息,作战人员和分析人员可以及时地收发情报和数据,使各级指挥员对战场态势有及时全面的感知能力,从而缩短了指挥决策的周期,提高了决策的质量和决策的速度;武器系统网络则使得各个作战单元在多维战场上配合高度协调,各级指挥控制系统既能及时掌握与其作战单元密切相关的局部战场情况,也能实时了解整个战场的全局信息,并能根据战场的实时变化,及时进行作战判断、决策和行动,实现相互之间的适时、主动协同、同步。此外,网络中心战中的信息网格技术所具有的连通性、互操作性、灵活性和自适应性可大大化解指挥跨度增加所带来的复杂性,在指挥对象一定的情况下,指挥跨度的增加,可以减少指挥层次,这都大大缩短了作战指挥控制的时间。

将联合指挥控制能力向战术级延伸是增加指挥跨度,提升指挥控制速度的有效途径。战术级指挥信息系统主要指师级以下集指挥、情报和通信于一体的信息系统。美军提出,未来陆军针对任务的指挥控制系统主要基于通信、应用及网络化服务三个显著能力。通信能力主要由战术系统和联合战术无线电系统(JTRS)实现;应用能力主要由战术作战指挥、全球指挥控制系统、联合作战指挥平台(JBC-P)以及全球作战保障系统实现;网络化服务能力主要由军队密钥管理系统和通信保密实现。可以看出,在美国陆军信息系统中应用、服务和数据是实现网络化作战能力的核心和关键。

7.2.2 更高的指挥控制精确度

在未来的信息化战争中,指挥员要应对无形的信息空间和有形的物理空间两个空间。穿梭于两个空间的战场信息瞬息万变,作战指挥控制要求高,协调难度大,指挥控制复杂性增加,这给指挥员带来了前所未有的新问题。战场指挥员要做到精确的指挥控制,必须要掌握整个战场的精确信息。在网络中心战体系中,为了达到这一目标,美军积极发展联合情报能力和联合火力打击能力。联合情报能力能提供及时、准确的危机警示和持续监视敌人企图,寻找和确定重要的目标、判定和监督发展过程、提供有效的信息,不间断地了解重要的情报目标,并为全球信息栅格、各种共享态势感知系统和转型的指挥与控制系统提供横向融合情报信息。从联合情报网提供对被感知对象更精确的总体性描述,为联合火力打击网精确打击目标打下基础。

联合火力网是由各种空基、陆基和海基武器平台组成的武器系统网络,提供了情报关联、感应器控制与计划、目标确立、精确目标确定、移动目标追踪和战斗伤害评估等能力,可以支持更及时地打击时效敏感目标。联合火力网中的任何一个平台与行动地区中其他的平台和指控节点之间,迅速地共享提高的战斗空间图景,从而指挥控制中心能够根据被打击目标的特点,精选打击力量,让处于最佳攻击位置或是最佳攻击时机的作战要素来完成任务,实现"火力打击精确化"。网络中心战有能力让指挥官更精确地了解态势,掌握预期效果,优选行动方案,以及更精确地评估作战行动的效果,以便在需要时重新交战并减少附带损伤的能力。

7.2.3 更灵活的指挥控制机制

灵活性是指预想完成任务的多种方法和/或构想通向目标的路径的能力。现代战争离不开信息系统的支撑,为适应未来联合作战指挥体系的需要,网络化的指挥控制系统是网络中心战的核心支撑技术。通过网络化指挥控制系统,为入网的所有作战单元提供合成的、一致的战场态势图,这个态势图将是协同作战指挥控制的重要依据。使各个作战单元的协同作战处理系统独立地按照相同的算法，使用相同软件平台，依据格式严格一致地输入数据进行信息传递与处理，这样就能保证尽管在各个节点上分别且并行地进行信息处理，战场态势图对于整个战区都是可通用的，联网的每个节点都能共享所有其他成员的信息。这种严格意义上的分布处理方式使网络中的每一个节点都具有物理意义上的相同性，于是每个节点的逻辑关系就可以在网络空间内进行重新定义和灵活调整，每一个节点都可以作为"主节点"而获得指挥控制其他"附属节点"的权力。所以，网络中心将使军队能够根据战场的变化，对整个指挥控制系统的各个层次进行灵活快速的调整，使战场指挥控制系统能够迅速适应战场环境的变化。

为实现灵活的战场态势支撑体系，通过建立网络化的信息服务体系是充分发挥信息资源效益，加快生成基于信息系统体系作战能力的保证。随着网络化指挥控制系统的不断发展，各级各类用户、信息系统和信息化武器装备的信息服务需求日益强烈。因此，通过构建服务平台、建立服务保障机制、整合各类资源，通过服务体系的构建适应网络中心化指挥控制系统的发展。

7.2.4　更强的指挥控制整体性

尽管各军种都将其独具的能力运用到联合战役中去，各自发挥自己的优势，但是指挥整体性对于提高联合部队的效率至关重要。现代战争是陆、海、空、天、网、电一体化的联合作战，参战军兵种众多，战场空间也空前扩大。

美军经过多次实战检验，认为以往的平台中心战，作战指挥控制实际上主要限制在各参战部队的内部，平台之间的协同能力较弱，限制了整体作战效能的发挥。而网络中心战实现了各部队、各武器平台的网络化，促进了所有参战部队的共享战场态势能力，作战协同能力，实现了真正意义上的联合。从美军网络中心战的体系结构可以看出，网络中心战有能力使整个作战部队实时地共享战场态势、透视战场、快速精确决策、高效地协调部队、精确打击，从而实现一体化的作战过程。网络中心战所形成的传感器网络、通信网络和武器系统网络能够把各个作战单元链接成一个有机的整体，实现作战力量的一体化。在未来的网络中心战场上，虽然各种作战力量在空间上更为分散，但通过网络却可以实现更密切、更精确的作战协同。不论是装甲突击部队，还是分散在广阔海洋上的战舰群，还是正在天空飞行的战机等，每个作战单元虽在不停地运动之中，但又紧密相连接，整个网络中心战部队形成一个作战整体，努力实现最优的整体作战效能。

加强联合作战指挥控制系统顶层设计，是提升指挥控制整体性的有效途径，统筹考虑联合作战指挥控制系统的体系架构、标准规范，打造体制统一、标准一致、流转顺畅、无缝衔接、浑然一体的具有天然联合性的新一代联合作战指挥系统。

联合作战指挥控制系统的发展涉及多元力量,若没有统一的标准规范,势必会造成不同单位各行其是,众多头绪聚不到一起,更不能形成合力。标准规范的基础支撑作用为指挥控制系统的建设奠定基础。借助统一的技术标准体系,推动各种指挥和通信网络在标准统一、接口规范、关系顺畅的信息空间内实现融合。

7.2.5 更好的指挥控制协同性

美国国防部对协同能力的定义为"不同的系统和单位之间相互提供数据、信息、物料和服务的交流达到有效合作的能力"。随着科学技术的发展,各种高技术武器及新概念武器不断涌现。这些武器改变了传统的战法,也使得战场要素变得更加丰富和复杂。

为了有效地发挥这些武器装备的能力,不仅需要有更加全面、准确、及时的情报信息,而且需要有十分具体、周密的作战计划和完备的实时指挥协调能力;不仅需要有严密组织的后勤支援和环境保障,而且需要有特定的环境条件和多方面的协调配合。所有这些,都要靠指挥控制系统进行具体的计划组织和全面的运筹协调。美军在协同在网络中心战条件下,各作战单元之间的配合高度协调,各级指挥控制系统可以根据共享的战场信息,进行判断和决策,相互之间密切配合,在军事行动中实现自同步。这种自适应、自同步为主的协调方式,形式上更为宽松,但协调程度却更高。现代战争物资消耗更加迅速和巨大,各类保障工作量相应增加。网络中心战使部队有极高的保障能力,指挥控制人员可以将各种保障力量有效地组织起来,在各种军事行动中,在正确的位置和时间以正确的数量向部队提供正确的人员、设备和补给。

1. 推动指挥控制系统与武器平台的深度铰链

指控系统的相互融合产生融合的信息,信息的融合度越高,信息共享增值的效用就越高。在信息化初始阶段,指挥控制系统集成的着眼点主要集中在系统内部各级各类指控系统的融合,取得了明显的成效。但指控系统与武器平台之间不能友好交链的问题,日益成为困扰形成体系作战能力的鸿沟。为了适应日益加快的作战节奏和动态变换的作战环境,应致力于指挥控制系统与武器控制系统集成铰链和深度融合,实现由军事互联网融合向军事物联网融合拓展,由互联互通互操作向人机对话拓展,由建立实体连接向实现逻辑连接拓展。

2. 建设基于网络的综合指挥控制系统

指挥控制系统应以网络中心战能力为宗旨,支持信息时代联合作战构想和体系结构框架。通过将士兵、传感器、网络、指挥与控制、平台和武器集成为一种网络化的、分布式作战力量,灵活应对从海底到空间、从海上到陆上、从地面到天空的各类冲突。同时面向服务的体系结构也值得深入研究,分阶段地实现将指挥控制系统功能逐步分解移植到网络上,成为网内用户可以共用的服务,最终为指挥官提供灵活、便捷、可动态配置的指挥控制能力。

3. 构建综合信息服务平台

综合信息服务平台体系是按照统一的顶层规划、服务规范、服务标准与评估指标,构建服务于网络化指挥控制系统的服务平台,提升各领域信息交换与共享的能力。信息服务是用不同方式向用户提供所需信息的活动。从用户的角度看,信息服务通过分析需求、组织信息、统一服务,将所需的信息提供给用户;从开发利用信息资源角度看,信息服务将数据、软件等资源重新组织,形成具有特殊功能的可重用构件;从信息价值链的角度看,信息服务连接信息源与用户,传播信息、交换信息、实现信息增值,更有利于实现在正确的时间向正确的用户提供正确的信息。它是提升指挥控制系统获取信息资源的有效渠道。

信息服务平台由若干关联的信息服务系统构成,是信息服务软硬件环境的综合。信息服务系统可以是基于不同类型业务或领域信息处理的专业信息服务系统。随着数据信息库、数字化信息保障体系及信息服务网络系统的建立和逐步完善,提供更加快捷、高效的信息资源的交流传递方式。

4. 完善信息资源调配和共享机制

统一资源管理标准,建立维护效益评估机制,实现网系资源的结构化表示,在统一描述的基础上建立信息资源标准。集中网系资源调配,实现全网组织资源可控。统一制定资源调配计划和调配流程,规划资源调配业务活动。

信息资源共享机制的主线,是实现战场态势的多源综合、统一显示和实时分发。对同一目标信息进行鉴别,对描述同一时间的多个信息进行融合处理,得到可靠性、信息量最高的事件信息。围绕主题进行态势综合,满足各级指挥员的不同需求。

7.2.6 更鲁棒的指挥控制韧性

鲁棒性是指挥控制系统面临内部或外部环境改变时,维持其功能的能力。一个健壮的指挥控制系统是其生存能力的重要保证。在不确定性和危机出现的情况下,鲁棒性已成为指挥控制系统能否生存的关键。鲁棒性是系统对不确定性的适应程度。这里的不确定性并不意味着一无所知或变幻莫测,而是只对某些部分了解不全面,只知道片断的不完整信息,需要将这些已知的不完整信息利用到系统设计中。不确定因素通常分为两类:一是外部的不确定性,如敌方的干扰破坏;二是系统内部的不确定性,如参数估计误差及系统建模的不完善。因此,难以用精确的数学模型描述指控系统的鲁棒性,而且往往在设计系统时无法事先定量地把握不确定性对系统性能品质的影响。对于指挥控制系统而言，软件的鲁棒性关系到指挥决策的正确性、及时性，关乎战争的胜负，建立具有强大鲁棒性的指控系统是夺取战争胜利的有力保障。

需求的多样性与环境的多变性导致大型软件系统的结构和行为都非常复杂，迫切需要复杂性理论指导系统建设。由于指挥控制系统内在是一个复杂网络，它就必然具有鲁棒性和脆弱性并存的特点。复杂软件系统的脆弱性一直以来困扰着程序开发人员，开发出来的程序内部功能胶着在一起，错误不断：一方面难以满足需求的不断变化；另一方面造成了软件系统的脆弱性。软件工程方法着重从软件开发的各个过程出发，致力于解决这些问题，虽然能够从某些侧面提高软件的质量，但是从最终交付给用户使用的软件看，很难达到期望的效果。

自然界中，种群的演化过程是个体数量在增长的同时以偏好依附等方式选择而形成稳定的网络结构，这种结构经过了长时间的考验，可以认为是一种合理的组织方式。指挥控制系统可以借鉴和使用这种进化模式和网络结构，以解决系统遇到的各种不可预测的问题。从复杂网络的角度出发，指控系统的发展应该类似于自然网络进化过程：模块化的软件单元必须在保证自身的封装性和松散耦合的基础上，通过继承和聚合等方式有选择地与其他单元发生联系，形成一个灵活的网络组织并不断进化。设计模式是一种使用规则和控制的方式组织对象之间交互关系的方法，它可以避免由于系统内部随意约束而导致软件难以进化的问题，合理使用经过仔细设计的各种设计模式，并从复杂网络的观点控制软件的开发方法和过程，最终可以形成灵活可用的软件系统。无尺度网络拓扑也许可以平衡系统的自然进化和人工控制的关系，使得软件系统可以在人为的控制下以最小的系统内部约束方式灵活地进行"进化"。

网络化的指挥控制系统可以有效增强软件的鲁棒性，提升系统的指挥控制效能。软件节点之间耦合关系控制策略从复杂网络的时间演化观点来看，网络化指挥控制系统的整个生命周期是一个自适应和自组织的进化过程：模块化的软件个体，在保证自身的封装性和松散耦合的基础上，通过继承和聚合等方式有选择地与其他个体发生交互作用，形成一个灵活的局部网络组织，通过与环境的交互作用和自身调整，在功能上和结构上不断进化和变异。现实世界人工复杂网络中，种群优化的遗传变异过程表明：一方面，节点数量不断增加，网络规模也不断扩大；另一方面，新增加节点与原来节点之间的联系，通常以某种特定的偏好优先依附方式进行选择，如节点度优先依附、介数优先依附以及抱团结构质量优先依附等，进而形成具有特定统计规律的复杂网络拓扑结构。这种结构经过一定时间的演化，通过自组织和适应性变异，形成与环境相依存的合理组织方式。因此，网络化软件作为人工设计和实现的复杂网络系统，可以借鉴和使用这种进化模式和网络结构,通过使用规则和控制的方式组织对象之间交互关系,避免由于系统内部的紧耦合约束而导致软件难以进化的问题,合理使用经过仔细设计的各种设计模式,按照无尺度网络拓扑特性协调系统的自然进化和人工控制的关系,并从复杂网络的观点控制软件的开发方法和过程,最终形成灵活可用的软件系统,从而解决软件开发与维护过程中的随意性而导致的各种不可预测的问题,使得网络化软件可以在松散耦合策略控制下以较小的系统内部约束方式灵活地实现"进化"和交互作用,增强对网络化软件适应性、可重用性以及鲁棒性的有效控制。

7.2.7 更加便捷的指挥控制交互

指挥控制系统本质上是一个"人机系统",指控控制任务需要由人和机器来协同工作,共同完成,单一的系统或人都不能取得良好的效果,必须是在人与系统密切配合下,才能获得最佳的指挥控制能力。网络化、分布式的联合作战指控系统架构对系统的人机交互模式提出了新的要求。

未来在高速网络系统的支持下,通过各种新型人机交互设备和系统,通过虚拟现实技术、多通道人机交互技术,可以将分散在不同地点、车辆、指挥所的各级指挥人员,按需要动态地、虚拟地组织在一起,形成虚拟指挥大厅,使指挥官抛弃传统的"办公室",可以在任何地点进行无缝、有效的指挥,就像现在许多使用计算机或手持设备和 WiFi 工作的工作人员一样,协同工作,共同完成某一具体的作战任务。系统将为根据任务组建并紧急部署到缺乏信息基础设施地区的部队提供支持,从而使他们能在抵达后立即开展行动,也能够为指挥官以及从驻防部队到徒步士兵的所有梯队的作战人员提供无缝的移动中任务指挥能力。依托战术互联网计算环境使得士兵在徒步和乘坐车辆时,能够使用平板电脑、笔记本电脑和其他车载或单兵携带计算设备,以"镜像模式"或"扩展模式"进行移动中协同。指挥所将包含一系列灵活的、具备远程作战的能力,使指挥官能够从任何地点无缝地指挥并快速制定决策,获取机动和敏捷能力优势。为实现这种指挥交互的灵活性,未来指挥系统基于云的移动服务系统:针对跨区机动作战、近海/远海防御等任务所面临的端到端信息协作、聚焦任务资源保障、信息精准服务等问题,通过面向任务信息汇聚、多级资源联动调度、信息深度分析利用,最终实现任意用户、通过任意设备,在任意时间、地点,获取所需信息的能力。

可穿戴计算、人工智能技术的发展推动指挥控制技术交互更加便捷,通过利用脑机、力反馈、眼动、语音等智能人机交互构建指挥所自然高效智能的人机交互环境。虚拟现实技术还可以为后方指挥员提供身临其境的观察作战区域的地形和地质条件,实时感知战场态势,在形象化的条件下进行态势研判,作战筹划。形象化的环境可以最大限度地消除指挥人员之间的理解不一致,达成共性的态势感知和态势理解,支持指挥决策。例如,采用增强现实电子沙盘技术能够使官兵能身临其境地了解作战地形,提升官兵对战场环境的感知能力。系统可以集成到由士兵的可穿戴平视显示系统中,与任务指挥功能进行语音交互,为徒步和车载士兵提供穿越险恶环境的能力,并且可以不用注视远方或放下武器就能发出诸如显示覆盖图层或移动地图等功能,还具备包括语音输入转换为文本功能,士兵能够通过语音创建文本消息,以及在不适合传统鼠标和键盘等外围设备的环境中进行手势和眼动跟踪交互。未来还可以利用神经工程系统设计技术,通过一种可植入人体的神经接口,能够使人类大脑直接与计算机连接,使指挥员更快、更准地从信息系统获取战场信息,更加便捷地获取信息系统设备的功能服务。

基于军事云脑架构发展智能交互,可实现作战人员与指控系统之间的自然高效互动,提高作业效率,增强系统操控能力,并能够准确理解用户意图,以便于用户理解的形式展现结果,朝着人机智能共生方向发展。未来指挥员将能够获得数字虚拟助手的协助,能够融合语境上、下文的交互式问答、多源信息的关联印证,利用智能来源搜索、自然语言处理、推荐引擎、语境融合等技术,智能回答用户的搜索、分析性问题,帮助处理海量情报数据,实现预测性任务建议,实现军事决策过程的自动化。

7.2.8 更加智能的指挥控制处理

在信息网络、大数据、云计算和人工智能等技术的推动下,指挥信息系统将从网络化、信息化向智能化转变,通过依托智能化的基础软硬件平台,形成面向任务的智能服务,并不断完善智能服务知识库,因此能极大提升态势研判、趋势预测、任务规划、方案评估、行动控制等智能化辅助决策能力,为指挥员有效克服"战争迷雾"提供强大支撑。

智能化的指挥信息系统将能够学习战争、设计战争,通过人工智能技术,系统具备对战争手段、战争方式等的决策方案推演能力,并能根据作战需要优选、临机调整辅助决策方案,同时能够进行作战损伤评估、风险评估、人员伤亡评估等,为指挥员在联合作战中提供强大的辅助决策能力。

在传统武器火力之外,信息火力日渐彰显巨大的作用。即以智能驱动火力,通过网络赋能使多军兵种作战单元、作战要素、作战系统甚至是作战平台,具有自适应规划和自主协同的"智能",为多军兵种、多元化作战力量、多维空间作战行动,分配目标信息、引导信息、协同信息和指令信息,形成扁平化的指挥控制方式,从而充分发挥多军兵种非对称的精确打击威力,最大限度地精准释放智能化打击威力。智能化打击能够对作战对手联合作战体系中的重要目标或关键性薄弱环节实施精准毁伤,在大幅提升打击效能的同时,减少人员的附带损伤,以最低代价获得最佳的联合作战效果。

智能化联合作战中战场优势不仅仅局限于以往追求的信息优势、兵力优势、火力优势和机动优势,而是力争对作战对手形成全空间、全要素、全系统、全流程的智能指挥控制优势,进而掌控战场主导权和控制权,使战争按己方意图进行或结束。

7.2.9 更加广阔的指挥控制范围

1. 面向全球海陆空天全域战场的监视能力

未来联合作战中,战场信息获取的能力将得到进一步发展,实现战场环境和态势的全方位感知。随着CPS技术的发展,环境探测和信息获取技术得到大力推进,传感器的种类极大地丰富,改变目前主要依靠雷达、电子侦察设备的状况。战场监视手段从单纯的目标定位、属性判断(雷达探测、电子侦察),发展成包括战场环境(地形、植被、通过能力、气象、水文等)、敌方目标监视/跟踪(声、热、光、生命特征等)、己方作战单元监视/控制(作战平台状态、武器状态、单兵体能、精神状态等)。

2. 军民融合协同作战能力

当前军事冲突的多元化导致战争行动的边界日益模糊,舆论战、法律战、金融战等非常传统作战行动与传统军事行动同步开展;作战对象也日益复杂,战争不再是国与国之间的冲突,各类非国家、非政府组织也参与其中。这就要求未来作战不再仅仅是军事部门的职责,需要整个国家,整个社会的整体参与。作战指挥的对象范围将进一步扩大,能够统筹协调地方经济、宣传、法律、文化、教育、卫生和科研生产等部门与部队通力协作以各类手段捍卫发挥国家实力、国家安全,实现国家利益。

3. 无人作战平台控制能力

无人作战平台是未来作战装备发展的重点,将使传统的由人操控的武器装备,具备自主/半自主的运动控制、任务规划、指挥决策、任务执行等方面的智能特征,如物理域的无人机、无人舰、无人车等平台和智能武器等。无人作战平台具备以下特点。

(1)具有更高的智能优势。随着自主控制和人工智能技术的大量运用,以及机械系统、传感器、处理器、控制系统的进一步发展,无人平台具备了一定程度的智能化指挥决策和自主化行动能力,可迅速做出反应,在信息获取和处理方面具有人类难以达到的智能优势。

(2)具有全方位、全天候作战能力。无人作战平台无须考虑人类的生理极限,可以在冲击波、辐射、生化污染以及极端自然环境等极为恶劣的条件下工作,且不会受到疲倦、劳累的影响。

(3) 具有较强的生存能力。与有人武器系统相比,无人作战平台体积小巧,结构紧凑,机动性、通过性强,隐蔽性好,能够长时间潜伏,不易被敌方发现。

(4) 可完成多样化任务。无人作战平台可以通过搭载各类任务载荷(武器站、观察侦测系统、机械臂等),扩大应用领域,适应不同的作战需求。

无人作战平台的部署运用,将使得OODA环路及关于感知、判断、决策、执行环节中的智能要素,由传统的"以人为主"向"人工智能、机器学习、人机协同"发展,可整体带动作战体系立体升级。

4. 网络空间的指挥控制能力

网络空间不同于传统的物理空间,网络的能力更多地取决于网络节点的数量,节点的互联程度越高,其蕴含的价值就越高。在网络中心化战争中,指控系统、作战节点未来联合作战指挥对信息网络的依赖程度更高,网络化的战场信息感知、一体化的联合火力打击、遥控武器的应用、无人作战平台的协同控制等作战应用都高度依赖信息网络,使信息域成为作战的中枢和神经。在信息域对敌方部队进行"遮断",可以起到在物理空间包围敌人相似的效果,使敌方的部队失去协同,无人作战武器完全失去效用,因此网络域的对抗将更加激烈。

未来网络域的作战包括电子对抗、信息对抗、计算机网络对抗等多个方面,形成统一的、协同的联合网络域作战对抗,并可以和其他军兵种实现联合作战。

同时,网络空间作战对联合作战指挥系统的时效性要求更高。一方面,由于作战双方都利用信息系统实施对抗,系统带来的效益差对双方都一样,因此作战双方都在寻求更高的指挥时效性;另一方面,网络对抗的隐蔽性、破坏性、快捷性对指挥时效性提出了新挑战。由于网络对抗难以知道攻击何时发起、何处发起,而且对抗是以光速或接近光速的速度进行,后果可能是破坏指挥中枢,瘫痪作战体系,这些均要求网络指挥在攻击发生后立即做出反应。相对应的指挥方式也必须做出调整,要求指挥系统的协调性更强。例如,一个战区的一名网络战士发现了来自另一战区的威胁攻击。这种威胁攻击可能在几分钟之内破坏整个作战网络,需要在以秒计的时间内发出指令,协调网络资源才能实施对抗攻击。显然,此时集中式指挥已经无法满足要求,委托式指挥又无法避免失误或随机事件的发生,这需要联合作战指挥系统,具备更高的指挥控制时效性。

由此预见未来联合作战逐步形成陆、海、空、天、网、电等多维一体的联合作战,通过在物理域和信息域的联合打击,以及军事力量与非军事力量的协同配合,使整体作战效果倍增。

7.3 本章小结

本章阐述了联合作战指挥控制系统不断发展的动因,以及未来由网络化、服务化、一体化,向更广范围、更深层次的泛在化、智能化发展的目标。放眼未来,随着作战需求的不断牵引,科学技术的迅猛发展,将不断推动着联合作战指挥控制系统向更高层次、更高阶段发展。

参考文献

[1] David S A, Richard E H. Understanding Command and Control [M]. Washington, DC: CCRP, 2006.

[2] Bruce C, Zabecki David T. On the German Art of War: Truppenführung [M]. Mechanicsburg PA: Stackpole Books, 2009.

[3] RAND. Joint All-Domain Command and Control for Modern Warfare[R]. Santa Monica: RAND, 2020.

[4] Tham K Y. Study of Command and Control(C&C)Structures on Integrating Unmanned Autonomous Systems (UAS) into Manned Environments [J]. Accreditation & Quality Assurance, 2012, 17(2): 129-138.

[5] Huang J M, Gao D P. Combat Systems Dynamics Model with OODA Loop[J]. Journal of System Simulation, 2012, 24(3): 561-181.

[6] David S A, John J G, Richard E H, et al. Understanding Information Age Warfare [M]. Washington, DC: CCRP, 2001.

[7] Berndt B. The Dynamic OODA Loop: Amalgamating Boyd's OODA Loop and the Cybernetic Approach to Command and Control[C]//10th International Command and Control Research and Technology Symposium, 2005.

[8] Rudolph O, Roodt J H S. Coping with Complexity in Command and Control [C]//17th International Command and Control Research and Technology Symposium, 2012.

[9] 张维明, 阳东升. 美军联合作战指挥控制系统的发展与演示[J]. 军事运筹与系统工程, 2014, 28(1): 9-12.

[10] Robert R E, Charles A Z, Herbert D B. SAGE-A Data Processing System for Air Defense [J]. Annals of the History of Computing, 1983, 5 (4): 330-339.

[11] John F J. SAGE Overview [J]. Annals of the History of Computing, 1983, 5 (4): 323-329.

[12] 军事科学院世界军事研究部. 伊拉克战争: 来自参战国军方的报告[M]. 北京: 军事科学出版社, 2005.

[13] Weichel E D, Colytr M H, Ludlow S E, et al. Combat Ocular Trauma Visual Outcomes during Operations Iraq: and Enduring Freedom[J]. Ophthalmology, 2009, 115(12): 2235-2245.

[14] David S A, John J G, Frederick P S. Network Centric Warfare: Developing and Leveraging Information Superiority[J]. Molecular Brain Research, 2000, 24(s): 11-19.

[15] 于景冬, 董良成. 试析一体化联合战术的内涵[C]//军事电子信息学术会议论文集, 2006.

[16] Jacobson I, Ng P. Aspect-Oriented Software Devlopment with Use Cases [M]. Upper Saddle River:Addison Wesley, 2005.

[17] Rechtin E. System Architecting: Creating & Building Complex Systems [M]. Upper Saddle River:Prentice Hall, 1991.

[18] Zachman J A. A Framework for Information Systems Architecture [J]. IBM Systems Journal, 1987, 26 (3): 276-292.

[19] 刘俊先,罗爱民,罗雪山,等.外军架构框架发展趋势分析[J].指挥与控制学报,2018,4(1):1-7.

[20] 冯润明,王国玉,黄柯棣.试验与训练使能体系结构(TENA)研究[J].系统仿真学报,2004(10):2280-2284.

[21] 肖余春,李姗丹.国外弹性理论新进展:团队弹性理论研究综述[J].科技进步与对策,2014,31(14):155-160.

[22] 袁杰红,陶利民.维修性工程的发展现状与趋势[J].测控技术,2000(9):1-5.

[23] 袁国铭,李洪奇,樊波.关于知识工程的发展综述[J].计算技术与自动化,2011,30(1):138-143.

[24] 董强,曹雷,张永亮,等.以知识为中心的指挥信息系统概念及能力需求[C]//第二届中国指挥控制大会论文集,2014.

[25] 肖国华,唐蘅,王江琦.云计算环境下专利技术转移平台研建设计[J].情报杂志,2014,33(10):153-158.

[26] 周云,黄教民,黄柯棣.美国"深绿"计划对指挥控制的影响[J].火力与指挥控制,2013(6):1-5.

[27] 朱晓梅,李磊,仇建伟.美军联合任务规划过程分析和系统建设思考[J].指挥与控制学报,2017(4):305-311.

[28] 孙鑫,陈晓东,严江江.国外任务规划系统发展[J].指挥与控制学报,2018(1):8-14.

[29] 唐金国.美军任务规划系统的现状、发展和关键技术[J].军事运筹与系统工程,2003(3):62-64.

[30] 周海瑞,李皓昱,介冲.美军联合作战指挥体制及其指挥控制系统[J].指挥信息系统与技术,2016(5):10-18.

[31] 梁炎.联合作战计划和执行系统[J].舰船电子工程,2005,25(1):29-33.

[32] 王政,李宗璞,陈唐君.解析美国空军战区作战管理系统[J].飞航导弹,2017(2):50-54.

[33] 何榕,罗小明.探析美军C~2BMC系统及对空天防御指挥控制系统建设的启示[J].兵工自动化,2016(9):1-4.

[34] 全寿文,肖德政,白洁.美军反导作战指挥控制系统的发展[J].航天电子对抗,2014,30(6):4-7.

[35] 卢信文.虚拟现实平台的开发及其应用领域的研究[D].成都:电子科技大学,2008.

[36] 周倜.海战场电磁态势生成若干关键技术研究[D].哈尔滨:哈尔滨工程大学,2013.

[37] 纪浩然.网络作战态势生成和展现研究[D].长沙:国防科学技术大学,2011.

[38] 裴晓黎. 美军战场态势一致性对海战场态势图体系构建的启示[J]. 指挥控制与仿真, 2012(3):67-71.

[39] 蒲玮,李雄,吴成海. 三维战场态势显示标绘技术[J]. 科技导报,2014(34):62-68.

[40] 张伟,张孟雄,李顺发,等. 区域防空预警作战筹划评估问题的思考[J]. 空军雷达学院学报,2011(5):362-364.

[41] 于淼,岳庆来,杜正军,等. 基于重心理论的作战筹划的优劣分析[J]. 装备指挥技术学院学报,2011(5):24-28.

[42] 喻立. 论美军空袭"五环目标理论"的产生与运用[J]. 国防科技,2002(11):62-65.

[43] 吴永杰,周玉兰. 海上舰艇编队系统[M]. 北京:国防工业出版社,1999.

[44] 李言斌,张策,吴宏启. 基于信息系统的体系作战指挥能力及其运用研究[J]. 中国军事科学,2010(5):4-5.

[45] 蒋启泽,蒋鹏. 一种基于信息系统的指挥控制能力评估的方法[J]. 舰船电子工程, 2014(9):35-37.

[46] 盛辉. 基于信息系统的体系作战指挥能力问题研究[D]. 长沙:国防科学技术大学,2011.

[47] 蓝羽石,邓克波,毛少杰. 网络中心化军事信息系统能力评估[J]. 指挥信息系统与技术,2012(1):1-7.

[48] 刘思峰,郭天榜,党耀国. 灰色系统理论及其应用[M]. 北京:科学出版社,2000.

[49] 赵晓刚,李胜强,袁绍强,等. 环境决策系统中的灰色AHP分析法[J]. 贵州环保科技,2001,7(2):9211.

[50] 黄明. 基于灰色聚类的指挥自动化系统效能评价研究[J]. 舰船电子工程,2013,33(5):129-130.

[51] 胡保清. 模糊理论基础[M]. 武汉:武汉大学出版社,2004.

[52] 岳韶华. 防空C^3I作战效能研究[J]. 空军工程大学学报,2002,3(2):30-32.

[53] 孙立民. 改进的粗糙集属性权重确定方法[J]. 计算机工程及应用,2014,50(5):43-59.

[54] 张武,李益龙,邓克波,等. 基于最优熵权—TOPSIS的航空兵综合保障能力评价方法[C]. 江苏省系统工程学术会议,2015.

[55] 秦寿康,等. 综合评价原理与应用[M]. 北京:电子工业出版社,2003.

[56] 何逢标. 综合评价方法MATLAB实现[M]. 北京:中国社会科学出版社,2010.

[57] 张桂芬. 俄罗斯"新面貌"军事改革研究[M]. 北京:国防大学出版社,2016.

[58] Tol J V,Mark G,et al. AirSea Battle:A Point-of-Departure Operational Concept[J]. Center for Strategic and Budgetary Assessments,2010:5-18.

[59] Araki S,Nishioka I. Multi-domain ASON/GMPLS Network Operations[C]. International Conference on Photonics in Switching.IEEE,2009.

[60] David G P. Vision Multi_Domain Warfare In 2030-2050[C]. MAD SCIENTIST,2017.

[61] Merats,Almuhtdi W. Artificial Intelligence Application for Improving Cyber-Security Acquirement[J]. Canadian Conference on Electrical and Computer Engineering,2015:1445-1450.

[62] Cummings M. Artificial Intelligence and the Future of Warfare[M]. London:Chatham House for the Royal Institute of International Affairs, 2017.

缩略语

A^2/AD	Anti-Access/Area-Denial	反介入/区域封锁
ABCCC	Airborne Battlefield Command and Control	战场空中指挥控制中心
ABL	Airborne Laser	机载激光器
ACE	Analysis and Control Element	分析与控制分队
ACIS	Amphibious Command Information System	两栖作战指挥情报系统
ADAMS	Anomaly Detection at Multiple Scales	内部异常监测
ADOCS	Automated Deep Operations Coordination System	自动纵深作战协调系统
ADP	Automatic Data Processing	自动数据处理
Aegis BMD	Aegis Ballistic Missile Defense	宙斯盾弹道导弹防御
AFATDS	Advanced Field Artillery Tactical Data System	高级野战炮兵战术数据系统
AHP	Analytic Hierarchy Process	层次分析法
ALCC	Airlift Control Center	空运控制中心
ALCE	Airlift Control Element	空运控制分队
AMC	Air Mobility Command	空中机动司令部
AOA	Analysis of Alternatives	备选方案分析
AOC	Air Operations Center	空中作战中心
ASAS	All Source Analysis System	全源分析系统
ASOC	Air Support Operations Center	空中支援作战中心
ATACMS	Army Tactical Missile System	陆军战术导弹系统
ATCCS	Army Tactics Command and Control System	陆军战术指挥控制系统
ATO	Air Tasking Order	空中任务命令
AV	All View	全视图
AVE	Agile Virtual Enclave	敏捷虚拟飞地
AWACS	Airbone Warning and Control System	机载预警和控制系统
BCD	Battlefield Coordination Detachment	战场协调分队
BDR	Battlefield Damage Repair	战场损伤修复
BFT	Blue Force Tracker	蓝军跟踪系统
BGP	Border Gateway Protocol	边界网关协议
BMEWS	Ballistic Missile Early Warning System	弹道导弹预警系统

C^2	Command and Control	指挥控制
C^3	Command, Control, and Communications	指挥、控制和通信
C^2BMC	Command and Control, Battle Management and Communication	一体化防空反导指挥控制、作战管理与通信系统
C^3I	Command, Control, Communications and Intelligence	指挥、控制、通信和情报
C^4I	Command, Control, Communications, Computers, and Intelligence	指挥、控制、通信、计算机和情报
C^4ISR	Command, Control, Communications, Computers, Intelligence, Surveillance and Reconnaissance	指挥、控制、通信、计算机、情报、监视和侦察
CAFMS	Computer Aided Force Management System	计算机辅助兵力管理系统
CAT	Crisis Action Team	危机行动小组
CAOC	Combined Air Operations Center	联合空中作战中心
CAP	Crisis Action Planning	危机行动计划
CBA	Capabilities-Based Assessment	基于能力的评估分析方法
CCS	Central Command System	中央指挥系统
CCT	Combat Control Team	战斗控制分队
CCTTSAF	Closed Combat Tactical Trainer Semi-automatic Force	近战战斗训练半自动化兵力系统
CDD	Capability Development Document	能力开发文档
CEP	Cooperative Engagement Processor	协同作战处理器
CFLCC	Combined Force Land Component Command	联合部队地面部队司令部
CGF	Computer Generated Forces	计算机生成兵力
CIC	Combat Information center	战术信息中心
CIM	Common Information Model	通用信息模型
CIS	Combat Intelligence System	作战情报系统
CJCSI	Chairman of the Joint Chiefs of Staff Instruction	参谋长联席会议主席指令
CM	Capability Module	能力模块
CML	Capacity Mission Lattice	能力-使命栅格
COA	Course of Action	作战方案
COE	Common Operating Environment	公共操作环境
COM	Component Object model	组件对象模型
COP	Common Operational Picture	共用作战图
COOP	Continuity of Operations Plan	连续性作战计划
COPS	Common Open Policy Service	通用开放策略服务
CPD	Capability Production Document	能力产品文档
CPN	Color Petri Net	着色 Petri 网

CPS	Cyber Physical Systems	信息物理系统
CRC	Control and Reporting Center	控制报知中心
CRD	Capstone Requirement Document	顶层需求文档
CRP	Control Reporting Post	控制报知站
CSS	Combat Service Support	作战勤务支援
CSSCS	Combat Service Support Control System	战斗勤务支援控制系统
CTP	Common Tactical Picture	通用战术图
CV	Capability Viewpoint	能力视角
DARPA	Defense Advanced Research Project Agency	美国国防部高级研究计划局
DAS	Defense Acquisition System	国防装备采购系统
DBMC	Distributed Battle Management and Communication	分布式作战管理和通信技术
DCR	DOTMLPF Change Recommendation	条例、机构、训练、装备、领导和教育,人员和设施变更建议(非装备解决方案变更建议)
DDN	Defense Data Network	国防数据网
DDS	Data Distribution System	数据分发系统
DES	Distributed Events Simulation	离散事件仿真方法
DI	Defense Information Infrastructure	国防信息基础设施
DI COE	Defense Information Infrastructure Common Operating Environment	国防信息基础设施通用操作环境
DISN	Defences Information System Network	国防信息系统网络
DIV	the Data and Information Viewpoint	数据与信息视角
DJC^2	Deployable Joint Command and Control	易部署联合指挥控制
DoDAF	DoD Architectural Framework	国防部体系结构框架
DOODA	Dynamic Observe, Orient, Decide, Act	动态观察、判断、决策和行动
DTD	Document Type Definition	文档类型定义
DOTMLPF	Doctrine, Organization, Training, Material, Leadership and Education, Personnel and Facilities	条令、组织、训练、装备、领导和教育、人员、设施
EAM	Enterprise Architecture Management	企业架构管理
EM	Executive Manager	执行管理员
EPP	Extensible Processing Platform	可扩展处理平台
EV	Enterprise View	体系视图
EW	Electronic Warfare	电子战
FAA	Functional Area Analysis	功能域分析
FAADC^{2}I	Forward Area Air Defense Command, Control, and Intelligence	地域防空指挥控制与情报系统

FBCB^2	Force XXI Battle Command Brigade and Below	21世纪旅及旅以下部队作战指挥系统
FCB	Functional Capabilities Board	功能能力委员会
FCS	Future Combat System	未来作战系统
FINC	Force, Intelligence, Networking and C^2	军兵种、情报、网络化和指挥控制
FNA	Functional Needs Analysis	功能需求分析
FSA	Functional Solution Analysis	功能解决方案分析
GDSS	Global Decision Support System	全球决策支持系统
GCCS	Global Command and Control System	全球指挥控制系统
GCCS-A	Global Command and Control System-Army	陆军全球指挥控制系统
GCCS-M	GCCS-Maritime	海军全球指挥控制系统
GCCS-AF	GCCS-Air Force	空军全球指挥控制系统
GIG	Global Information Grid	全球信息栅格
GCMP	GIG Convergence Master Plan	全球信息栅格整合总体规划
GCCS-J	Global Command and Control System-Joint	联合全球指挥控制系统
GMD	Ground-based Midcourse Defense	地基中段防御
GPS	Global Positioning System	全球定位系统
IaaS	Infrastructure as a Service	基础设施即服务
ICD	Initial Capabilities Document	初始能力文档
ID	Identity	身份证
IS-CDD	Information System-Capability Development Document	信息系统能力开发文档
IS-ICD	Information System-Initial Capabilities Document	信息系统能力初始文档
ISR	Intelligence, Surveillance, and Reconnaissance	情报、监视和侦察
IPv6	Internet Protocol Version 6	因特网协议第6版
IVIS	Inter Vehicular Information System	车际信息系统
JC^2	Joint Command and Control	联合指挥控制系统
JCA	Joint Capability Area	联合能力域
JBC-P	Joint Battle Command-Platform	联合作战指挥平台
JCD	Joint Capabilities Document	联合能力文档
JCIDS	Joint Capabilities Integration and Development System	基于能力的联合能力集成与开发系统
JEON	Joint Emergent Operational Need	联合紧急作战需要
JFCC-NW	Joint Functional Component Command Network Warfare	网络战联合功能组成司令部
JIE	Joint Information Environment	联合信息环境
JMCIS	Joint Maritime Command Information System	联合海上指挥信息系统

JOP	Joint Operations Picture	联合作战图
JOPES	Joint Operational Planning and Execution System	联合作战计划与执行系统
JOPP	Joint Operation Planning Process	联合作战计划过程
JPES	Joint Planning and Execution System	联合计划与执行服务系统
JROC	Joint Requirements Oversight Council	联合需求监督委员会
JTF-GNO	Joint Task Force-Global Network Operations	全球网络部队联合任务部队
JTIDS	Joint Tactical Information Distribution System	联合战术信息分发系统
JTRS	Joint Tactical Radio System	联合战术无线电系统
JUON	Joint Urgent Operational Need	联合危机作战需要
KCW	Knowledge-Centric Warfare	知识中心战
KE	Knowledge Engineering	知识工程
KEI	Kinetic Energy Interceptor	动能拦截器
KM	Knowledge Management	知识管理
KPP	Key Performance Parameter	关键性能参数
MAA	Mission Area Analysis	任务领域分析
MA-NET	Mobile Ad-hoc NETworking	移动专用网
MAIS	Major Automated Information System	主要自动化信息系统
MAS	Multi-Agent Simulation	多智能体模拟
MCP	Mission Capability Packages	使命能力包
MCS	Maneuver Control System	机动控制系统
MDA	Model-Driven Architecture	模型驱动体系结构
MNS	Mission Need Statement	任务需求陈述
MODAF	British Ministry of Defense Architecture Framework	英国国防部体系架构框架
Mod SAF	Modular Semi-Automated Forces	模块化半自动化兵力
MPLS	Multi Protocol Label Switching	多协议标记交换
MPS	Mission Planning System	任务规划系统
NCA	National Command Authority	国家最高指挥当局
NCES	Net-Centric Core Enterprise Services	网络中心企业服务
NCOW	Net-Centric Operations Warfare	网络中心战
NECC	Net-Enabled Command Capabilities	网络使能指挥控制
NSS	National Security Systems	国家安全系统
NTCCS	Navy Tactical Command and Control System	海军战术指挥控制系统
NTDS	Navy Tactical Data System	海军战术数据系统
OMG	Object Management Group	对象管理组织
ONE	Open Network Environment	开放网络环境
OODA	Observe-Orient-Decide-Act	观察-调整-决策-行动

OPN	Object Petri Net	面向对象的 Petri 网
ORD	Operational Requirement Document	作战需求文档
OUT	Operations in Urban Terrain	城市反恐作战
OV	Operational View	作战视图
PaaS	Platform as a Service	平台即服务
PC	Personal Computer	个人计算机
PIM	Platform Independent Models	平台独立模型
POA	Platform Oriented Architecture	面向平台的体系架构
PREW	Precision Eletronic Warfare	精确电子战
PPBE	Planning, Programming, Budgeting, and Executing	规划、计划、预算与执行系统
PPBS	Planning, Programming, and Budgeting System	规划、计划和预算系统
PSM	Platform Specific Model	平台相关模型
PV	Project Viewpoint	项目视点
R&M	Reliability & Maintainability	可靠性与可维修性
RGS	Requirement Generation System	需求生成系统
RPSL	Routing Protocol Specification Language	路由协议规范语言
SA	System Architect	系统架构
SaaS	Software as a Service	软件即服务
SAGE	Semi-Automatic Ground Environment	半自动地面防空系统
SDN	Software Defined Network	软件定义网络
SINCGARS	Single Channel Ground and Airborne Radio Systems	单信道地面与机载无线电系统
SNA	Social Networks Analysis	社会网络分析
SOA	Service-Oriented Architecture	面向服务的体系架构
StdV	the Standards Viewpoint	标准视角
SV	Systems View	系统视图
SvcV	the Service Viewpoint	服务视角
TAC	Tactical Advanced Computer	战术先进计算机
TACC	Tactical Air Control Center	战术空军控制中心
TACFIRE	Tactical Firearms System	战斗射击指挥系统
TACP	Tactical Air Control Party	战术空军控制组
TACS	Tactical Air Control System	战术空军控制系统
TADIL	Tactical Digital Information Links	战术数字信息链
TBMCS	Theater Battle Management Core System	战区作战管理核心系统
THAAD	Terminal High Altitude Area Defense	末段区域高空防御
TFCC	Task Force Control Center	战术旗舰指挥中心

TOPSIS	Technique for Order Preference by Similarity to Ideal Solution	逼近理想解排序法
TPFDD	Time Phased Force Deployment Data	分阶段部队部署数据
TSC	Theater Support Command	战术支援中心
TV	Technical Standards View	技术与标准视图
UDDI	Universal Description Discovery and Integration	通用描述发现集成
UJTL	Universal Joint Task List	通用联合任务清单
UML	Unified Modeling Language	统一建模语言
UON	Urgent Operational Need	危急作战需要
VIRAT	Video and Image Retrieval and Analysis Tool	视频和图像检索分析工具
VR	Virtual Reality	虚拟现实
VSE	Virtual Security Enclave	虚拟安全飞地
WWMCCS	World Wide Military Command and Control System	全球军事指挥控制系统
XG	neXt Generation	下一代通信

内 容 简 介

本书从指挥控制、联合作战等概念内涵出发,由指挥控制系统四个阶段的发展历程,引出了对联合作战指挥控制系统的深入分析,通过对联合作战指挥控制系统的核心能力、层次划分、内外关系、装备形态、组成分类、生命周期等方面的阐述,帮助读者建立起比较全面的认识;接着重点介绍了联合作战指挥控制系统的构建方法、关键技术、能力评估以及发展趋势等。

本书是作者研究团队多年来对指挥控制系统总体研制设计、工程建设经验的总结与思考,适合从事指挥控制系统总体设计、工程研制和装备建设等工作的研究人员与工程技术人员,也可为从事联合作战体系研究、指挥控制系统架构设计、军事系统效能评估、联合作战仿真建模等军事领域研究的工作者提供参考。

From the concept of C^2 and C^2 for joint operations, the book introduces the development history of C^2 systems, and then leads to the current development of C^2 systems for joint operations. After analyzing the core competencies, hierarchical structure, interactive relationship, equipment form, composition of category, and system lifecycle of the C^2 system for joint operations, the readers can have a better understanding comprehensively. Then the book mainly introduces the construction methods, the key technologies, capability evaluation, and development tendency of the C^2 system for joint operations.

The book is the author team's experience summary and thoughts of systematic argumentation and engineering of the C^2 systems for many years. It is suitable for the researchers and engineers who are engaging in overall design, engineering development and equipment construction of the C^2 systems for joint operations, and also helpful for those who are engaged in the military areas, such as systematic research for joint operations, architecture design for C^2 system, efficiency evaluation for military systems, simulation and modeling for joint operations.